从零学

全彩图解
视频学习

家装水电工一本通

韩雪涛　主　编
吴　瑛　韩广兴　副主编

化学工业出版社
·北京·

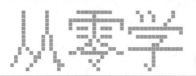

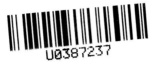

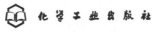

内容简介

《从零学家装水电工一本通》采用全彩色图解的形式，全面系统地介绍了家装水电工的基础知识和技能，主要内容包括：家庭水暖管路、电气线路的结构与设计规划，家庭水暖施工中的管材加工，家庭水暖系统的安装，家庭电气施工中的线材加工，家庭供配电系统、灯控系统、弱电系统的安装检测，家庭水电工的施工安全与急救处理。

本书理论和实践操作相结合，内容由浅入深，层次分明，重点突出，语言通俗易懂。本书还对重要的知识和技能专门配置了视频讲解，读者只需要用手机扫描二维码就可以观看视频，学习更加直观便捷。

本书可供家装水电工学习使用，也可供职业学校、培训学校作为教材使用。

图书在版编目（CIP）数据

从零学家装水电工一本通／韩雪涛主编. —北京：化学工业出版社，2021.6（2025.2重印）

ISBN 978-7-122-38828-5

Ⅰ.①从… Ⅱ.①韩… Ⅲ.①房屋建筑设备－给排水系统－建筑安装－基本知识②房屋建筑设备－电气设备－建筑安装－基本知识 Ⅳ.①TU82②TU85

中国版本图书馆CIP数据核字（2021）第054841号

责任编辑：万忻欣　李军亮　　装帧设计：王晓宇
责任校对：张雨彤

出版发行：化学工业出版社（北京市东城区青年湖南街13号　邮政编码100011）
印　　装：北京天宇星印刷厂
850mm×1168mm　1/32　印张8　字数233千字　2025年2月北京第1版第8次印刷

购书咨询：010-64518888　　售后服务：010-64518899
网　　址：http://www.cip.com.cn
凡购买本书，如有缺损质量问题，本社销售中心负责调换。

定　　价：**49.80元**

前 言

随着生活水平的提高，人们对家庭房屋装修要求也越来越高，因此出现了专门从事家庭房屋水电装修的工种——家装水电工。家装水电施工是现代家装行业中的一项重要且必备的技能，我们从初学者的角度出发，根据实际岗位的技能需求编写了本书，旨在引导读者快速掌握家装水电工的专业知识与实操技能。

本书采用彩色图解的形式，全面系统地介绍了家装水电工的知识与技能，内容由浅入深，层次分明，重点突出，语言通俗易懂，具有完整的知识体系；书中采用大量实际操作案例进行辅助讲解，帮助读者掌握实操技能并将所学内容运用到工作中。

我们之前编写出版了《彩色图解家装水电工技能速成》一书，出版至今深受读者的欢迎与喜爱，广大读者在学习该书的过程中，通过网上评论或直接联系等方式，对该书内容提出了很多宝贵的意见，对此我们非常重视。我们汇总了读者的意见，并结合电工行业新发展，对该书内容进行了一些改进，新增家装水电工常用数据资料速查表，方便读者查阅，并且在原有基础上增加了大量教学视频，使读者的学习更加便利快捷。

本书由数码维修工程师鉴定指导中心组织编写，由全国电子行业专家韩广兴教授亲自指导。编写人员有行业工程师、高级技师和一线教师，使读者在学习过程中如同有一群专家在身边指导，将学习和实践中需要注意的重点、难点一一化解，大大提升学习效果。本书充分结合多媒体教学的特点，不仅充分发挥图解的特色，还在重点、难点处配备视频二维码，读者可以用手机扫描书中的二维码，通过观看教学视频同步实时学习对应知识点。数字媒体教学资源与书中知识点相互补充，帮助读者轻松理解复杂难懂的专业知识，确保学习者在短时间内获得最佳的学习效果。另外，读者可登录数码维修工程师的官方网站获得技术服务。如果读者在学习和考核认证方面有什么问题，可以通过以下方式与我们联系。电话：022-83718162/83715667/13114807267，E-mail：chinadse@163.com，地址：天津市南开区榕苑路 4 号天发科技园 8-1-401，邮编：300384。

本书由韩雪涛任主编，吴瑛、韩广兴任副主编，参加本书内容整理工作的还有张丽梅、宋明芳、朱勇、吴玮、吴惠英、张湘萍、高瑞征、韩雪冬、周文静、吴鹏飞、唐秀鸯、王新霞、马梦霞、张义伟。

编　者

目 录

1 第1章

2 第2章

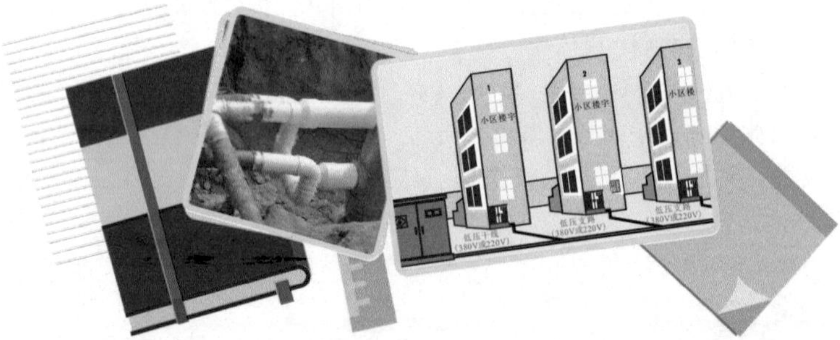

目录

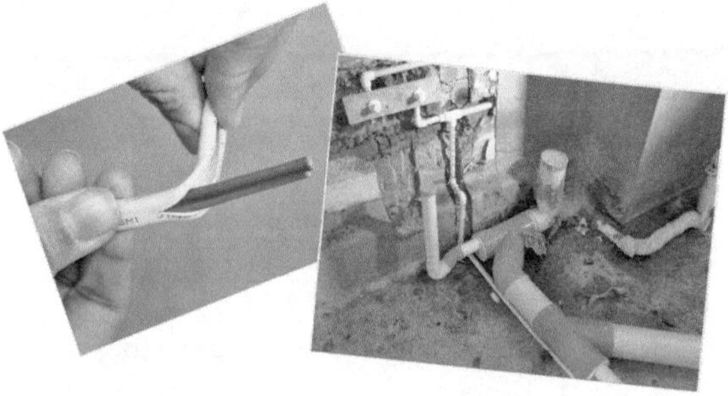

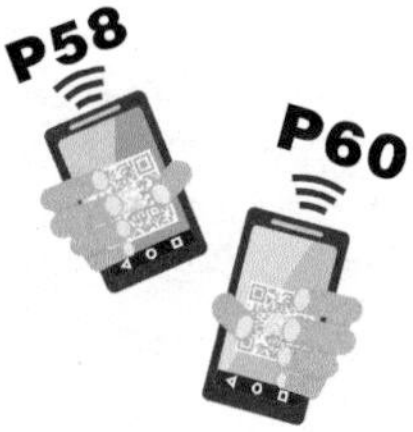

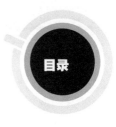

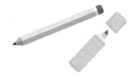

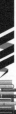

P81
P93
P95
P98

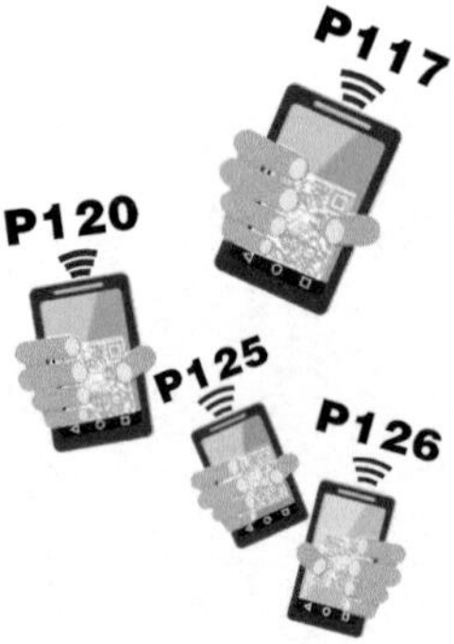
P117
P120
P125
P126

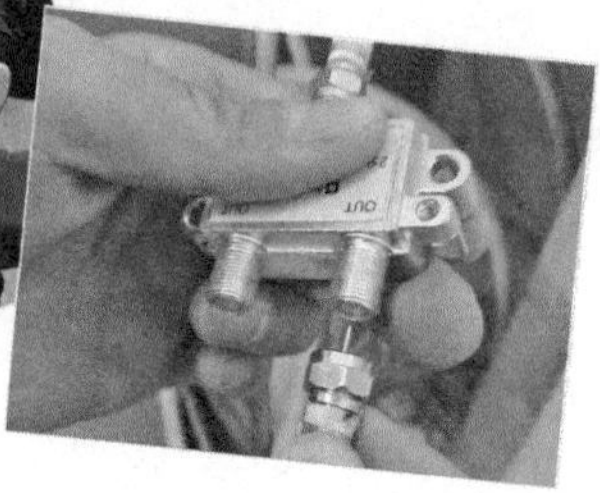

目录

6

第 6 章

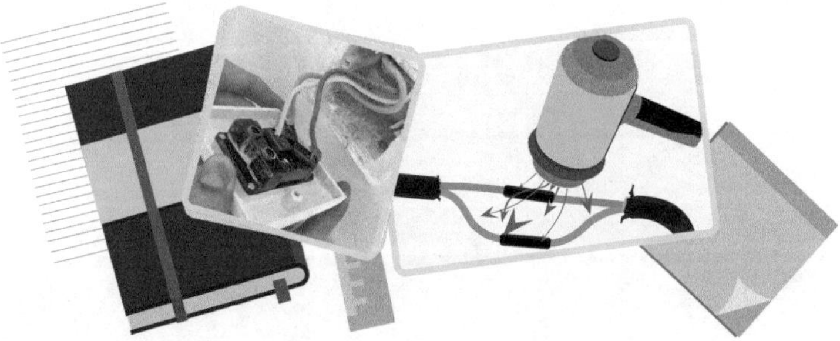

第7章 家庭灯控系统的安装检测（P168）

第8章 家庭弱电系统的安装检测 (P185)

目录

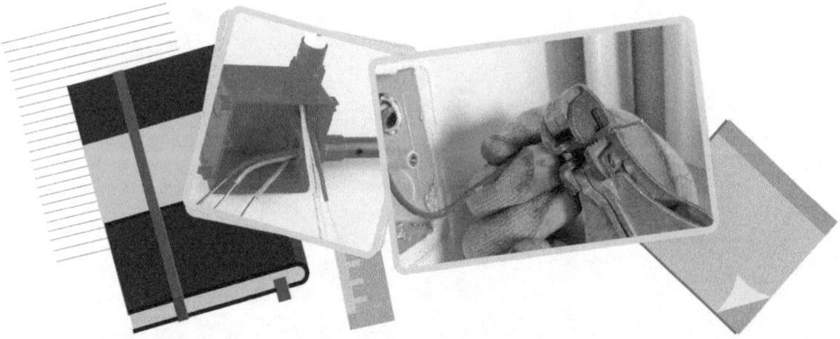

第1章 家庭水暖管路的结构与设计规划

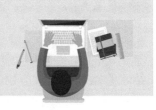

1.1 家庭水暖管路的结构

1.1.1 家庭给水管路的结构

图 1-1 家庭给水管路的结构

如图 1-1 所示，家庭给水管路系统是指实现家庭供水的管路系统。给水管路一般由引入管、干管、立管、支管、配水设备（水龙头等）、控制部件（截止阀、止回阀等）、水表等部分构成。

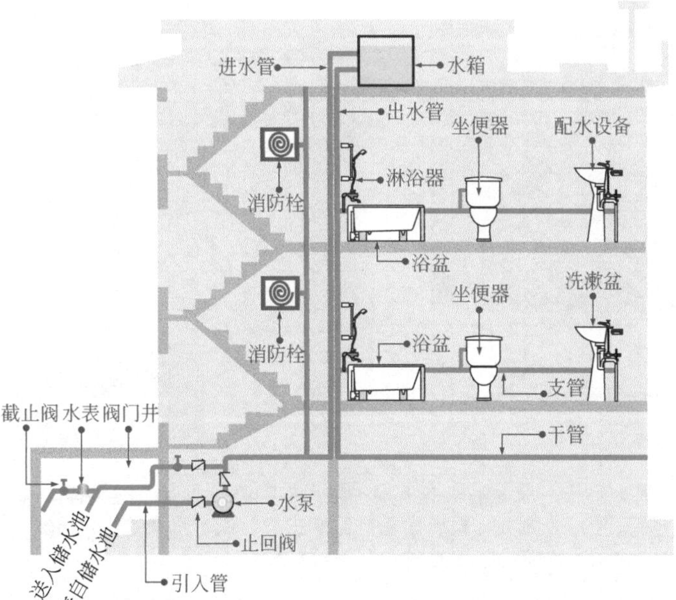

图 1-2 家庭给水管路中的给水管道

如图 1-2 所示，家庭给水管路系统中的干管、立管和支管是主要的给水传输通道，这些管路的合理规划与安装是确保给水管路系统正常应用的重要条件。

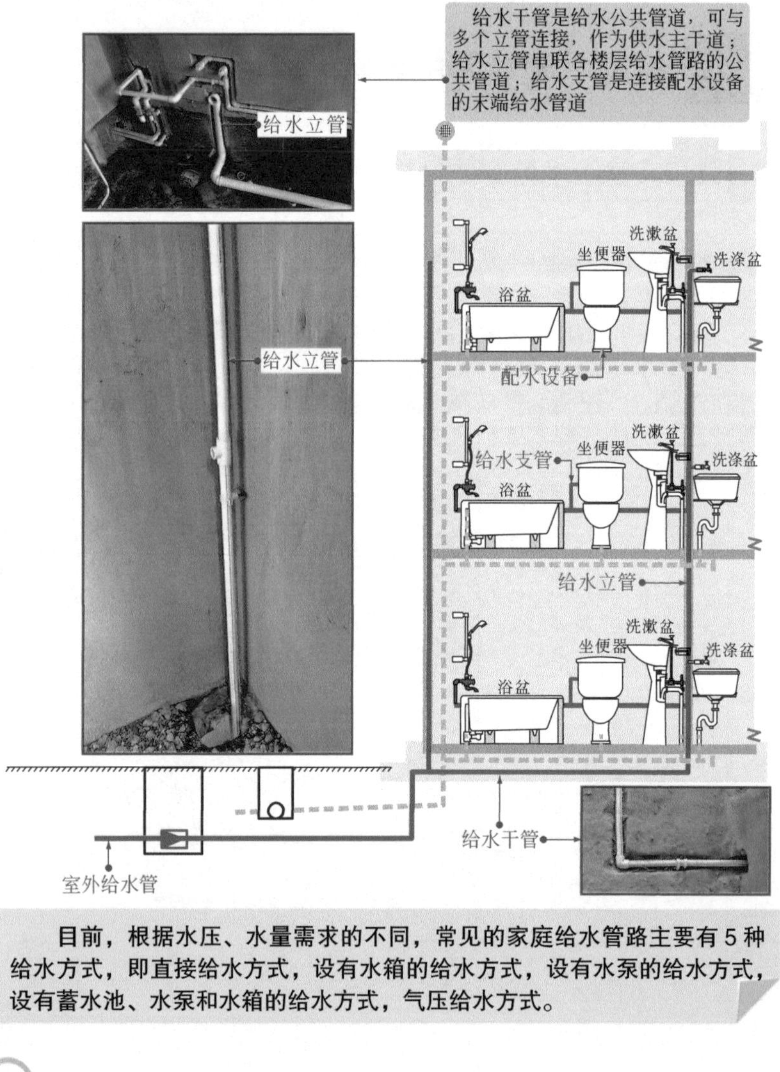

目前，根据水压、水量需求的不同，常见的家庭给水管路主要有 5 种给水方式，即直接给水方式，设有水箱的给水方式，设有水泵的给水方式，设有蓄水池、水泵和水箱的给水方式，气压给水方式。

1.1.2　家庭排水管路的结构

图 1-3　家庭排水管路的结构

如图 1-3 所示，家庭排水管路系统是指将生活中产生的污（废）水排出到室外排水系统中。通常情况下，室内排水管路系统主要由污（废）水排放设备、排水管道、通气管道、清通设备、污水局部处理设备等构成。

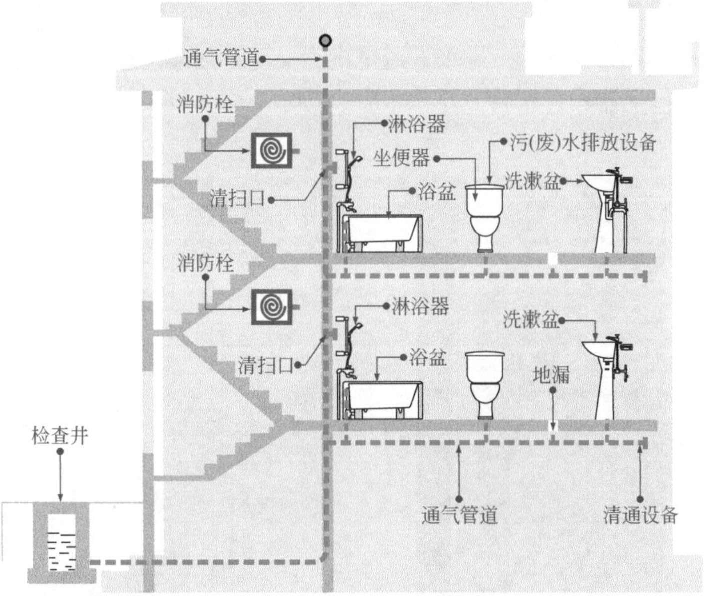

❶ 污（废）水排放设备

图 1-4　家庭排水管路中常见的污（废）水排放设备

如图 1-4 所示，污（废）水排放设备也可称为配水设备，用来满足日常生活中收集和排放污（废）水，如洗脸盆、浴盆、污水池、坐便器、小便器、地漏等。

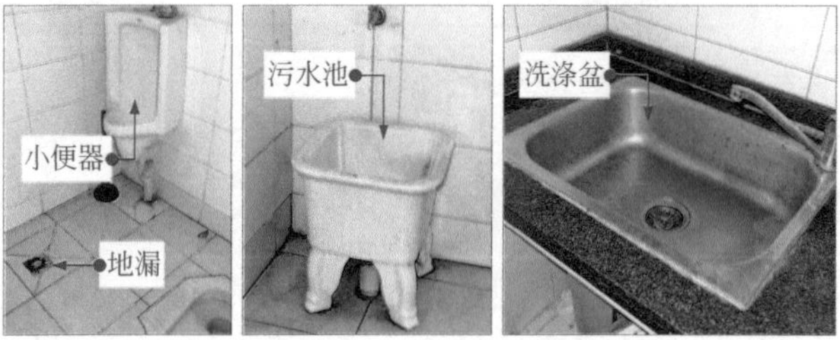

❷ 排水管道

图 1-5　家庭排水管路中的排水管道

如图 1-5 所示，排水管道是指污（废）水的输送和排出管道，主要包括器具排水管、排水横管、排水立管、排出管等部分。

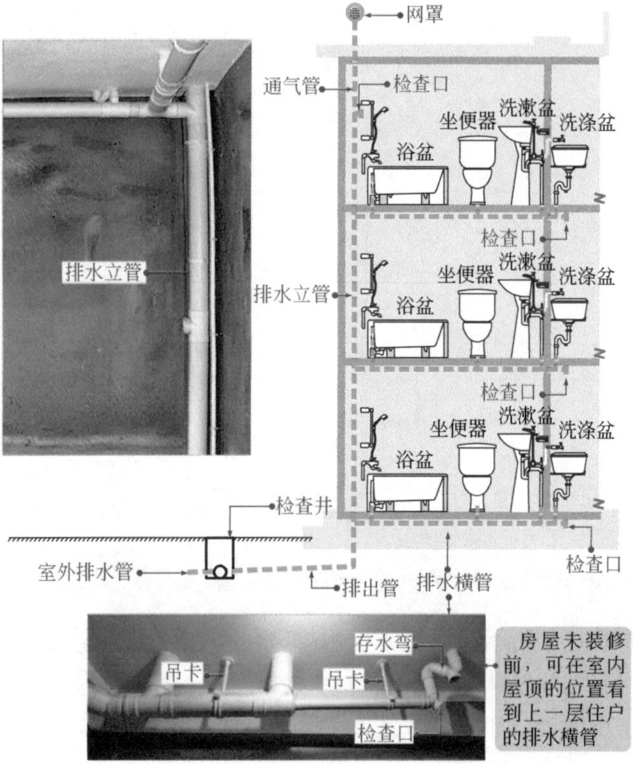

③ 清通设备

图 1-6　家庭排水管路中的清通设备

如图 1-6 所示，清通设备用于清理、疏通排水管道，确保管道内部畅通。常见的清通设备主要包括清扫口、检查口和检查井等。

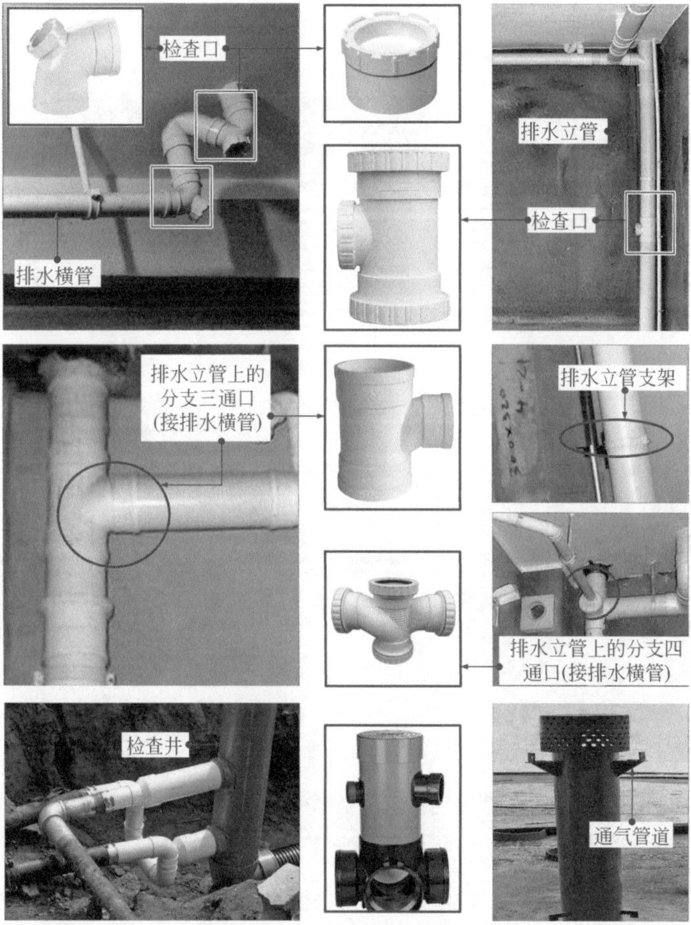

1.1.3 家庭供暖管路的结构

图 1-7 家庭供暖管路的结构

如图 1-7 所示，家庭供暖管路系统是指实现散热器热量供应，使室内获得一定热量并能够保持一定温度的管道系统。

一般情况下，家庭供暖管路系统主要由供暖干管、立管、散热器支管和散热器等构成。

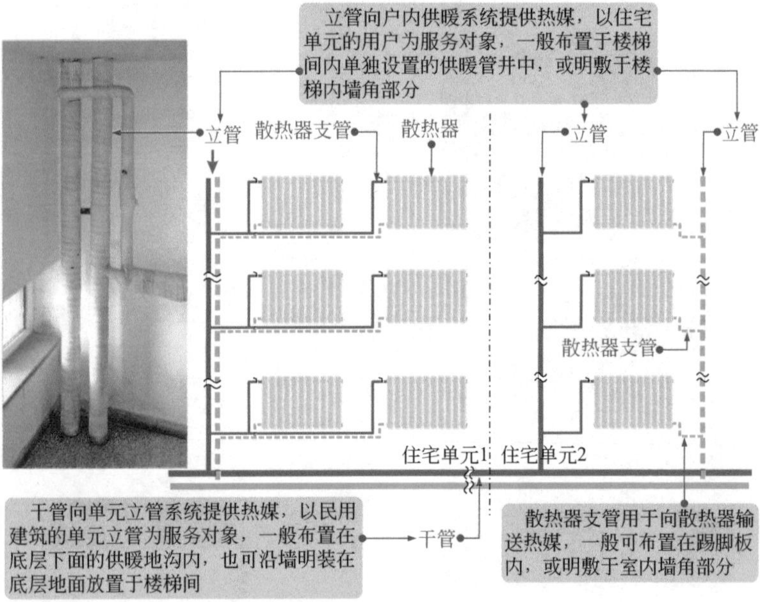

立管向户内供暖系统提供热媒，以住宅单元的用户为服务对象，一般布置于楼梯间内单独设置的供暖管井中，或明敷于楼梯内墙角部分
立管
散热器支管
散热器
立管
立管
散热器支管
住宅单元1
住宅单元2
干管向单元立管系统提供热媒，以民用建筑的单元立管为服务对象，一般布置在底层下面的供暖地沟内，也可沿墙明装在底层地面放置于楼梯间
干管
散热器支管用于向散热器输送热媒，一般可布置在踢脚板内，或明敷于室内墙角部分

图 1-8 供暖管路的结构形式

如图 1–8 所示，供暖管路系统的类型较多，根据热媒不同，主要可以分为热水供暖系统、蒸汽供暖系统和热风供暖系统等几种。目前，居住和公共建筑常采用热水供暖系统。

热水供暖系统是指以热水作为热媒的供暖系统。热水供暖系统根据热水循环动力的不同，又可分为自然循环热水供暖系统（无循环水泵）和机械循环热水供暖系统（有循环水泵）两种。

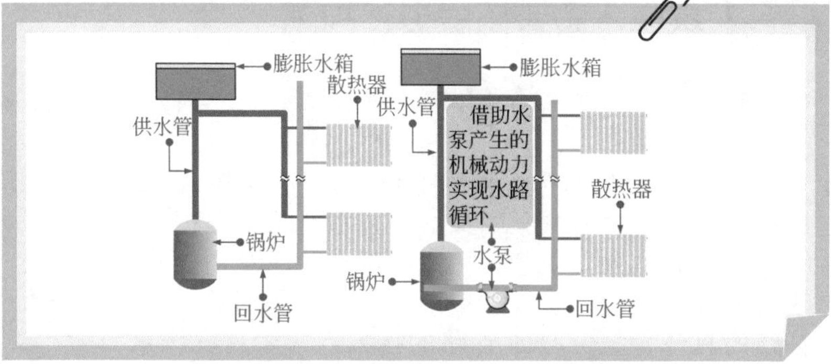

图 1-9 典型家庭供暖管路系统

图 1-9 为典型家庭供暖管路系统的结构组成。

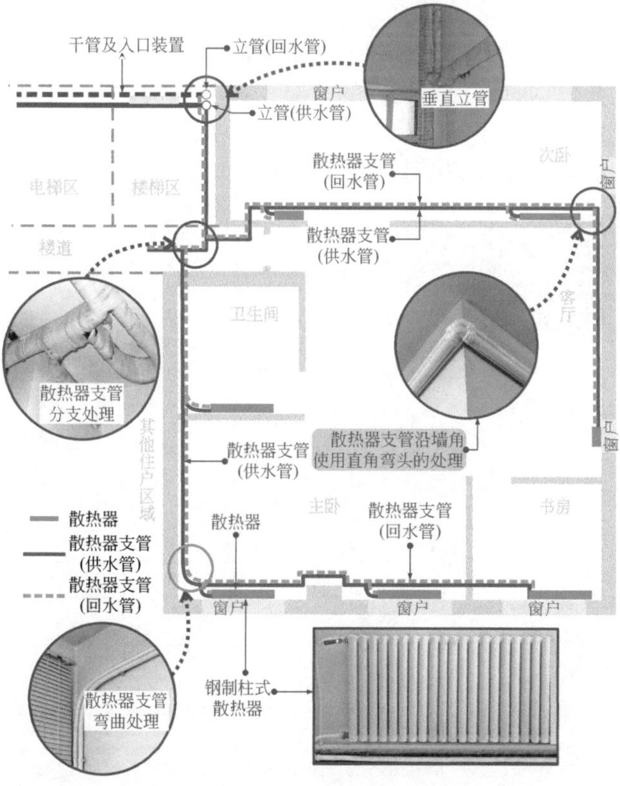

1.2 家庭水暖管路的设计规划

1.2.1 家庭给排水管路的设计规范和施工要求

规划与安装家庭给排水管路系统时，需先了解相关操作规程、规范、要求、原则和标准依据，然后根据建筑图纸了解建筑平面位置、层数、用途、特点、建筑物周围道路、市政给水管路位置、允许连接引入管及相关因素，了解给排水管路的具体位置、排水管路的接入点、管材、排水方向等，以便于制定出合理、科学的规划设计方案。

❶ 设计原则和操作规范

图 1-10 典型家庭给排水布局平面图

图 1-10 为典型家庭给排水布局平面图。给排水管路系统的规划设计要根据具体建筑物内的情况，对各用水设备、楼层用水实际情况、水压、水量、配水设备的安装位置及数量等进行规划，规划时要从实用角度出发，尽可能做到科学、合理、安全及全面。

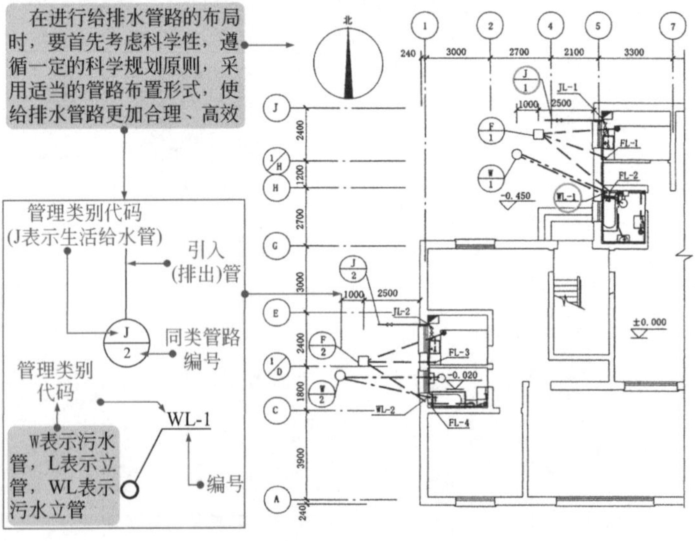

管路布局应确保充分利用原有的水力条件，力求经济合理。例如，管路尽可能与墙、梁、柱平行，布置在用水量大的配水点附近，力求管路最短。

管路布局应满足施工、维修和美观要求。例如，在实际应用中，有些建筑对美观要求较高，管路敷设多采用暗敷方式，此时要求管路布局需充分满足施工、维修方便，如设置管路井检修门、分支处设置阀门、预留检修门等。

管路布局需要满足生活、生产和使用安全。例如，室内给排水管路一般设置在管路井中，管路安装位置不能妨碍建筑物使用、生产操作等。

管路布局需要保证水质不被污染。例如，在进行给水管路和排水管路布局时，要求给水引入管与排水排出管外壁的水平距离不小于 1.0m。

布置管路时，还应避免布置在重物下，且不要穿越生产设备的基础，必要时采取相应的保护措施。

给排水管路的安装环境、安装高度、配件应用等应根据室内给排水管路的规划原则进行，不可随意安装。

在规划设计给排水管路时，施工方案是设计的重点，要求明确施工的顺序、方法、天数、位置等，因此，在进行规划设计时，需要确保施工方案可靠、安全。

例如，明确给排水管路穿墙方式方法、管路部件之间的连接方式方法等。

2 施工要求

给排水管路系统施工属于直接影响建筑整体性能，并长期与人们生产、生活息息相关的工程，所有的施工作业都必须严格按照操作规程进行，否则，极易导致系统功能失常，直接给人们的生产、生活带来不便，影响正常的生产、生活秩序。

图 1-11　典型家庭给排水管路施工图

图 1-11 为典型家庭给排水管路施工图。

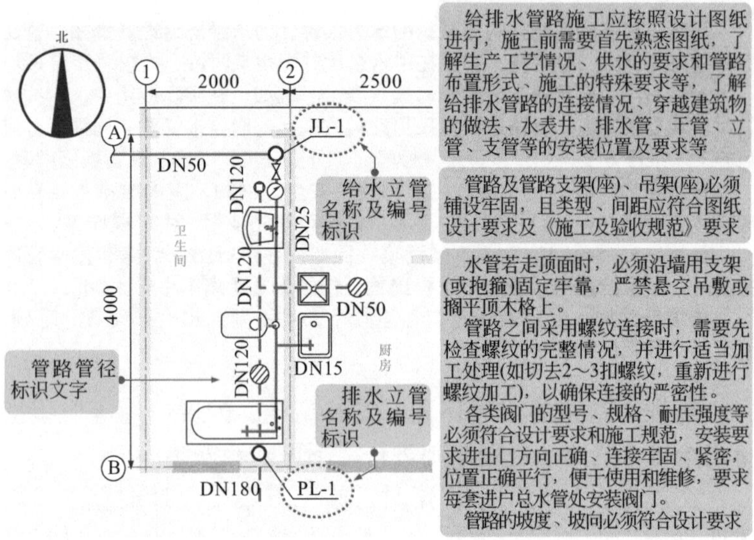
北
①
②
2000
2500
Ⓐ
Ⓑ
JL-1
DN50
DN120
DN25
DN120
DN50
DN15
DN120
4000
卫生间
厨房
DN180
PL-1
给水立管名称及编号标识
管路管径标识文字
排水立管名称及编号标识
给排水管路施工应按照设计图纸进行，施工前需要首先熟悉图纸，了解生产工艺情况、供水的要求和管路布置形式、施工的特殊要求等，了解给排水管路的连接情况、穿越建筑物的做法、水表井、排水管、干管、立管、支管等的安装位置及要求等
管路及管路支架(座)、吊架(座)必须铺设牢固，且类型、间距应符合图纸设计要求及《施工及验收规范》要求
水管若走顶面时，必须沿墙用支架(或抱箍)固定牢靠，严禁悬空吊敷或搁平顶木格上。
管路之间采用螺纹连接时，需要先检查螺纹的完整情况，并进行适当加工处理(如切去2～3扣螺纹，重新进行螺纹加工)，以确保连接的严密性。
各类阀门的型号、规格、耐压强度等必须符合设计要求和施工规范，安装要求进出口方向正确、连接牢固、紧密，位置正确平行，便于使用和维修，要求每套进户总水管处安装阀门。
管路的坡度、坡向必须符合设计要求

其他规范要求：

◆ 给水管路敷设应做到横平竖直，不可随意弯曲。

◆ 给水管路与其他管路同沟敷设时，应敷设在排水管、冷冻管上面，热水管或蒸汽管下面，且给水管路不宜与输送易燃或有害流体的管路同沟敷设。

◆ 给水管路室内直埋管应避免穿越柱基，埋深不应小于 500mm。

◆ 排水管路排出管不能转弯和变坡度，长度不宜过长，否则应在管路中间加设清扫口或检查口。

◆ 排水立管外壁离开墙壁要有 20mm 左右的净空；立管承口应朝上，接口不应留在楼板内或靠近楼板处。

◆ 排水立管的支架间距不得大于 3m。

◆ 若楼层高 ≤ 4m，则立管可设置一个支架，支架距离地面 1.5 ～ 1.8m，且支架应埋设在承重墙上。

◆ 排水管路敷设（移位）要求高达 35° 坡度，保证水流畅通不倒流。

◆ 给排水附件及管件的连接要求严密无渗漏现象；阀件、水嘴开关应灵活不漏水。

◆ 给水管（冷、热水管）敷设完毕，必须用手动式试压；设计无规定时，塑料管路系统试验压力应为工作压力的 1.5 倍，但不得小于 0.6MPa；试压时，对系统缓慢加压，升压时间不小于 10min；至规定试验压力，稳压 1h，压力降不得超过 0.05MPa，然后在工作压力为 1.15 倍状态下，稳压 2h，压力降不得超过 0.03MPa，同时检查各连接处不渗漏为合格。

◆ 给水承压管路系统和设备应做水压试验，排水非承压管路系统和设备应做灌水试验。

1.2.2　家庭供暖管路的设计规范和施工要求

规划与安装供暖管路系统时需先了解相关操作规程、规范、要求、原则和标准依据，然后根据实际需求选择恰当的管材、配件类型等，最终根据建筑物特点对管路的敷设方式、散热器的安装位置进行规划和设计。

1 供暖管路系统的规划设计原则和操作规范

图 1-12　供暖管路系统的规划设计原则和操作规范

如图 1-12 所示，供暖管路系统是与人们日常生产、生活关系密切的管路系统，施工时，必须严格按照操作规程进行，否则极易导致系统失常，无法实现系统供暖功能。

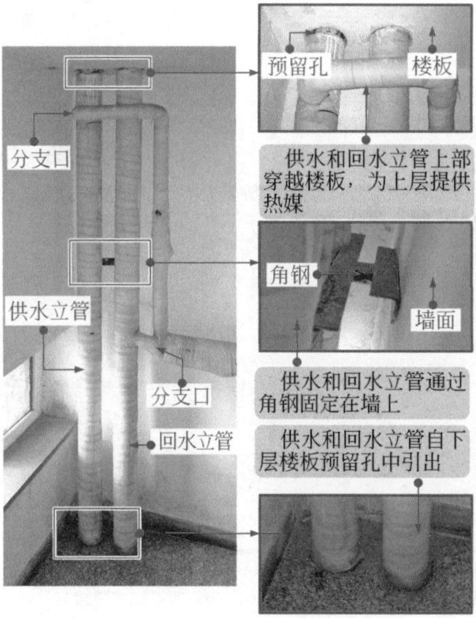

施工操作之前，首先应认真熟悉图纸，明确管路安装、敷设的方式方法，找准预留槽洞及预埋件。

布置在地沟、吊棚内和非采暖房间里的采暖干管，必须采取保暖措施。

管路外部距墙面的距离为25～50mm。

应根据实际需求和环境条件，明确供暖管路的敷设方式(明敷或暗敷)。

应根据实际需求和环境条件，明确供暖管路的布置方式(垂直式和水平式)

热水管不得与强弱电线管并行或过电线管，确定需过强弱电线管时，得采取隔热防护措施。

供暖管路支架、吊架(或托架)位置应正确，不应设置在焊缝处，距离焊缝距离应不小于50mm，且敷设应平整牢固，与管路接触紧密

② 水平干管的设计原则和施工要求

为了实现供暖系统的分户控制和调节功能，要求干管设计以分户采暖为基本原则，且整个供暖系统的引入口一般设计在建筑物热负荷对称分配的位置，一般宜在建筑物中部。

图 1-13 供暖管路系统水平干管的设计原则和施工要求

图 1-13 为家庭供暖系统中干管的设计原则和施工要求。

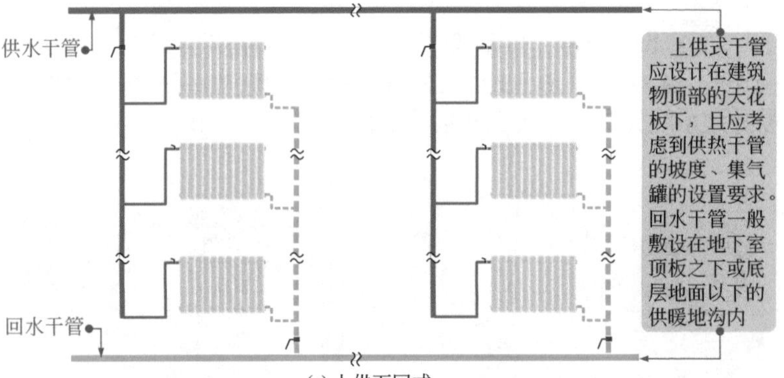
供水干管
回水干管
上供式干管应设计在建筑物顶部的天花板下，且应考虑到供热干管的坡度、集气罐的设置要求。回水干管一般敷设在地下室顶板之下或底层地面以下的供暖地沟内

(a) 上供下回式

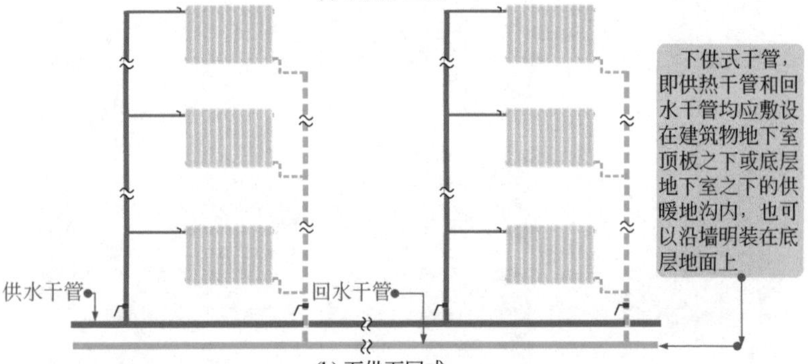
供水干管
回水干管
下供式干管，即供热干管和回水干管均应敷设在建筑物地下室顶板之下或底层地下室之下的供暖地沟内，也可以沿墙明装在底层地面上

(b) 下供下回式

其他设计规范和施工要求：

◆ 水平干管在水平方向不能弯曲，不能存在空气滞留和积水地段。

◆ 水平干管穿过门、窗或建筑的预留孔洞必须有上下弯曲时，应设置排气、疏水装置。

◆ 水平干管施工时必须按照设计要求采用正确的坡向、坡度，一般供水干管坡向排气装置方向升高，回水干管坡向放水点方向下降。

◆ 水平干管上的阀门等部件应垂直向上或向上倾斜，阀门方向不能装反。

◆ 管路上应尽量少用活接头或长螺纹管接头，宜采用卡套式管接头。

3 立管设计原则和施工要求

图 1-14 供暖管路系统立管的设计原则和施工要求

如图 1-14 所示，家庭供暖管路系统中，立管和水平干管是主要的供暖公共管道，必须严格按照规范和施工要求进行设计和施工。

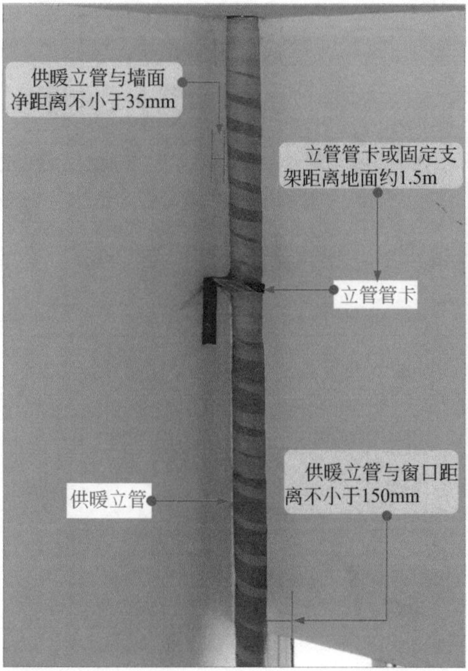
供暖立管与墙面净距离不小于35mm
立管管卡或固定支架距离地面约1.5m
立管管卡
供暖立管
供暖立管与窗口距离不小于150mm

供暖立管安装施工时，与墙面净距离应不小于35mm，立管外表面距离门、窗口不应小于150mm。

供暖立管安装施工时，应安装立管管卡(或固定支架)，当建筑物层高≤5m时，每层设一个立管管卡，管卡距地面为1.5～1.8m。

明装的立管应垂直，固定立管的管卡要按规定的数量和位置安装。

立管与散热器支管及水平管相交的部位、弯曲部分要做在立管上，并尽量向室内方向弯曲

④ 室内支管和散热器的设计原则和施工要求

图 1-15　供暖管路系统室内支管和散热器的设计原则和施工要求

图 1-15 为室内支管和散热器的设计原则和施工要求。

支管一般设计为下进下出方式，可沿墙面或踢脚板明敷，也可暗敷在地面预留沟槽内。
同一房间内，同规格的散热器安装高度应保持一致，且散热器安装应垂直。
散热器底部距地面宜为150mm，当散热器下部有管路通过时，散热器底部距离地面高度应提高到250mm，同时应确保顶部距离台板下缘不小于50mm。
固定和支撑散热器的托钩数量应符合设计要求，托钩安装应牢固，且挂上散热器后每个挂钩都应起到相应的支撑作用

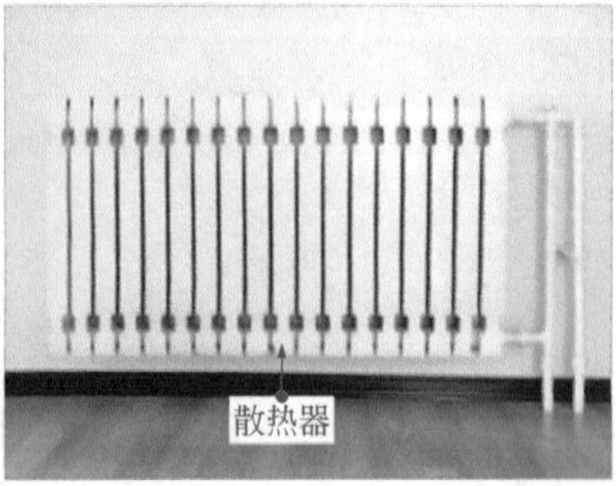

第2章 家庭电气线路的结构与设计规划

2.1 家庭电气线路的结构

2.1.1 室外供配电线路的结构

图 2-1 室外供配电线路的结构组成

如图 2-1 所示，室外供配电线路就是将外部高压干线送来的高压电，经总变配电室降压后，由低压干线分配给小区内各楼宇低压支路送入低压配电柜，再经低压配电柜分配给楼内各配电箱，最终为楼宇各动力设备、照明系统、安防系统等提供电力供应，满足人们生活的用电需要。

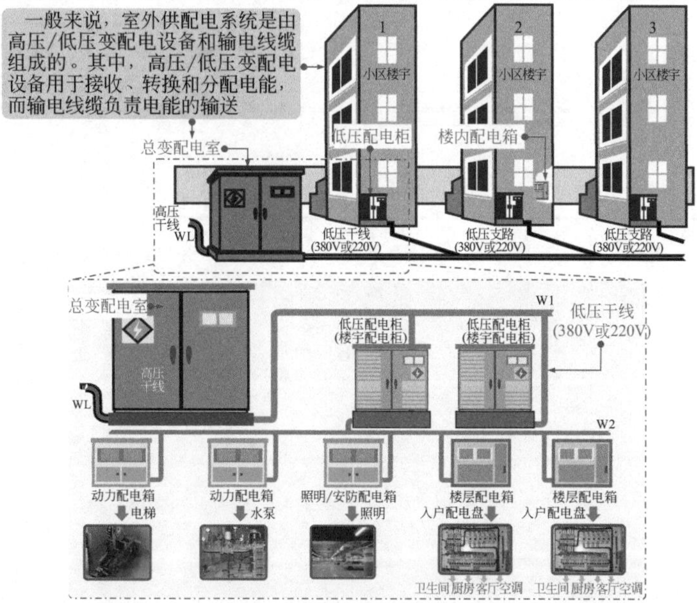

图 2-2 典型室外供配电系统线路图

图 2-2 为典型室外供配电系统线路图。

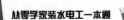

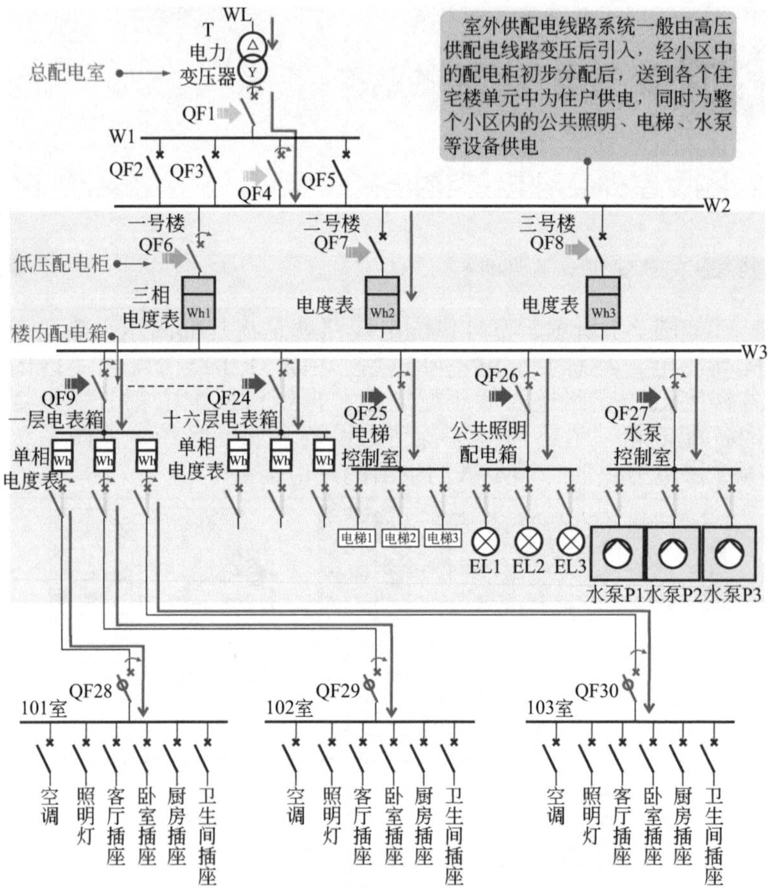

高压配电线路经电源进线口 WL 后，送入小区低压配电室的电力变压器 T 中。变压器降压后输出 380/220V 电压，经小区内总断路器 QF1 后送到母线 W1 上。每一路上安装有一只三相电度表，用于计量每栋楼的用电总量，经母线 W1 后分为多个支路，每一个支路可作为一个单独的低压供电线路使用。其中一个支路低压加到母线 W2 上，分三路分别为小区中 1 ～ 3 号楼供电。

由于每栋楼有 16 层，除住户用电外，还包括电梯用电、公共照明用电及供水系统的水泵用电等，因此小区中的配电柜将供电线路送到楼内配电间后分为 19 个支路。16 个支路分别为各层住户供电，另外 3 个支路分别为电梯控制室、公共照明配电箱及水泵控制室供电。每一个支路首先经一个支路总断路器后再分配。

❶ 总配电室

图 2-3　典型室外供配电系统中的总配电室

图 2-3 为典型室外供配电系统中的总配电室。

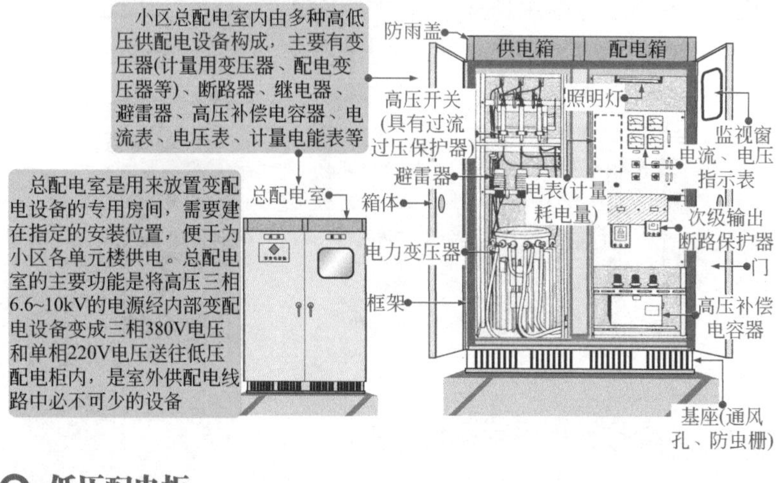

小区总配电室内由多种高低压供配电设备构成，主要有变压器(计量用变压器、配电变压器等)、断路器、继电器、避雷器、高压补偿电容器、电流表、电压表、计量电能表等
总配电室是用来放置变配电设备的专用房间，需要建在指定的安装位置，便于为小区各单元楼供电。总配电室的主要功能是将高压三相6.6~10kV的电源经内部变配电设备变成三相380V电压和单相220V电压送往低压配电柜内，是室外供配电线路中必不可少的设备
总配电室
防雨盖
供电箱
配电箱
高压开关(具有过流过压保护器)
照明灯
监视窗
电流、电压指示表
避雷器
箱体
电表(计量耗电量)
次级输出断路保护器
电力变压器
门
框架
高压补偿电容器
基座(通风孔、防虫栅)

❷ 低压配电柜

图 2-4　室外供配电系统中的低压配电柜

如图 2-4 所示，低压配电柜用于将供电线路进行分配，分别供给楼内各种配电箱，实现供电线路的保护、控制和合理分配。

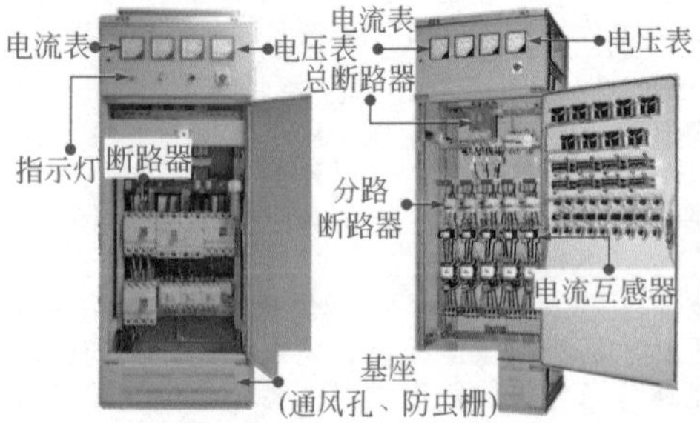
电流表
电压表
电流表
电压表
总断路器
指示灯
断路器
分路
断路器
电流互感器
基座
(通风孔、防虫栅)

低压配电柜安装在小区每栋住宅楼附近，主要是将小区总配电室输出的交流低压分配到楼宇内用电设备，内部设有监测用电流表、电压表、总断路器、分路断路器、电流互感器、状态指示灯等部件

③ 楼内配电箱

图 2-5　室外供配电系统中的楼内配电箱

如图 2-5 所示，低压配电柜分配出的交流电压送至楼内各种配电箱，包括楼道照明配电箱、动力（电梯、水泵）配电箱、消防设备配电箱及住户用电配电箱等。

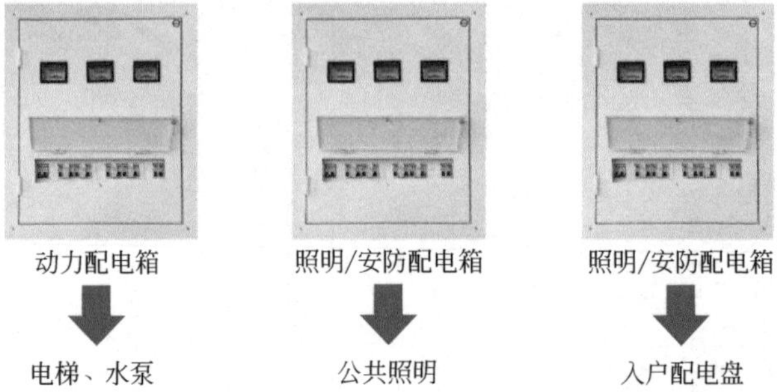
动力配电箱
照明/安防配电箱
照明/安防配电箱
电梯、水泵
公共照明
入户配电盘

2.1.2　室内供配电线路的结构

图 2-6　室内供配电线路的结构组成

如图 2-6 所示，室内供配电系统就是用于实现室内用电的计量、供给和分配的系统，主要由住户配电箱（即楼内配电箱）、室内配电盘和各供配电支路等构成。

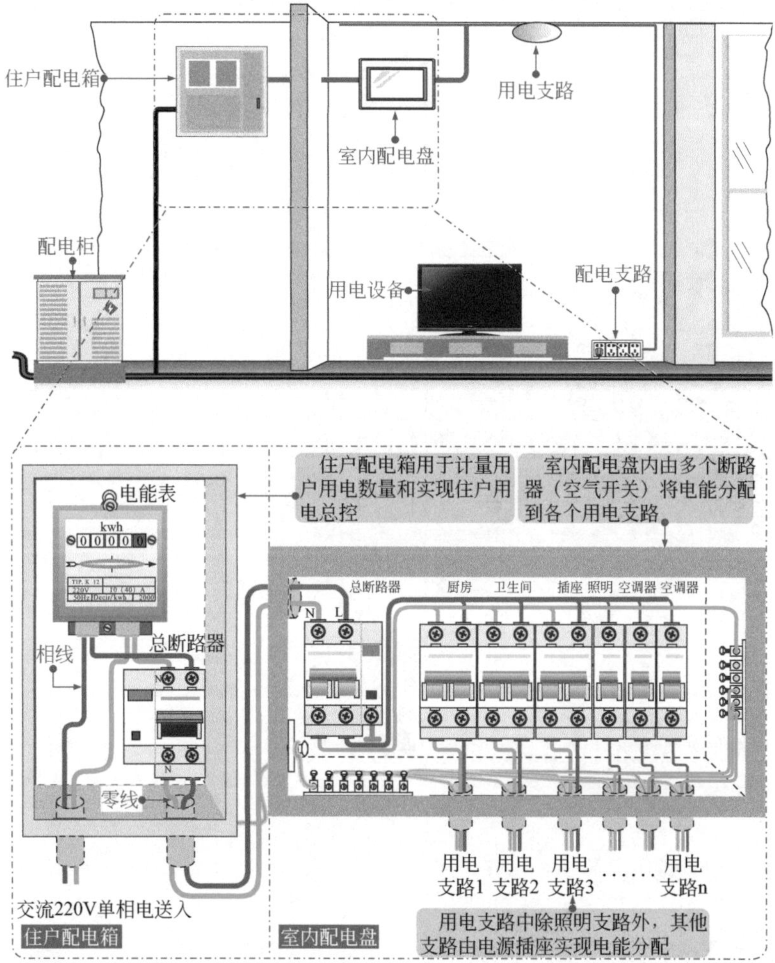
住户配电箱
室内配电盘
用电支路
配电柜
用电设备
配电支路
住户配电箱用于计量用户用电数量和实现住户用电总控
室内配电盘内由多个断路器（空气开关）将电能分配到各个用电支路
电能表
kwh
总断路器
相线
零线
总断路器
厨房
卫生间
插座
照明
空调器
空调器
用电支路1
用电支路2
用电支路3
……
用电支路n
交流220V单相电送入
住户配电箱
室内配电盘
用电支路中除照明支路外，其他支路由电源插座实现电能分配

图 2-7　典型室内供配电线路图

图 2-7 为典型室内供配电线路图，由图可以明确地了解到线路中的供配电关系。

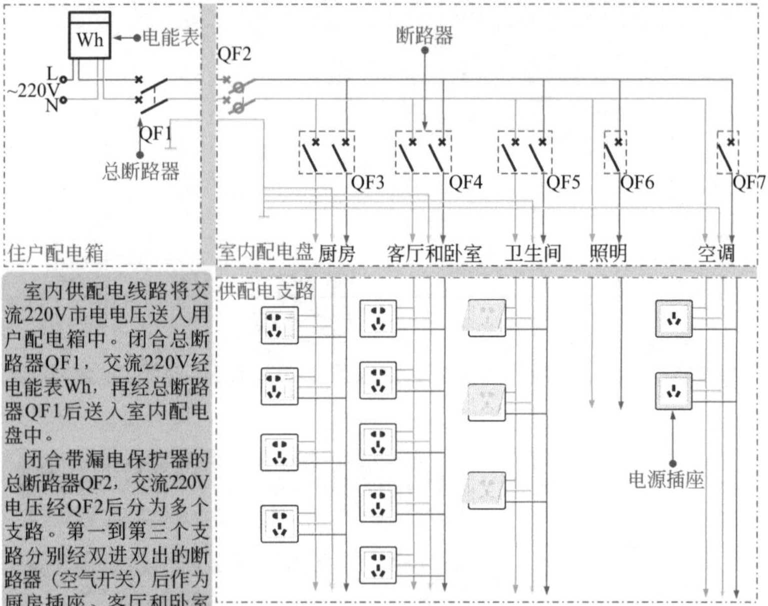

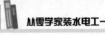

室内供配电线路将交流220V市电电压送入用户配电箱中。闭合总断路器QF1，交流220V经电能表Wh，再经总断路器QF1后送入室内配电盘中。

闭合带漏电保护器的总断路器QF2，交流220V电压经QF2后分为多个支路。第一到第三个支路分别经双进双出的断路器（空气开关）后作为厨房插座、客厅和卧室插座、卫生间插座支路。第四个支路经一支单进单出的断路器（空气开关）后。作为照明供电线路。第五个支路经一支单进单出的断路器（空气开关）后，单独作为空调器的供电线路

❶ 住户配电箱

图 2-8 住户配电箱的外形和内部构造

如图 2-8 所示，住户配电箱一般安装在用户室外，是用于集中计量和控制各家庭用户供电线路的设备。

住户配电箱内主要设有电能表和总断路器。

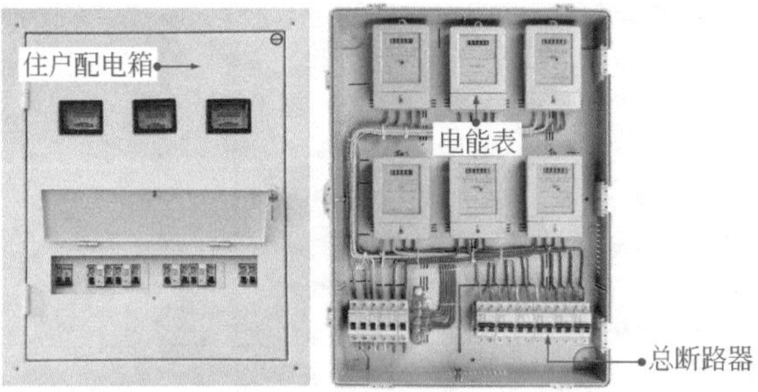

图 2-9　配电箱内电能表的类型和功能特点

如图 2-9 所示，电能表（Wh）也称电度表，是用于计量用电量的器件。在家庭供配电线路中常用的电能表为单相电能表。

单相电能表根据原理不同主要有感应式和电子式两种；根据功能不同主要有普通单相电能表和预付费单相电能表两种。目前，根据国家电力改造要求，家庭用电能表多为电子式预付费电能表

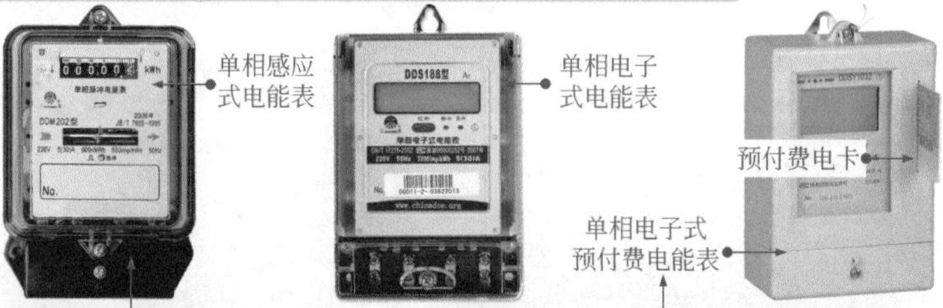

感应式电能表是采用电磁感应的原理，将电压、电流、相位转变为磁力矩，进而推动表内计度器齿轮转动实现计量数据的量程，最终完成用电的计量

电子式电能表是运用数据采集、运算得到电压和电流的量的乘积，再通过表内模拟或数字电路实现电能的计量。这种电能表数字化特征明显，具备较高的智能。目前，预付费电能表多为电子式

图 2-10　配电箱内总断路器的类型和功能特点

如图 2-10 所示，总断路器是室内供配电系统的控制部件，用于控制室内所有供配电线路能够接通室外供配电系统。为避免误动作一般选择不带漏电保护功能的、额定电流较大的双进双出断路器。

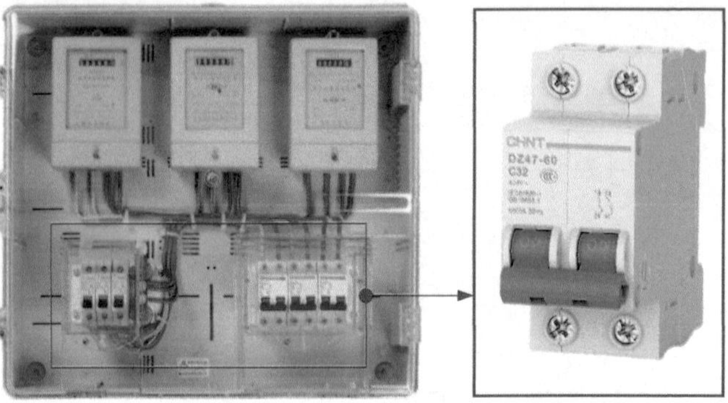

❷ 室内配电盘

图 2-11　室内配电盘的外形和内部构造

如图 2-11 所示，室内配电盘是安装在家庭住户室内的配电设备，主要用于引入家庭供电线路，并完成室内不同用电设备的电能分配和保护。

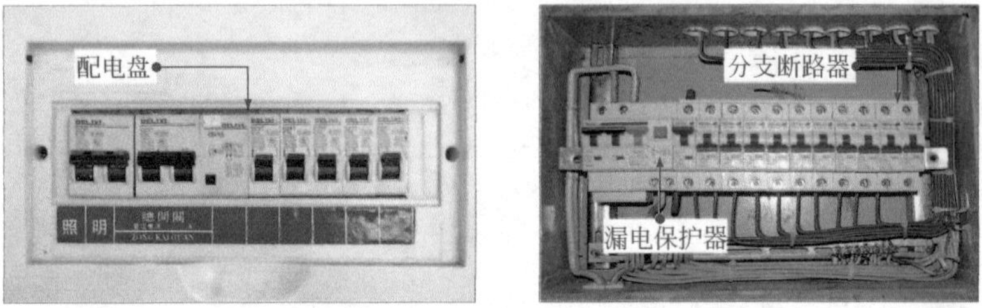

图 2-12　室内配电盘中的断路器

如图 2-12 所示，断路器（QF）又称空气开关，是家庭供电线路中用于接通或切断供电线路的开关，通常用于不频繁接通和切断电路的环境中。

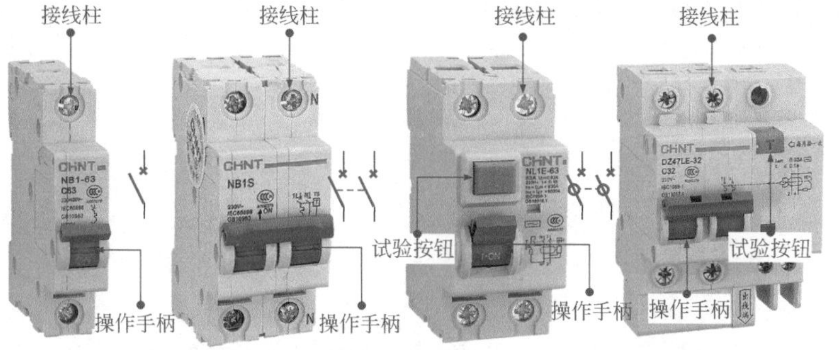

（a）单进单出断路器（b）双进双出断路器　　　　（c）带漏电保护的断路器

断路器具有过载、短路或欠压保护功能，可以自动关断，对所控制供电线路形成保护作用，有效防止供电系统中出现短路而造成线路中其他设备故障。根据具体功能不同，断路器主要有单进单出、双进双出的断路器和带漏电保护功能的断路器几种。

单进单出、双进双出的断路器均称为空气开关（俗称空开），其中单进单出断路器主要应用于照明供电支路；双进双出断路器主要应用于插座供电支路。

双进双数带漏电保护的断路器又叫漏电保护开关，室内配电盘中的总断路器和卫生间供电支路、厨房供电支路和插座供电支路等一般选用该类断路器。带漏电保护的断路器具有漏电、触电、过载、短路保护功能，可有效地避免因漏电而引起的人身触电或火灾事故。

❸ 电源插座

图 2-13　室内供配电线路中常用的几种电源插座

如图 2-13 所示，电源插座是家庭供电线路中的主要组成部件，是家庭供电线路末端的连接器件，用于为家用电器提供市电交流 220V 电压。由于家庭供电线路为两相供电，因此家庭用电源插座也为两相插座，常见的有大功率三孔插座、五孔插座、五孔带开关插座、防溅水插座等。

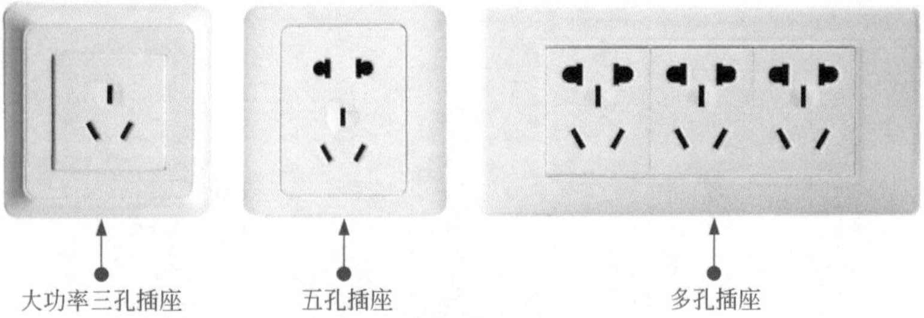

2.1.3 室内灯控线路的结构

图 2-14 室内灯控线路的结构组成

如图 2-14 所示，室内灯控线路是指应用在室内场合，在室内自然光线不足的情况下，创造明亮环境的照明线路。该线路主要由控制开关和照明灯具等构成。

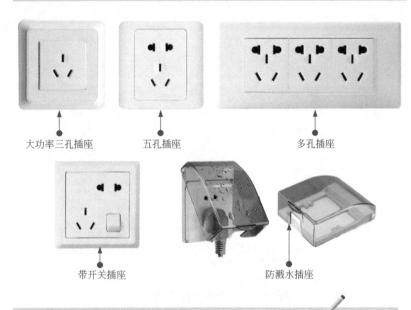

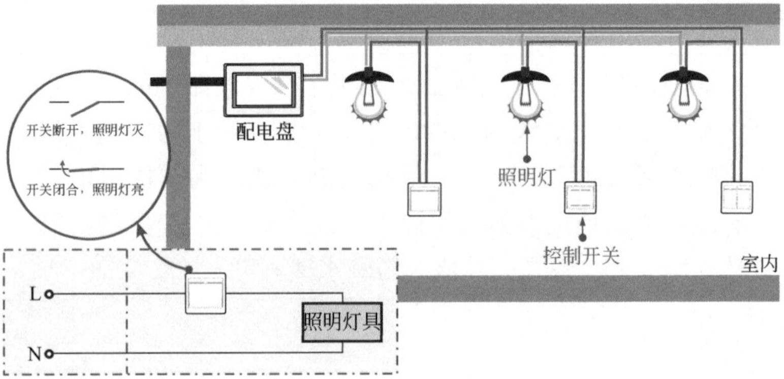

图 2-15　典型室内照明电路和系统的线路关系

图 2-15 为典型室内照明电路系统的线路关系。

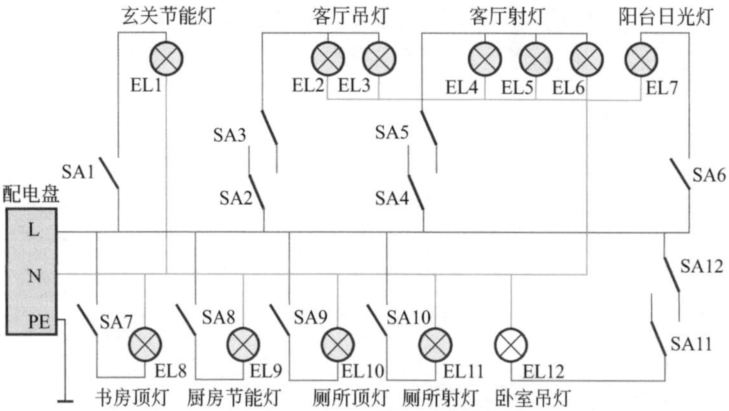

图中，室内照明线路主要包括 12 盏照明灯，分别由相应的控制开关控制，其中客厅吊灯、客厅射灯和卧室吊灯均为两地控制线路，由两只单开双控开关控制，可实现在两个不同位置控制同一盏照明灯的功能，方便用户使用。

其他灯具均由一只单开单控开关控制，开关闭合照明灯亮，开关断开照明灯熄灭，控制关系简单。

❶ 控制开关

图 2-16　室内灯控线路中常用的几种控制开关

如图 2-16 所示，控制开关用于控制照明灯具接通和断开供电电源。目前，常见的照明用控制开关主要有单开关、双开关、三开关、调光开关、智能开关、触摸延时开关、遥控开关等。

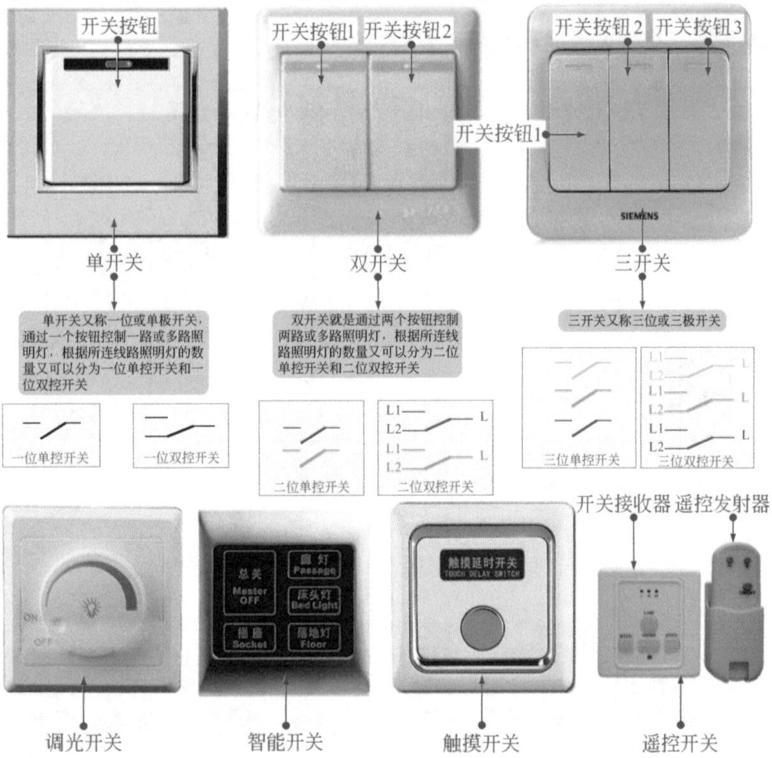

随着智能化家居进入家庭，各种具有智能化控制功能的开关也越来越多地应用到家庭住户中。

其中，调光开关可以满足人们在不同时候对灯光亮度的不同需求。适用于家庭居室和公寓、酒店、医院等公共场所。

智能开关是指利用控制面板和电路中元器件的组合及编程，实现电路智能开关控制的单元。

触摸延时开关在使用时，只需轻触一下触摸元件，开关即导通工作，然后延时一段时间后自动关闭，非常便于公共场合的照明使用，既方便操控，又节能环保，同时也可有效地延长照明灯的使用寿命。

遥控开关是由可移动的遥控发射器及固定在墙壁上的开关接收器组成的，所有的功能既可在墙壁开关上直接操作，也可以用遥控器远距离操控。

2 照明灯具

图 2-17　室内灯控线路中常用的几种照明灯具

如图 2-17 所示，照明灯具是家庭照明线路中的负荷部件，也是实现电能到光能的转换部件，达到提高室内亮度的目的。目前，家庭照明线路中常用的照明灯具主要有普通日光灯、节能灯和新型 LED 照明灯三类，根据灯座的装饰和安装形式，可将上述三种照明灯作为光源安装在吸顶灯、吊灯、射灯内。

直管形日光灯

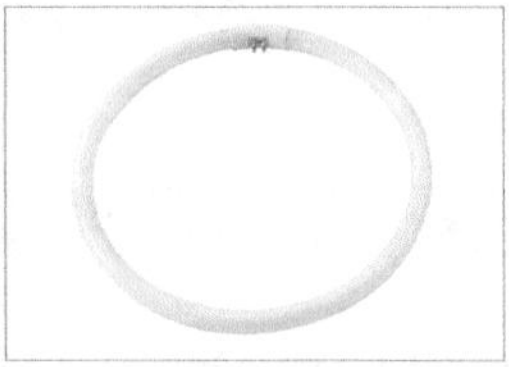
环形日光灯

2D形日光灯

U形节能灯

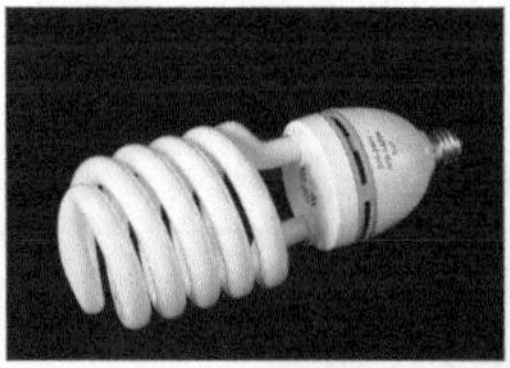
螺旋形节能灯

球泡形节能灯

LED灯泡

LED灯管

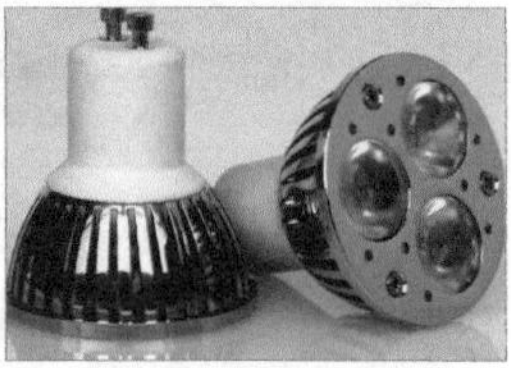
LED射灯

日光灯又称荧光灯，通常安装在客厅、卧室、地下室等场所。根据不同的安装环境，对日光灯亮度、外形的选择也各有不同，常见的日光灯有直管形、环形和 2D 形等。日光灯的灯管内部涂抹有荧光粉汞膜，且管内充有惰性气体，受电击便会发光。日光灯一般需要配合启辉器或镇流器才能正常工作。

节能灯又称紧凑型荧光灯，具有节能、环保、耐用等特点，通常安装在阳台、卫生间、厨房等场所，并且根据不同的安装环境，对节能灯的亮度、功率的选择也各有不同，常用的节能灯外形有U形、螺旋形和球泡形等。节能灯是利用气体放电的原理进行发光的，一般不需要配备镇流器和启辉器等器件，连接好便可单独使用。

LED灯也称发光二极管，根据不同的安装环境，对LED灯的亮度、外形的选择也各有不同。常见的LED灯有LED灯管、LED灯泡、LED射灯等。LED灯能够直接将电能转化为可见光，具有节能、环保、抗震性能良好、使用寿命长等优势，在家庭装修中应用广泛。

2.2 家庭电气线路的规划设计

2.2.1 室外供配电线路的规划设计

室外供配电线路的规划设计主要从用电负荷、供配电器件及线缆的选配等方面进行考虑，根据实际施工情况，严格按照设计要求和操作规程完成室外供配电线路的施工布线和设备安装。

1 室外供配电线路的设计规划

图 2-18 典型室外供配电线路图

图2-18为典型室外供配电电路图。室外供配电线路的设计规划需要先对用电负荷进行周密的考虑，通过科学的计算方法，计算出建筑物用户及公共设备的用电负荷范围，然后根据计算结果选配适合的供配电器件和线缆。

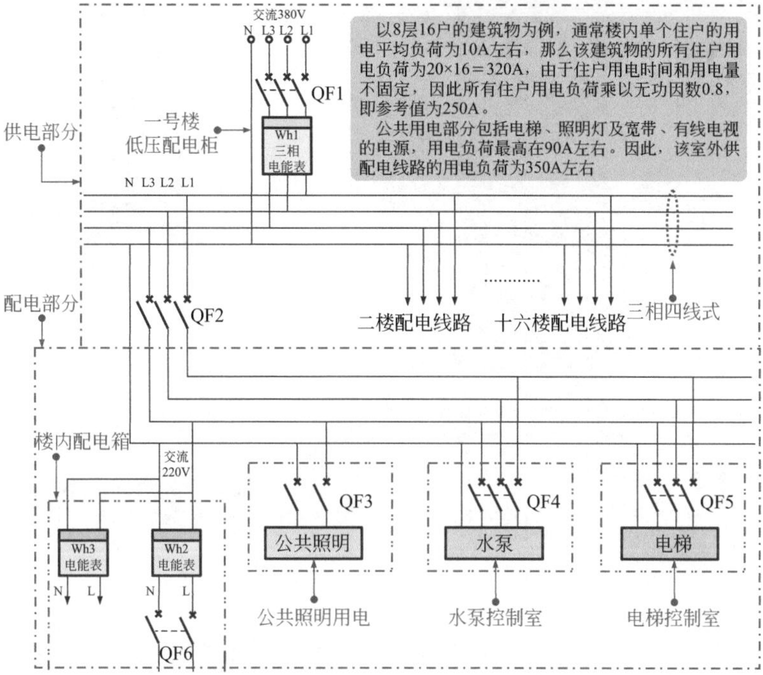

❷ 室外供配电线路的施工要求

在室外供配电线路规划设计完成后，还需要明确室外供配电线路的施工要求和安全注意事项，确保线路安全可靠。

图 2-19　低压配电柜的施工要求

如图 2-19 所示，低压配电柜对送入的 380V 或 220V 交流低压经过进一步分配后，分别送入楼宇中的各动力配电箱、照明（安防）配电箱及各楼层配电箱中。对低压配电柜的安装、固定和连接也需要严格按照施工安全要求进行。

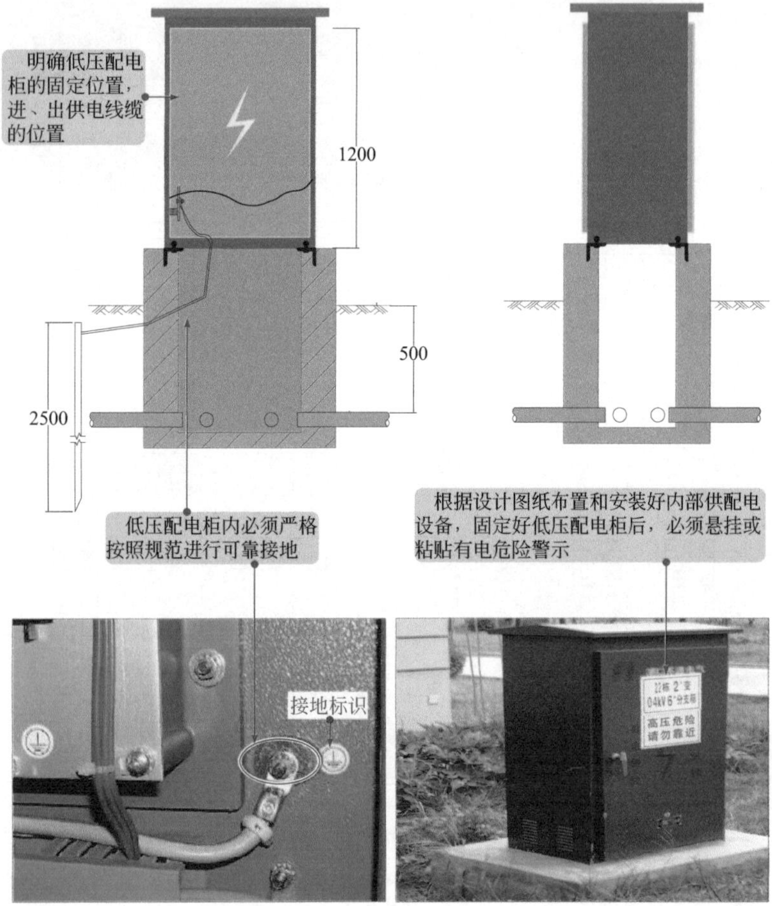
明确低压配电柜的固定位置，进、出供电线缆的位置
1200
500
2500
低压配电柜内必须严格按照规范进行可靠接地
根据设计图纸布置和安装好内部供配电设备，固定好低压配电柜后，必须悬挂或粘贴有电危险警示
接地标识
高压危险
请勿靠近

图 2-20　住户配电箱的施工要求

如图 2-20 所示，在规划配电箱（住户配电箱）时，应靠近供电干线采用嵌入式安装，配电箱应放置在楼道内无振动的承重墙上，距地面高度不小于 1.5 m。配电箱输出的入户线缆应暗敷于墙壁内，取最近距离开槽、穿墙，线缆由位于门左上角的穿墙孔引入室内，以便连接住户配电盘。

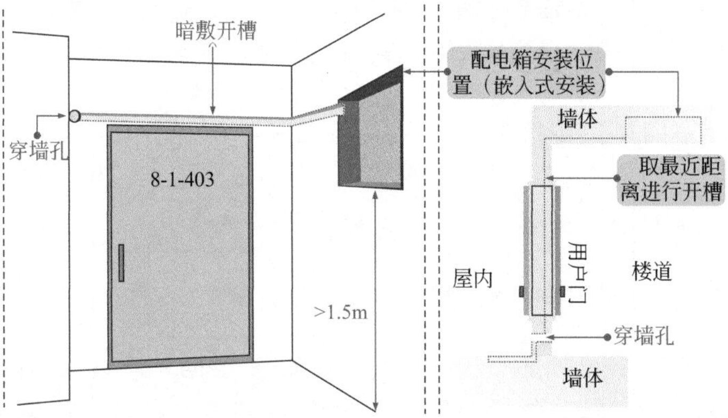

图 2-21　楼内配电箱内设备的连接规范和要求

如图 2-21 所示，楼内配电箱内的线缆使用有严格规定，即相线、零线、地线所选用的线缆规格和颜色应按国家标准规定选用。

例如，相线 L1 为黄色，相线 L2 为绿色，相线 L3 为红色，零线 N 为蓝色，地线 PE 为黄、绿双色，而单相供电中的相线为红色，零线也为蓝色。

另外，在配电箱中，入户接地线和配电箱外壳接地线应连接在地线接线柱上；零线与干线中的零线接线柱连接；输入相线与输入干线中的一根相线连接。

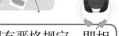

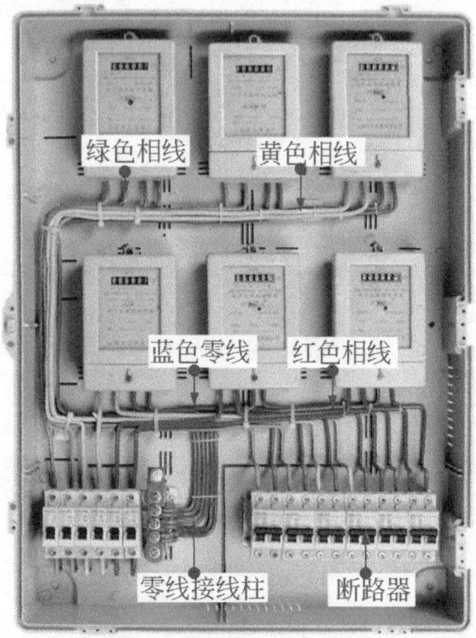

2.2.2 室内供配电线路的规划设计

室内供配电线路的设计需根据实际情况合理规划，科学布局，严格按照设计要求和操作规程安全施工，确保家庭配电线路的用电安全。

图 2-22 室内供配电线路的规划设计原则

如图 2-22 所示，室内供配电线路要根据具体室内的情况，对线路的负荷、供电支路的分配、各种家电设备、强电端口（插座）的安装位置及数量等进行规划，规划时要从实用角度出发，尽可能做到科学、合理、安全及全面。

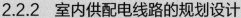

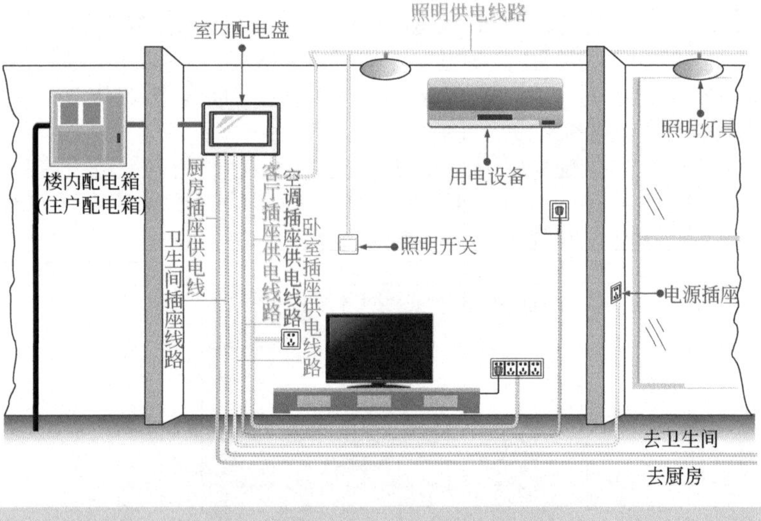

在规划家庭供电用电线路时，需要特别注意安全性，保证设备安全及用户的使用安全。

① 家用电器的总用电量不应超过配电箱内总断路器和总电度表的负荷，同时每一条支路的总用电量也不应超过支路断路器的负荷，以免出现频繁掉闸、烧坏配电器件的现象。

② 在安装线路器件时，插座、开关等也要满足用电的需求，若选择的器件额定电流过小，则使用时会烧坏器件。

③ 在安装连接家庭配电线路时，应根据安装原则进行正确的安装和连接，同时应注意配电箱和配电盘内的导线不能外露，以免造成触电事故。

④ 选配的电度表、断路器和导线应满足用电需求，防止出现掉闸、损坏器件或家用电器等事故的出现。

⑤ 在对线路的连接过程中，应注意对电源线进行分色，不能将所有的电源线只用一种颜色，以免对检修造成不便。按照规定，火线通常使用红色线，零线通常使用蓝色或黑色线，接地线通常使用黄色或绿色线。

1 室内供配电线路负荷的计算

设计家庭供电线路时，设备的选用及线路的分配均取决于家庭用电设备的用电负荷，因此，科学计量和估算家庭的用电负荷是十分重要和关键的环节。

设计要求供电线路的额定电流应大于所有可能会同时使用的家用电器的总电流值。其中，总电流的计算由所有用电设备的功率和除以额定供电电压获得，即总电流 = 家用电器的总功率 /220V。

将所有家用电器的功率相加即可得到总功率值。另外，家庭中的电器设备不可能同时使用，因此用电量一般取设备耗电量总和的 60% ～ 70%，在此基础上考虑一定的预留量即可。

一般家庭用户的总功率约为 15700W，取总和的 60% ～ 70% 约为 9400W，计算得总电流 I=9400W/220V ≈ 42A，由此供电线路设计负荷要求不小于 42A。

值得注意的是，计算家庭总电流量（用电负荷）是家装强电选材中的关键环节。

总电流量 = 本线路所有常用电器的最大功率之和 ÷220V。

常用电器功率：

微波炉为 800～1500W　电饭煲为 500～1700W　电磁炉为 800～1800W

电炒锅为 800～2000W　电热水器为 800～2000W　电冰箱为 70～250W

电暖器为 800～2500W　电烤箱为 800～2000W　消毒柜为 600～800W

电熨斗为 500～2000W

1 匹空调开机瞬间功率峰值是额定功率的 3 倍，即 724W×3 = 2172W；

1.5 匹空调开机瞬间功率峰值是 1086W×3 = 3258W；

2 匹空调开机瞬间功率峰值是 1448W×3 = 4344W；

一般用电支路功率：

照明支路为 800W；插座支路为 3500W；厨房支路为 4400W；卫生间支路为 3500W；空调器支路为 3500W。

❷ 供电支路的分配

图 2-23 室内供配电线路中供电支路的分配

如图 2-23 所示，支路分配要首先考虑科学性，遵循科学规划原则，使室内供电用电的线路更加合理、安全。

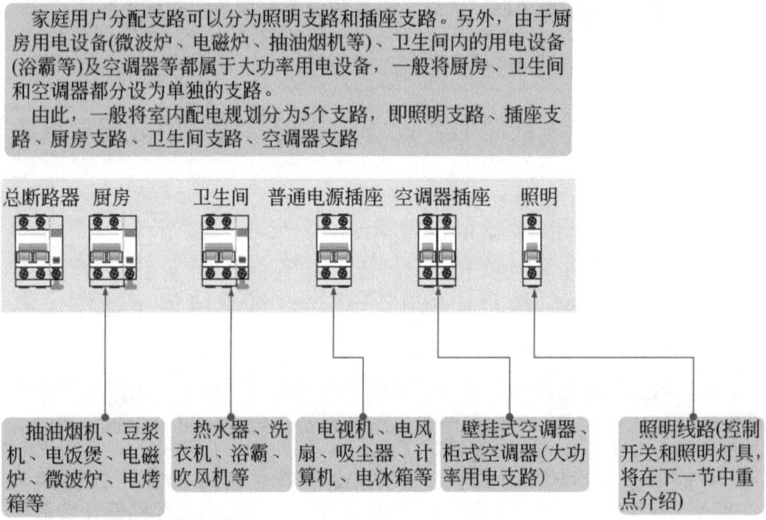
家庭用户分配支路可以分为照明支路和插座支路。另外，由于厨房用电设备(微波炉、电磁炉、抽油烟机等)、卫生间内的用电设备(浴霸等)及空调器等都属于大功率用电设备，一般将厨房、卫生间和空调器都分设为单独的支路。
由此，一般将室内配电规划分为5个支路，即照明支路、插座支路、厨房支路、卫生间支路、空调器支路
总断路器
厨房
卫生间
普通电源插座
空调器插座
照明
抽油烟机、豆浆机、电饭煲、电磁炉、微波炉、电烤箱等
热水器、洗衣机、浴霸、吹风机等
电视机、电风扇、吸尘器、计算机、电冰箱等
壁挂式空调器、柜式空调器(大功率用电支路)
照明线路(控制开关和照明灯具，将在下一节中重点介绍)

❸ 合理规划用电设备的分布

图 2-24 用电设备的合理布局

如图 2-24 所示，室内供电用电设备的分配通常需要考虑到用户的需要及每个房间内设有的电器数量等，均在方便用户使用的前提下进行分布，主要包括照明灯具、照明开关、插座等的分布。因此合理分配家庭供电用电设备应既能够保证用电的安全，同时也应为用户日常使用带来方便。

照明：照明支路主要包括卧室中的顶灯，客厅中的吊灯、射灯，卫生间、厨房及阳台的普通节能灯等。照明灯的数量、位置按照室内面积、实现空间照明功能为依据进行规划

控制开关：每个灯具均有一个或一组相应的开关控制。控制开关一般设置在进门后的墙面上，用户打开房间门时，即可控制照明灯点亮，以方便用户控制为原则

插座：主要有普通电源插座和大功率插座两种。规划原则以方便使用、规格与用电设备匹配、有足够预留为主要原则。

一般在卧室、客厅设置大功率插座用于为空调器供电；厕所设置大功率插座为热水器供电；在其他可能用电部位规划普通电源插座

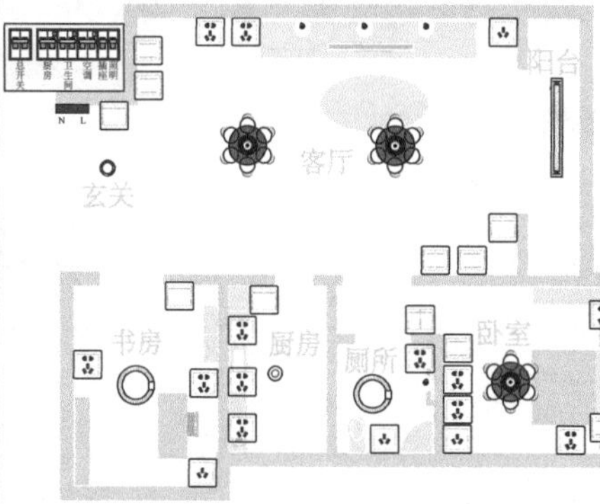

图 2-25　室内供配电线路中用电终端（电源插座）的设计规范

如图 2-25 所示，家庭供配电线路中，电源插座是主要的配电用电终端设备，合理安排布局是线路设计中的重要环节。

室内供电线路中插座的分布包括普通插座支路、厨房支路、卫生间支路、空调支路。这几个支路都属于插座线路，分配布线时应遵循安全、合理的原则，且线路连接尽量走直线。支路中串联连接的插座个数(可能连接的电器设备)不能超过所连接线路总载流量的要求。

其中，普通插座支路一般采用小功率电源插座，在合理、美观的前提下，在可能使用电器设备的位置，尽量多设置电源插座，以满足各种情况下的使用；另外，厨房支路、卫生间支路、空调支路中设有大功率插座的位置需要根据实际用电负荷进行设置，遵循负荷计算基本原则进行规划

插座的设置和布线按照基本规划原则进行，插座的接线方式也需要遵循：

“左零右火”，即左侧为零线，右侧为相线；

“下零上火”，即上面为零线，下面为相线

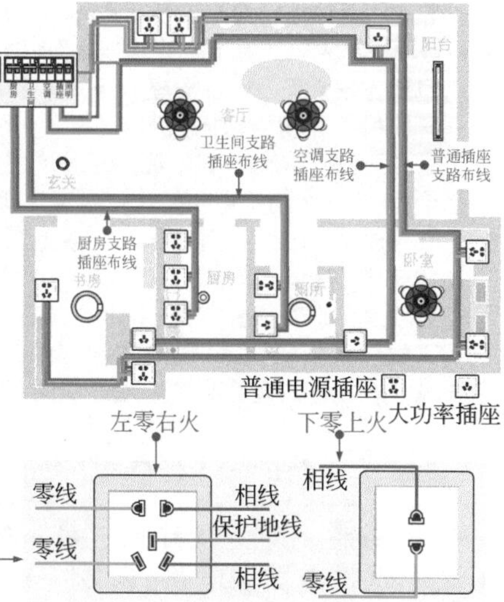

4 室内供配电线路中线材的选用

图 2-26 室内供配电线路中线材的选用

如图 2-26 所示，室内供配电线路中供电导线的选择包括进户线、照明线、插座线、空调专线，需要分别选材。

铜线横截面积 /mm²	铜线直径 /mm	安全载流量 /A	允许长期电流 /A
2.5	1.78	28	16 ~ 25
4	2.25	35	25 ~ 32
6	2.77	48	32 ~ 40

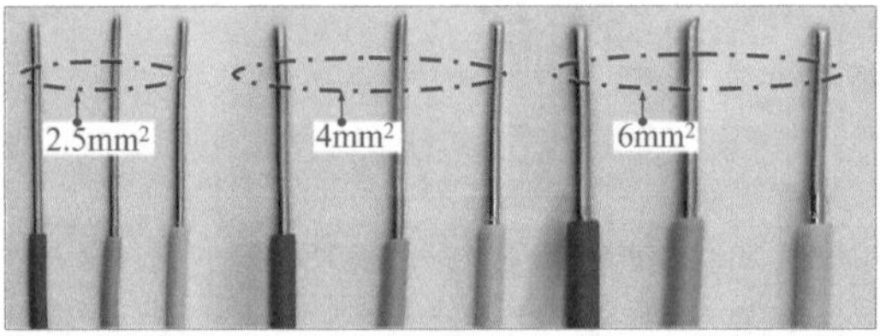

进户线由配电箱引入，选择时，一定要选择载流量大于等于实际电流量的绝缘线（硬铜线），不能采用花线或软线（护套线），暗敷在管内的电线不能采用有接头的电线，必须是一根完整的电线。

在单相两线制、单相三线制家用供配电电路中，零线横截面积和相线（铜线横截面积不大于 16mm²，铝线横截面积不大于 25mm²）的横截面积应相同。

目前，家装用照明、插座、开关等强电线材大多选用铜芯塑料绝缘导线。

导线横截面积的选择如下。

进户线：6～10mm² 铜芯线；　　照明支路：2.5mm² 铜芯线；

厨房支路：4mm² 铜芯线；　　卫生间支路：4mm² 铜芯线；

10A 插座：2.5mm² 铜芯线；　　空调支路：4mm² 或 6mm² 专线

插座线：4mm² 铜芯线；　　空调挂机插座线：4mm² 铜芯线；

大功率空调柜机插座线：6mm² 铜芯线。

家庭供电用电线路中所使用导线的颜色应该保持一致，即相线使用红色导线，零线使用蓝色导线，地线使用黄、绿色导线。

5 室内供配电线路中断路器的选配原则

断路器（即空气开关）是室内供电用电线路中在超负荷时跳闸保护电器和电路的部件。

断路器选配的核心依据是，其额定电流应选择大于该支路中所有可能会同时使用的家用电器的总电流值。其中，总电流的计算由所有用电设备的功率之和除以额定供电电压获得，即：总电流 = 家用电器的总功率 ÷220V。

根据室内供电用电分配原则，要求每一个用电支路配一个断路器，因此选配的断路器应至少包括照明支路断路器、插座支路断路器、空调支路断路器、厨房支路断路器和卫生间支路断路器几种。

6 室内供配电线路的施工要求

室内供配电线路对施工有严格的要求，各项施工操作必须按照要求规范进行。其中主要包括入户配电盘的施工要求、电源插座的施工要求、供配电线路敷设的施工要求三个方面。

图 2-27　室内配电盘的施工要求

如图 2-27 所示，入户配电盘应安装在干燥、无振动和无腐蚀气体的环境中（如客厅），外壳的下沿距离地面的高度一般不能小于 1.3m。

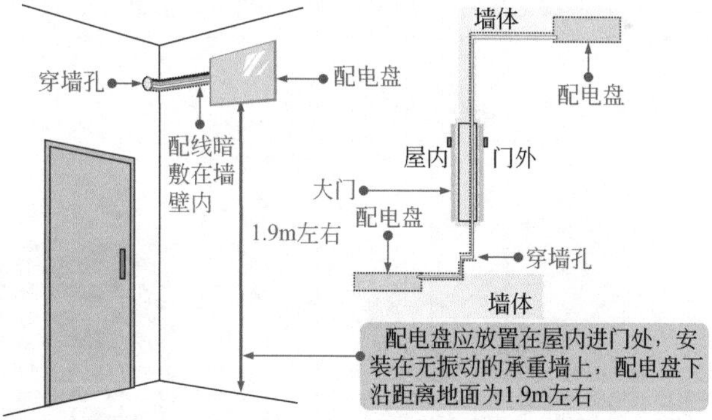

图 2-28　电源插座的施工要求

图 2-28 为室内供配电线路中电源插座的施工要求。

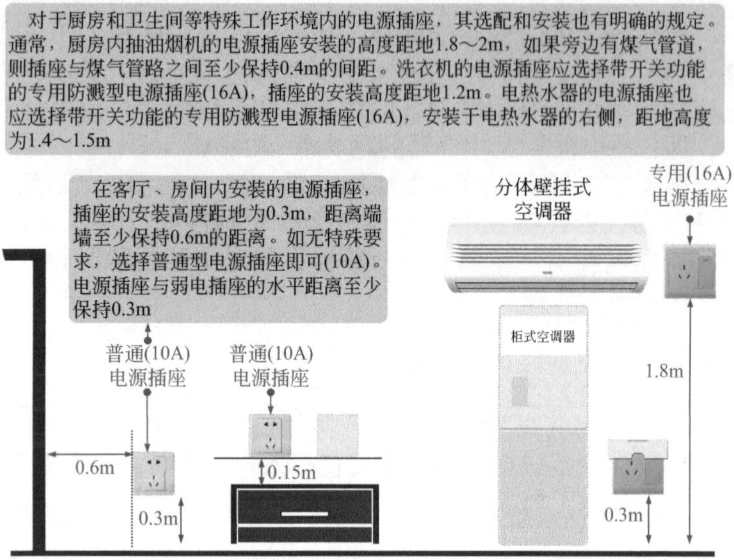
对于厨房和卫生间等特殊工作环境内的电源插座，其选配和安装也有明确的规定。通常，厨房内抽油烟机的电源插座安装的高度距地1.8～2m，如果旁边有煤气管道，则插座与煤气管路之间至少保持0.4m的间距。洗衣机的电源插座应选择带开关功能的专用防溅型电源插座(16A)，插座的安装高度距地1.2m。电热水器的电源插座也应选择带开关功能的专用防溅型电源插座(16A)，安装于电热水器的右侧，距地高度为1.4～1.5m
在客厅、房间内安装的电源插座，插座的安装高度距地为0.3m，距离端墙至少保持0.6m的距离。如无特殊要求，选择普通型电源插座即可(10A)。电源插座与弱电插座的水平距离至少保持0.3m
分体壁挂式空调器
专用(16A)电源插座
柜式空调器
普通(10A)电源插座
普通(10A)电源插座
1.8m
0.6m
0.15m
0.3m
0.3m

图 2-29 室内供配电线路敷设的施工要求

如图 2-29 所示，供电线路在施工操作时应符合相关的设计规范，不可在任意的高度或环境下进行导线的敷设。

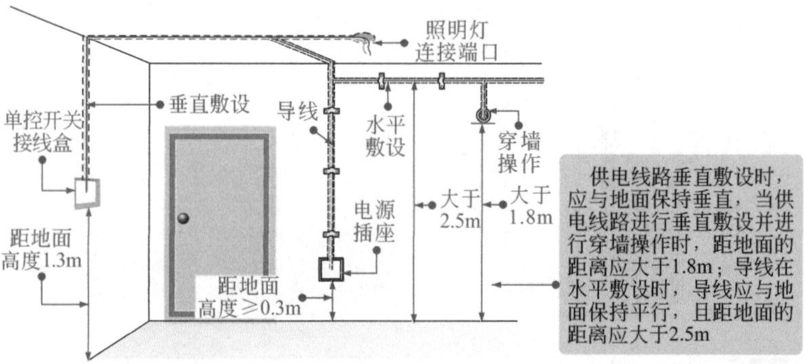
照明灯连接端口
垂直敷设
单控开关接线盒
导线
水平敷设
穿墙操作
大于2.5m
大于1.8m
电源插座
距地面高度1.3m
距地面高度≥0.3m
供电线路垂直敷设时，应与地面保持垂直，当供电线路进行垂直敷设并进行穿墙操作时，距地面的距离应大于1.8m；导线在水平敷设时，导线应与地面保持平行，且距地面的距离应大于2.5m

图 2-30　室内供配电线路敷设的距离要求

图 2-30 为室内供配电线路敷设时距离相关位置的距离要求。

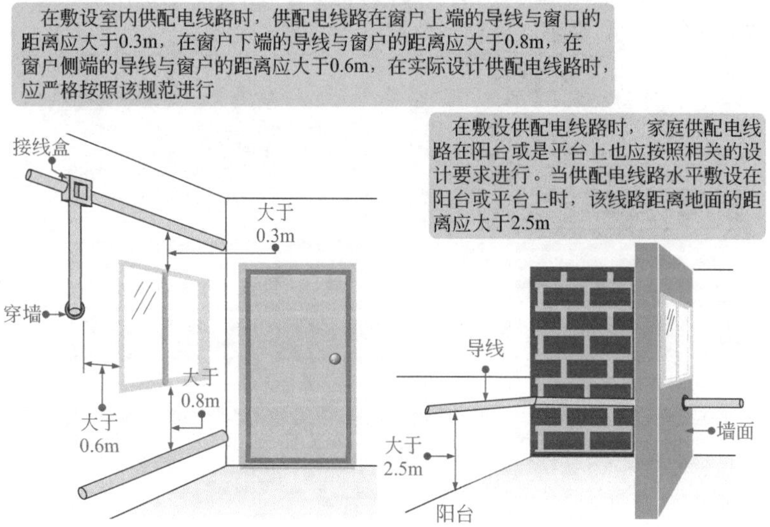
在敷设室内供配电线路时，供配电线路在窗户上端的导线与窗口的距离应大于0.3m，在窗户下端的导线与窗户的距离应大于0.8m，在窗户侧端的导线与窗户的距离应大于0.6m，在实际设计供配电线路时，应严格按照该规范进行
在敷设供配电线路时，家庭供配电线路在阳台或是平台上也应按照相关的设计要求进行。当供配电线路水平敷设在阳台或平台上时，该线路距离地面的距离应大于2.5m
接线盒
大于
0.3m
穿墙
大于
0.8m
大于
0.6m
导线
大于
2.5m
墙面
阳台

图 2-31　室内供配电线路与热水管同侧敷设时的要求

如图 2-31 所示，导线管与热水管同侧敷设时，导线管应敷设在热水管蒸汽管的下面。有困难时，可敷设在其上面，两种方式必须满足导线管与热水管间的距离要求。

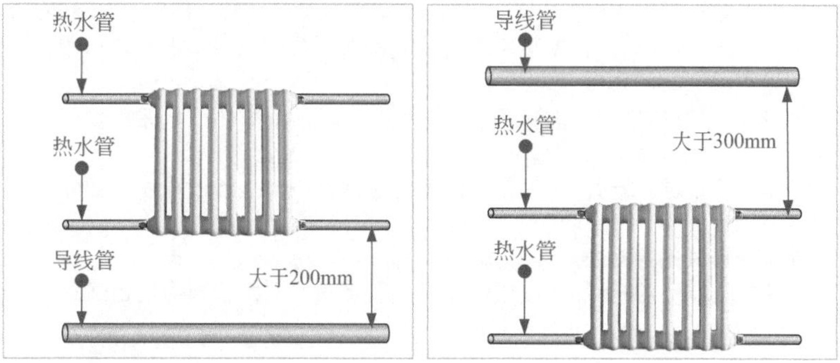

图 2-32 室内供配电线路穿越墙体时的施工要求

如图 2-32 所示，供配电线路在穿越墙体时，应加装保护管（瓷管、塑料管、钢管）进行保护，保护管伸出墙面的长度应符合施工要求。

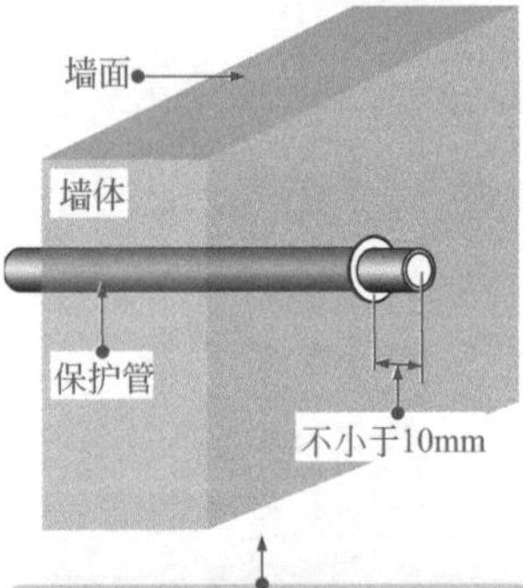

导线穿越墙体时使用保护管进行敷设，保护管伸出墙面的长度不应小于10mm，并保持一定的倾斜度

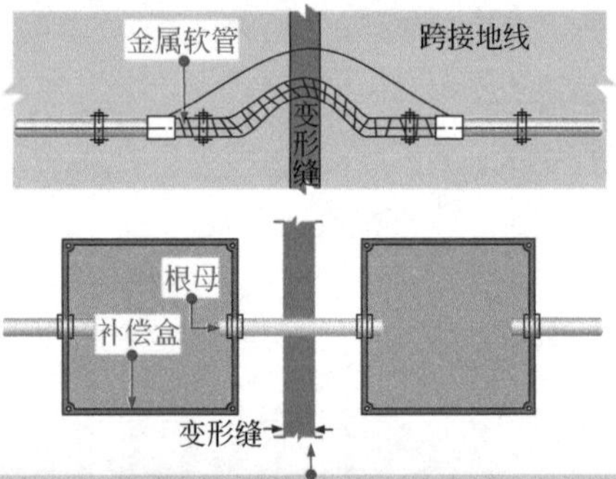

当线管经过建筑物的沉降伸缩缝时，为防止建筑物伸缩沉降不匀而损坏线管，需在变形缝旁设补偿装置。补偿装置连接管的一端用根母与补偿盒的护口拧紧固定，另一端无需固定。明管配线可采用金属软管补偿

室内供配电线路敷设的其他施工要求：

◆ 三根及以上绝缘导线穿于同一根管时，其总横截面积（包括外护层）不应超过管内横截面积的 40%；两根绝缘导线穿于同一根管时，管内径不应小于两根导线外径和的 1.35 倍（立管可取 1.25 倍）。

◆ 供电导线在穿金属管的交流线路时，应将同一回路的所有相线和中性线（如果有中性线时）穿于同一根管内。除特殊情况（电压为 50V 及以下的回路、同一设备或同一联动系统设备的电力回路、无干扰防护要求的控制回路、同一照明灯的几个回路）外，不同回路的线路不应穿于同一根金属管内。

◆ 敷设供配电线路时不可将线路直接埋入线槽内，这样既不利于以后线路的更换，也极不安全。

◆ 敷设线路线管一般选用 PVC 硬管，槽两侧做 45° 水泥护坡，防止管上负载过大压扁 PVC 管，造成隐患。

◆ 在敷设线路时，应沿最近的路线进行敷设，且敷设导线时要保证横平竖直且保护管的弯曲处不应有折扁、凹陷和裂缝的现象，从而避免在穿线时损坏电线的绝缘层。

◆ 在弱电线路上加上牢固的无接头套管时，应检查导线是否断路，保证安全敷设。

◆ 强、弱线不得穿于同一根管内；弱电线路预埋部位必须使用整线，接头部位留检修孔。

供配电线路中的电话线、电脑网络线、有线电视信号线和音响线等属于弱电线类，由于其信号电压低，如与电源线并行布线，易受 220V 电源线的电压干扰，因此弱电线的走线必须避开电源线。

电源线与弱电线之间的距离应在 200mm 以上，它们的插座也应相距 200mm 以上，插座距地面约为 300mm。一般来说，这些弱电线应布置在房顶、墙壁或地板下。在地板下布线，为了防止湿气和其他环境因素的影响，线的外面都要加上牢固的无接头套管。如有接头，则必须进行密封处理。

◆ 同一路径无电磁兼容要求的配电线路可敷设于同一线槽内，线槽内电线或电缆的总横截面积不超过线槽内横截面积的 20%。控制和信号线的电线或电缆总横截面积不应超过线槽内横截面积的 50%；有电磁兼容要求的线路与其他线路敷设于同一金属线槽内时，应用金属隔板隔离或采用屏蔽电线、电缆。

◆ 安装强电线、电话线、电视线、网线后，必须用万能表或专用摇表进行通线试验，以保证畅通。

2.2.3　室内灯控线路的规划设计

室内灯控线路的设计是非常重要的环节。家装电工要在施工前，熟悉施工环境，从控制形式、设计安装要求、照明线路的布局等方面进行考虑，结合实际施工环境，制定出安全、可靠、合格的设计规划方案。

❶ 室内灯控线路的设计规范

图 2-33　根据需求设计室内灯控线路的控制方式

如图 2-33 所示，室内照明线路有多种控制方式，电工人员应根据施工环境和用户需求，选择适合的控制方式进行规划。常会用到的控制方式主要有单控单灯式、单控双灯式、多控单灯式、多控双灯式等。

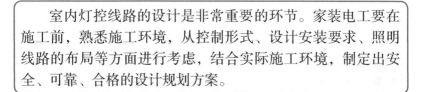

单控单灯式，就是一个一位单控开关控制一盏照明灯的线路，它是室内照明线路中最常用的一种控制线路，例如厨房、卫生间的照明控制线路，不需要多个开关，只需在门口处设置一个一位单控开关对照明灯进行控制即可

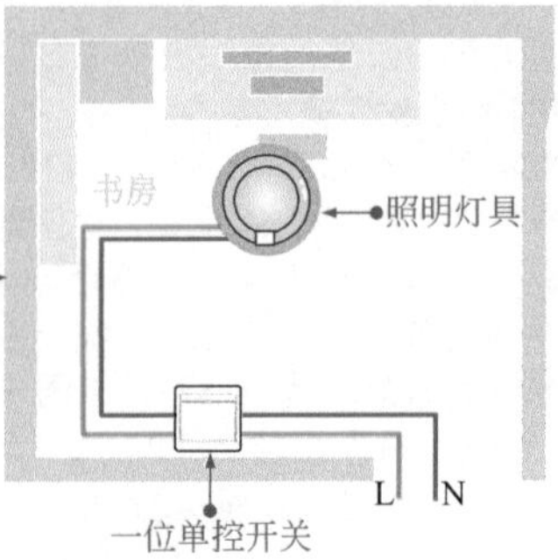

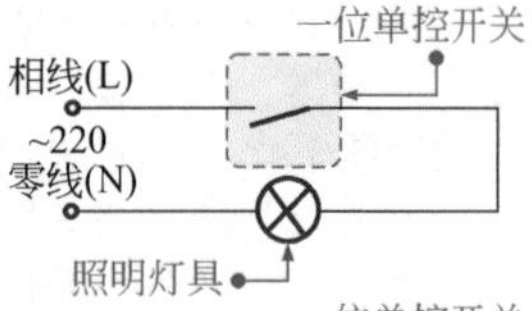

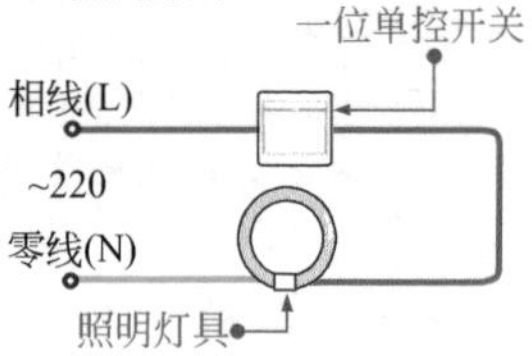

单控双灯式就是一个一位单控开关或一个二位单控开关同时控制多盏照明灯的亮灭，或者对多个房间的照明灯进行同时控制，这种控制线路多用于室内装饰射灯或大型地下室等一些空间较大，使用一盏照明灯无法照亮整个空间的地方

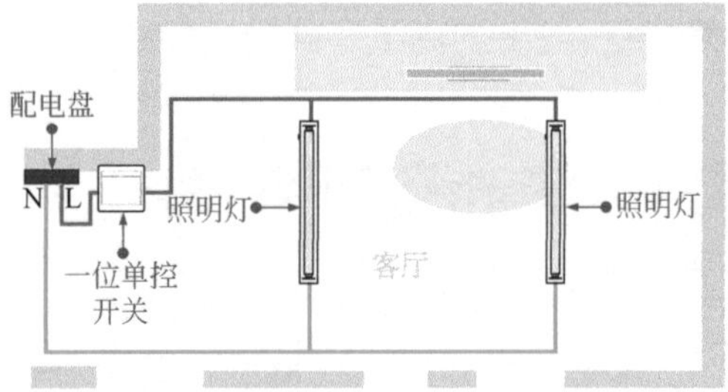

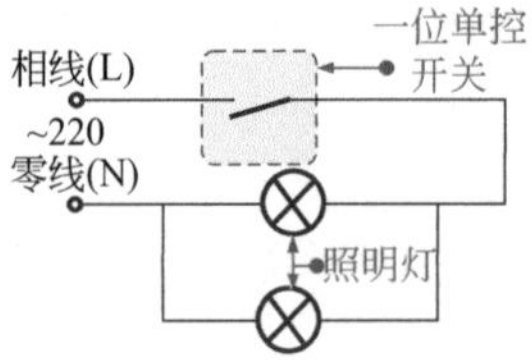

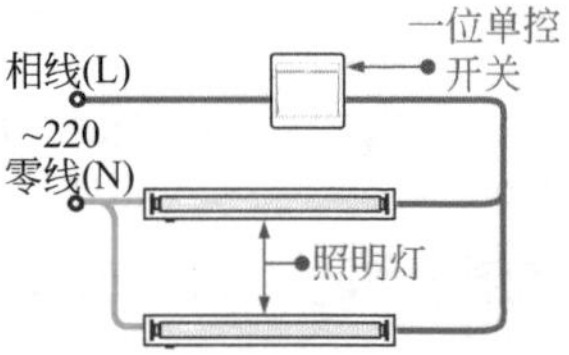

多控单灯式，就是使用两个一位双控开关，对一盏照明灯进行控制，所采用的控制开关多为一位双控开关。这种控制线路一般用于需要多个方位对一盏照明灯进行控制的地方，例如客厅、卧室等地

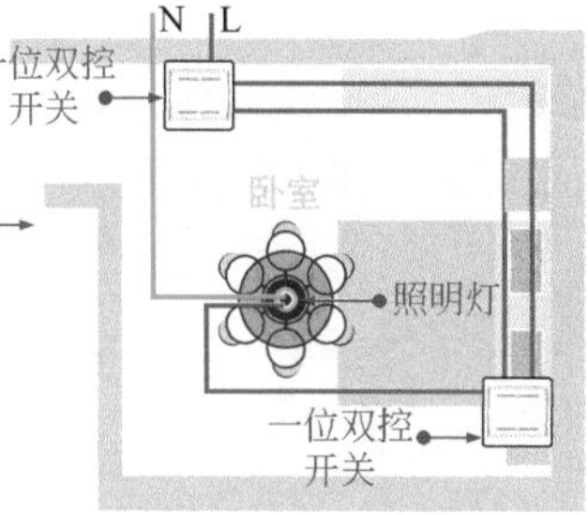

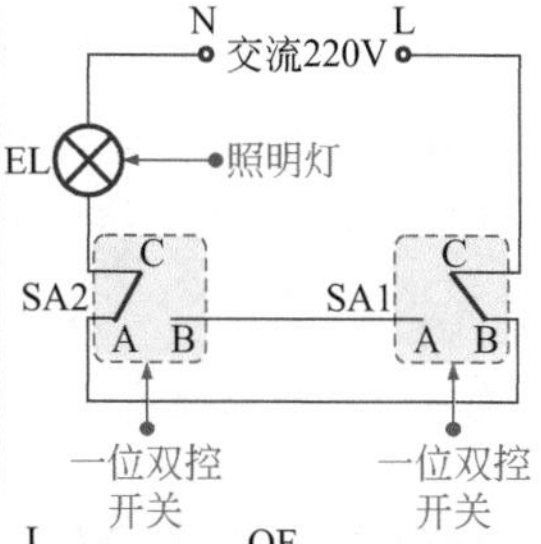

若客厅的空间较大，需要在住户门口和卧室门口各设置一个开关对客厅内的照明灯进行控制，这样住户也可在卧室门口控制客厅的照明灯；而卧室需要在门口和床头各设置一个开关，这样住户可在出入卧室或床上对照明灯进行控制

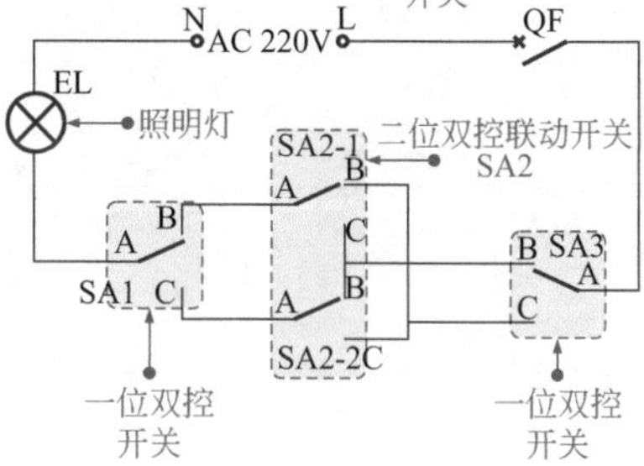

多控多灯式，就是用一个多控开关，对多个照明灯进行控制，该控制线路一般用于家庭的走廊、客厅或需要多控开关对多个照明灯进行控制的环境中

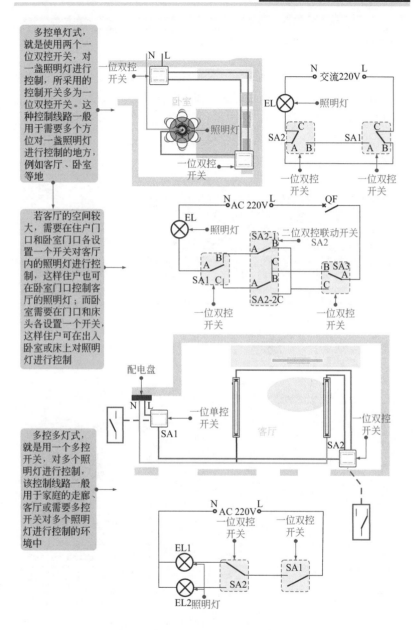

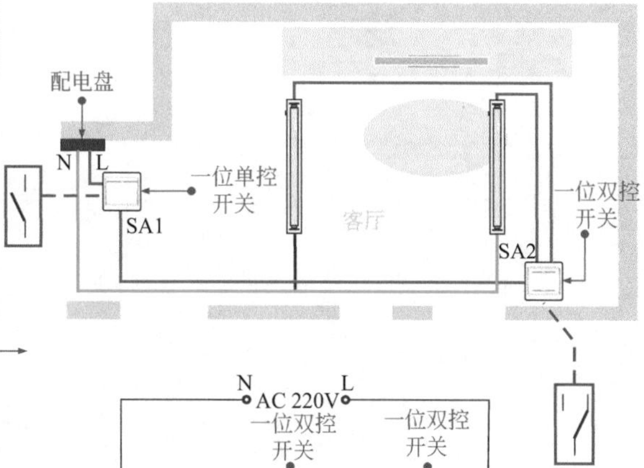

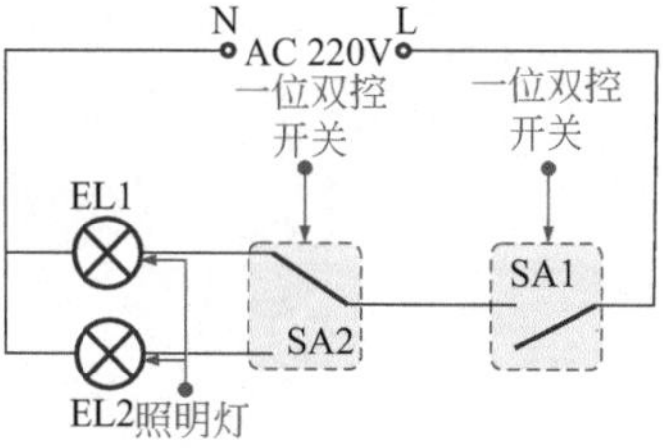

图 2-34 根据需求对室内灯控线路进行规划布局

如图 2-34 所示，确定各房间的控制方式后，就要对室内整体的灯控线路进行规划布局。该线路布线一般要求走捷径，尽量减少弯头，并合理节省导线材料。另外，灯控线路中最多允许接 25 个以内的照明灯具，若超过 25 个，则需要增加一个新的照明支路进行供电。

根据需要，在玄关处安装1盏射灯，书房安装1盏顶灯、厨房安装1盏节能灯，阳台安装1盏日光灯，以上照明设备均采用一位单控开关控制。

卫生间安装1盏顶灯和射灯，采用二位单控开关控制。

在客厅安装3盏射灯和2盏吊灯，卧室安装1盏吊灯，这些照明设备均采用双控开关控制

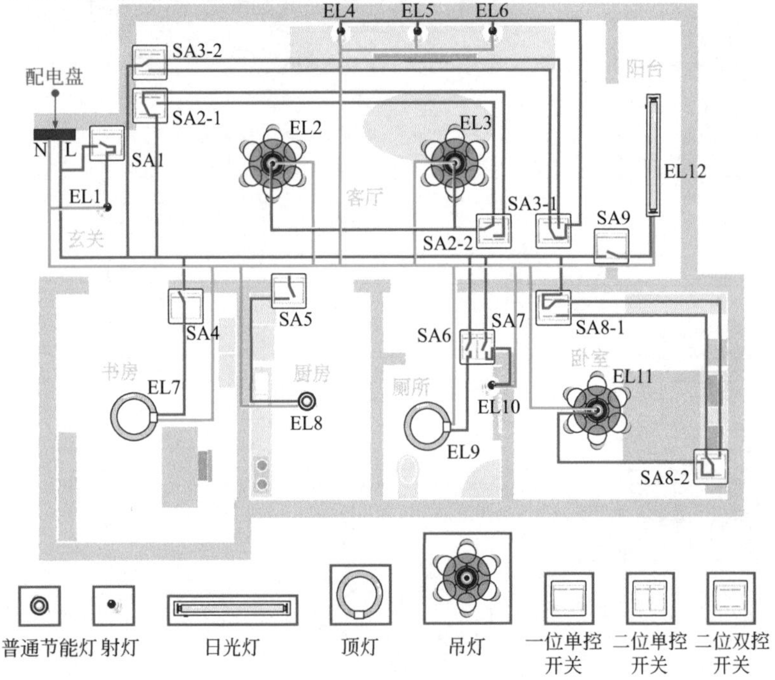

从配电盘引出的相线经开关、照明设备后至零线形成回路。各照明灯并联在电路，由不同的开关进行控制。

SA1、SA4、SA5、SA9 为一位单控开关，分别对照明设备 EL1、EL7、EL8、EL12 进行控制。

SA6、SA7 为二位单控开关，分别对照明设备 EL9、EL10 进行控制。

SA2、SA3、SA8 为二位双控开关，其中二位双控开关 SA2–1、SA2–2 为一组，SA3–1、SA3–2 为一组，SA8–1、SA8–2 为一组，分别对客厅吊灯（EL2、EL3）、客厅射灯（EL4 ~ EL6）、卧室吊灯（EL11）实行两地控制。

❷ 室内灯控线路的施工要求

图 2-35　室内灯控线路的施工要求

图 2-35 为室内灯控照明电路的施工要求。

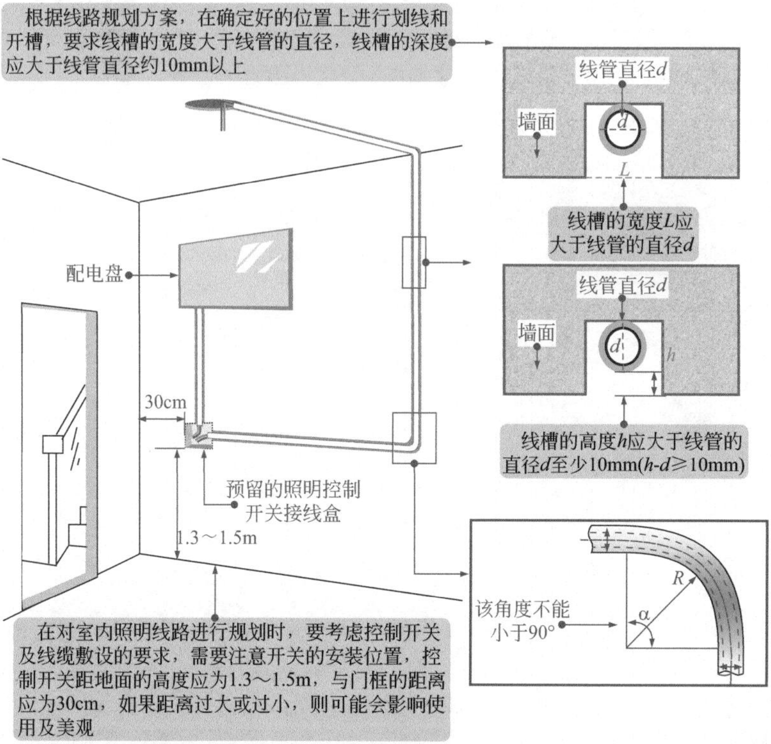

根据线路规划方案，在确定好的位置上进行划线和开槽，要求线槽的宽度大于线管的直径，线槽的深度应大于线管直径约10mm以上
线管直径d
墙面
d
L
线槽的宽度L应大于线管的直径d
配电盘
线管直径d
墙面
d
h
30cm
线槽的高度h应大于线管的直径d至少10mm(h-d≥10mm)
预留的照明控制开关接线盒
1.3～1.5m
R
α
该角度不能小于90°
在对室内照明线路进行规划时，要考虑控制开关及线缆敷设的要求，需要注意开关的安装位置，控制开关距地面的高度应为1.3～1.5m，与门框的距离应为30cm，如果距离过大或过小，则可能会影响使用及美观

图 2-36 照明灯具安装施工要求

如图 2-36 所示，采用悬吊式安装方式的时候，要重点考虑眩光和安全因素。眩光的强弱与日光灯的亮度以及人的视角有关，因此悬挂式灯具的安装高度是限制眩光的重要因素，如果悬挂过高，既不方便维护，又不能满足日常生活对光源亮度的需要。如果悬挂过低，则会产生对人眼有害的眩光，降低视觉功能，同时也存在安全隐患。

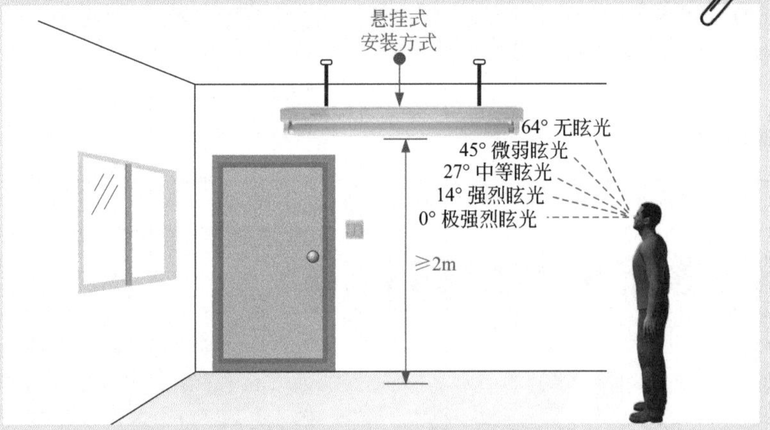

第3章 家庭水暖施工中的管材加工

3.1 水暖管材的种类特点

在家庭水暖施工中，管材的选择、安装和连接是十分重要的环节。常见管材的种类较多，如钢管、铸铁管、PVC 管和复合管等。

3.1.1 钢管和铸铁管

图 3-1 钢管和铸铁管在家庭水暖施工中的应用

如图 3-1 所示，钢管是一种以钢材为材质制作的管道，在家庭水暖施工中，以镀锌钢管较为常见，早期主要作为生活给水管或热水管使用。铸铁管则是一种铁质管材，多见于早期给排水管道（目前已逐渐被 PVC 和复合材料取代）。

3.1.2 PVC管

图 3-2 PVC 管的特点

如图 3-2 所示，PVC 是一种塑料，主要成分是聚氯乙烯。PVC 管是近年来水暖市场中的一种新型管材，在给排水、水暖等系统施工中应用越来越广泛，并逐渐代替老式金属管材。

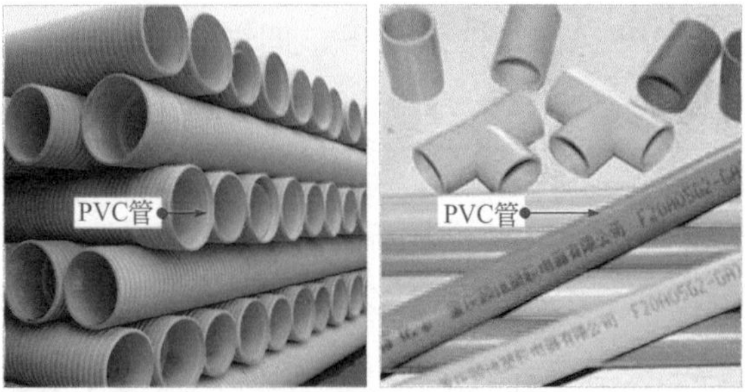

图 3-3 PVC 管在家庭水暖施工中的应用

如图 3-3 所示，PVC 管具有很强的韧性和延展性，安装固定十分方便。在家装水暖管路操作中，PVC 管常用作室内供暖管道（地板辐射采暖）或给排水管道使用。

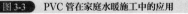

PVC 管按品种的不同可分为 PVC–U 硬质聚氯乙烯、PVC–C 氯化聚氯乙烯及 PVC–M 高抗冲聚氯乙烯。其中，家庭给排水管路中常用的 PVC 管主要为 PVC–U 硬质聚氯乙烯管。

PVC 管的规格尺寸采用公称通径（以 DN16 ～ 180 最多）进行标识。其中，DN16、DN20、DN25、DN32、DN40 又有三种不同的厚度（轻、中、重），见表 3–1。

表3–1　DN16～DN40的不同厚度对照表

公称通径	类型		
	轻/mm	中/mm	重/mm
DN16	1±0.15	1.2±0.3	1.6±0.3
DN20	—	1.5±0.3	1.8±0.3
DN25	—	1.5±0.3	1.9±0.3
DN32	1.4±0.3	1.8±0.3	2.4±0.3
DN40	1.8±0.3	1.8±0.3	2.0±0.3

3.1.3　复合管

复合管是以金属管材为基础，内、外焊接聚乙烯、交联聚乙烯等非金属材料成型，具有金属管材和非金属管材的特点。

图 3-4　复合管的特点

如图 3-4 所示，市场上常见的复合管有铝塑复合管（PAP）、涂塑钢管等。

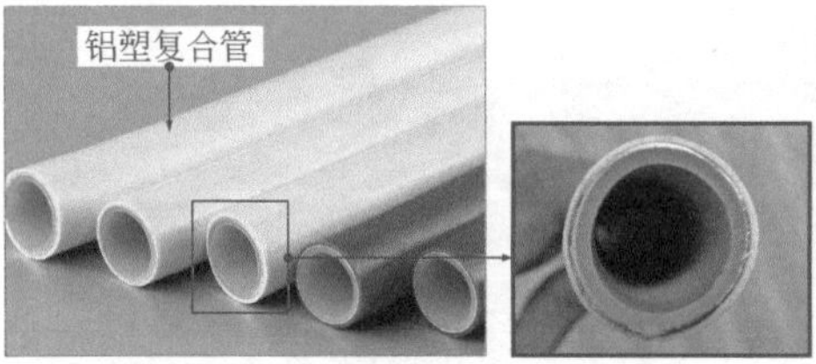

铝塑复合管中间是一层铝合金，内外各包有一层聚乙烯，经胶合层粘接而成的五层管材，具有聚乙烯塑料管耐腐蚀性好和金属管耐压高的优点

涂塑钢管是在钢管内壁融溶一层厚度为 0.5 ～ 1.0mm 的聚乙烯（PE）树脂、乙烯–丙烯酸共聚物（EAA）、环氧（EP）粉末、无毒聚丙烯（PP）或无毒聚氯乙烯（PVC）等有机物而构成的钢塑复合型管材，不但具有钢管的高强度、易连接、耐水流冲击等优点，还克服了钢管遇水易腐蚀、污染、结垢及塑料管强度不高、消防性能差等缺点，设计寿命可达 50 年。

图 3-5 复合管在家庭水暖施工中的应用

如图 3-5 所示，复合管同时具有金属管和非金属管的优点，在水暖施工中，常作为室内或楼道的供暖管道使用。

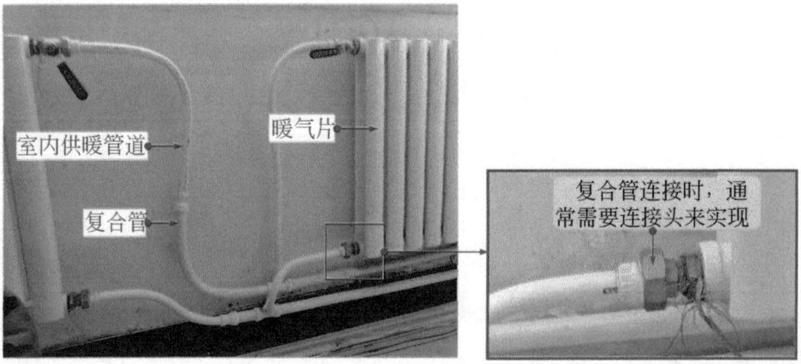

图 3-6 典型铝塑复合管的标识

如图 3-6 所示，复合管的规格尺寸也采用公称通径进行标识。从这些标识中可找到一些有用的信息，如最高耐压、最高耐热温度、公称通径、材质等。

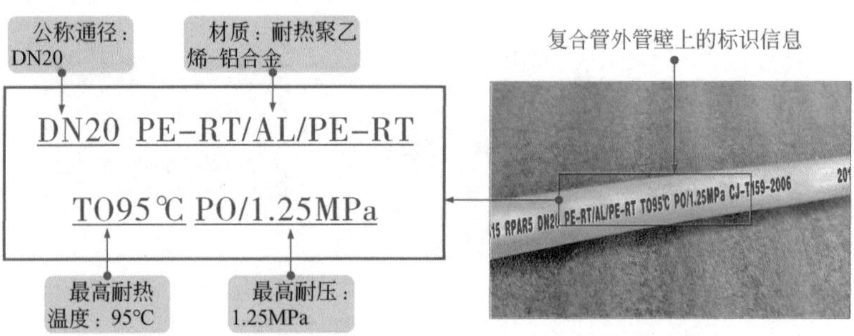

家庭水暖施工操作中，常用的其他管材及特点如下。

【三型聚丙烯（PP-R）】	【聚乙烯管（PE）】	【PB管（聚丁烯管）】
三型聚丙烯（PP-R）属于塑料管，可采用热熔连接、螺纹连接、法兰连接方式，应用于水压为2.0 MPa、水温为95℃以下的生活给水管、热水管、纯净饮用水管	聚乙烯管（PE）属于塑料管，可采用卡套（环）连接、压力连接、热熔连接方式，应用于水压为1.0 MPa、水温为45℃以下的埋地给水管	PB管具有耐高温性、持久性、化学稳定性、可塑性、无味、无臭、无毒、不结垢、寿命长等特性。但PB管的氧气渗透率比较高，需要阻氧。目前市场上都是阻氧PB管。 使用温度范围为-20～90℃，最高可达110℃

3.2 水暖配件的种类应用

3.2.1 管道接头

管道接头是用来连接两根管道的配件。在水暖施工中，常使用接头连接两根相同的管材且直径有差异、接口有差异的管道。

图 3-7　水暖管道中常用的接头

如图 3-7 所示，管道接头根据材质和接口的不同有多种类型，如常见的异径接头、螺纹接头、承插接头等各种接口样式的接头。

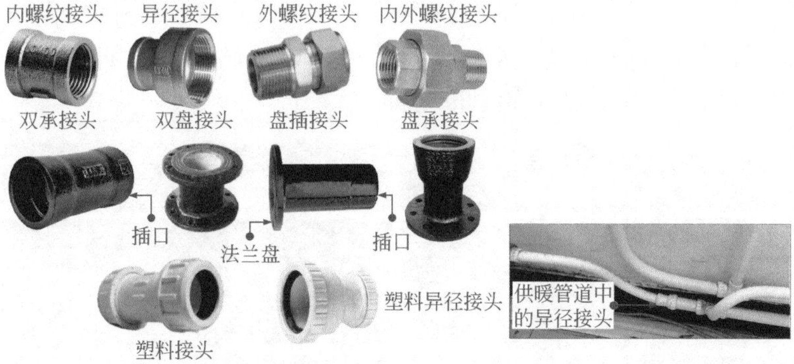
内螺纹接头
异径接头
外螺纹接头
内外螺纹接头
双承接头
双盘接头
盘插接头
盘承接头
插口
法兰盘
插口
塑料接头
塑料异径接头
供暖管道中的异径接头

3.2.2 弯头

图 3-8 水暖管道中常用的弯头

如图 3-8 所示，弯头是用来改变管道方向的配件，在水暖施工中十分常见。常见的弯头主要有 90° 弯头、45° 弯头和异径弯头。

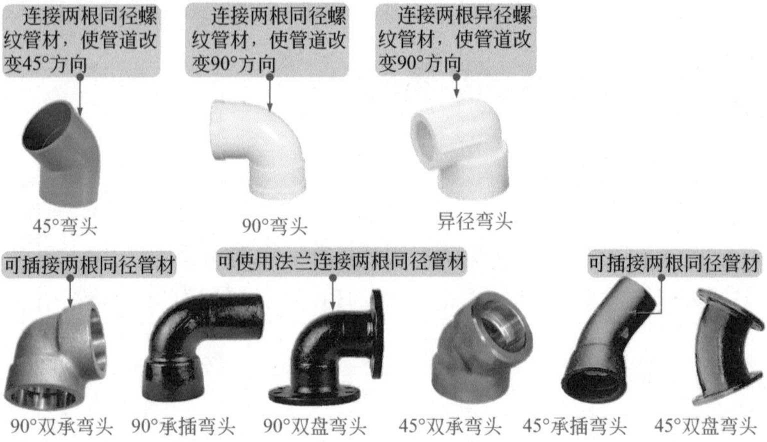
连接两根同径螺纹管材，使管道改变45°方向
连接两根同径螺纹管材，使管道改变90°方向
连接两根异径螺纹管材，使管道改变90°方向
45°弯头
90°弯头
异径弯头
可插接两根同径管材
可使用法兰连接两根同径管材
可插接两根同径管材
90°双承弯头
90°承插弯头
90°双盘弯头
45°双承弯头
45°承插弯头
45°双盘弯头

图 3-9 弯头的应用

如图 3-9 所示，根据管材不同，弯头的材质也不同。采用弯头改变管道方向，操作方便快捷，比使用工具弯曲管道要简单很多，尤其是金属管的弯曲。

90°金属弯头
90°金属弯头

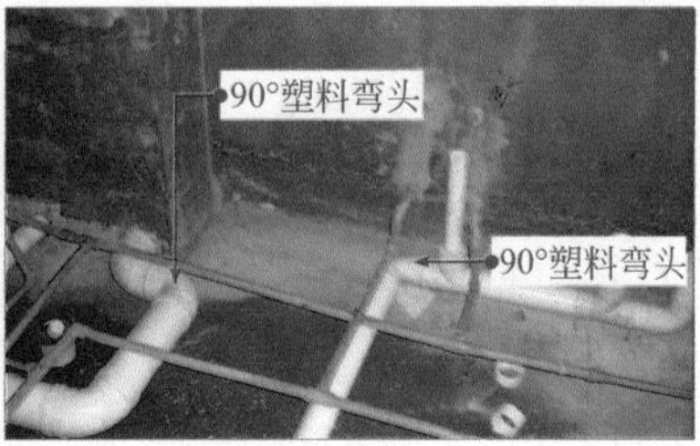
90°塑料弯头
90°塑料弯头

3.2.3　三通、四通

三通和四通是指一个部件通过分支实现三个方向或四个方向的流通。一般应用在管道分支时使用，使连接管道朝不同的方向延伸。

图 3-10　水暖管道中常用的三通、四通

如图 3-10 所示，常见的有正三通、斜三通、异径三通、正四通和 Y 形四通等。根据选用的管材不同，三通、四通也有不同的连接接口及材质。

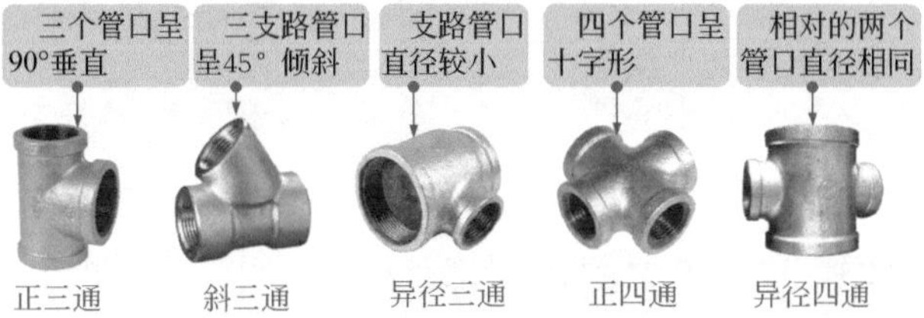
三个管口呈90°垂直
三支路管口呈45° 倾斜
支路管口直径较小
四个管口呈十字形
相对的两个管口直径相同
正三通
斜三通
异径三通
正四通
异径四通
(a) 钢管三通/四通

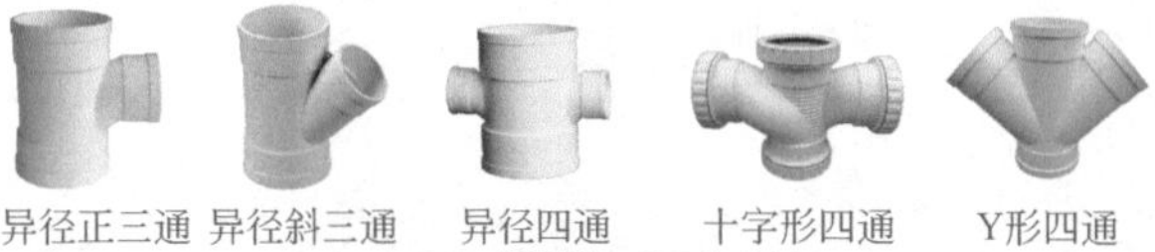
异径正三通
异径斜三通
异径四通
十字形四通
Y形四通
(b) 塑料管三通/四通

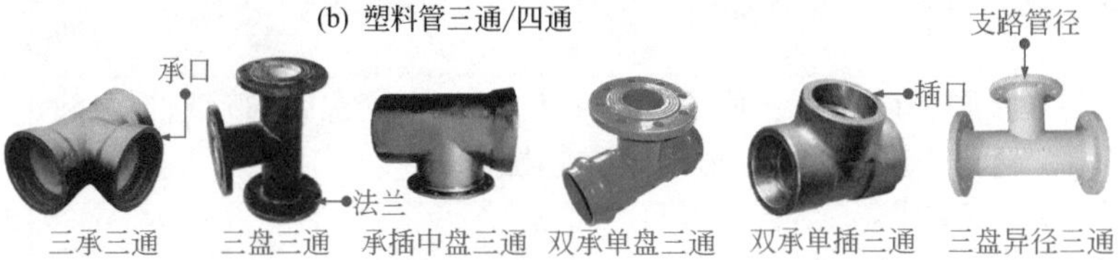
承口
法兰
插口
支路管径
三承三通
三盘三通
承插中盘三通
双承单盘三通
双承单插三通
三盘异径三通
(c) 铸铁管三通/四通

图 3-11 三通、四通的应用

如图 3-11 所示，采用三通、四通分离出管道的支路，从干路中分离出不同的支路是水暖施工的主要方式。

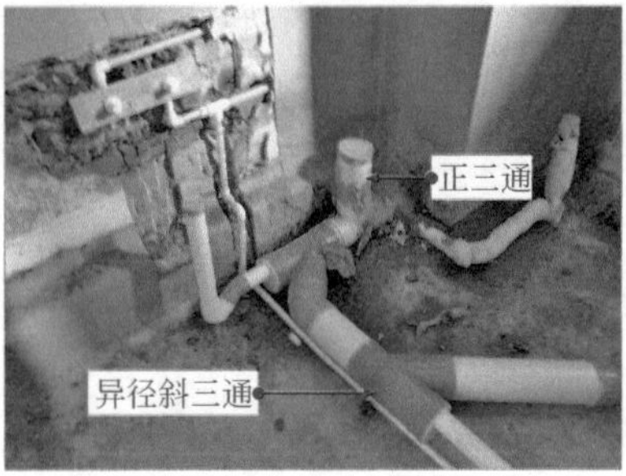

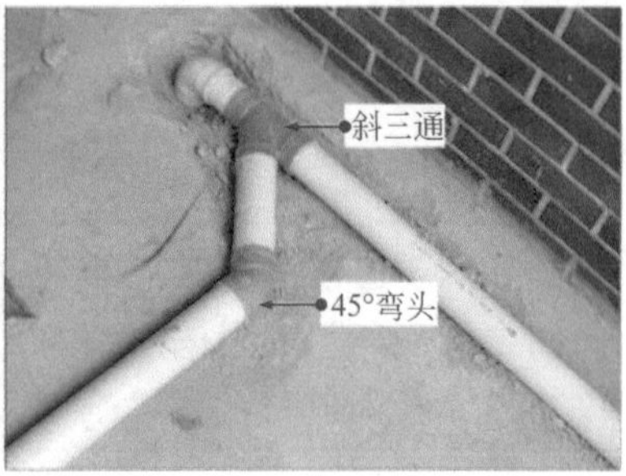

3.2.4 阀门

阀门是流体输送系统中的控制部件，具有截止、调节、导流、防逆流、稳压、分流或泄压等多种功能，工作温度及工作压力范围非常大，广泛应用在水暖施工中。

图 3-12 水暖管道中常用的阀门

如图 3-12 所示，阀门有很多种类，比较常见的有闸阀、截止阀、球阀、蝶阀及止回阀、减压阀等。

闸板随阀杆一起做直线运动
阀杆螺母设在闸板上，阀杆转动使闸板提升

明杆式闸阀　　暗杆式闸阀

闸阀可通过改变闸板的位置来改变通道截面大小，从而调节介质的流量，多用于给排水系统中。闸阀根据闸杆的结构形式可分为明杆式和暗杆式。闸阀具有结构紧凑、流阻小、密封可靠、使用寿命长等特点

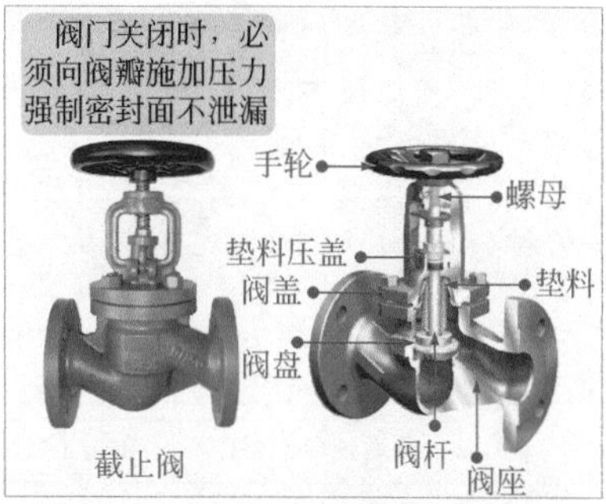
阀门关闭时，必须向阀瓣施加压力强制密封面不泄漏
手轮
螺母
垫料压盖
阀盖
垫料
阀盘
阀杆
阀座

截止阀

截止阀利用塞形阀瓣与内部阀座的突出部分相配合对介质的流量进行控制，多用于给排水和供暖施工中。截止阀具有结构简单、密封可靠、使用寿命长等特点，但阀门内部流阻较大，调节性能较差，并且启闭力矩较大，比较费时间

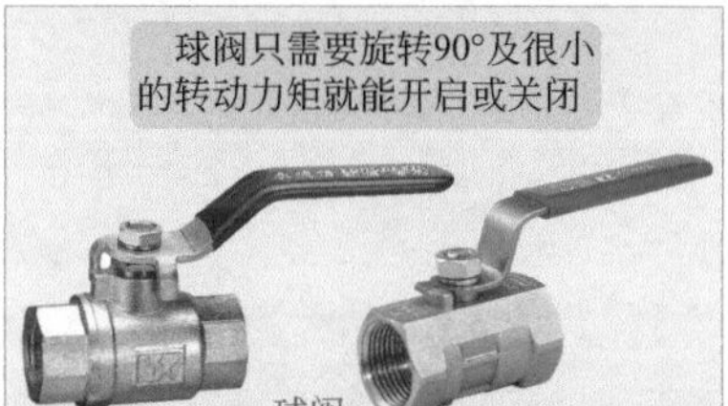
球阀只需要旋转90°及很小的转动力矩就能开启或关闭

球阀

球阀的阀芯是一个中间开孔的球体，通过旋转球体改变孔的位置来对介质的流量进行控制，多用于给排水和供暖施工中，如暖气片前端的进水控制。球阀具有结构简单、体积小、重量轻、操作方便、流阻小等特点，但不适合在高温或有杂质的管道中使用

蝶阀的启闭件在阀体内绕其自身的轴线旋转，从而达到启闭或调节的目的

蝶阀

蝶阀的启闭件是一个圆盘形的蝶板，蝶板在控制下围绕阀轴旋转达到开启与关闭的目的，它是一种结构简单的调节阀，在低压管道中常作为开关控制部件使用。蝶阀具有启闭方便迅速、省力、流体阻力小、调节性能好、操作方便等特点，但同时压力和工作温度范围小，且高压下密封性较差

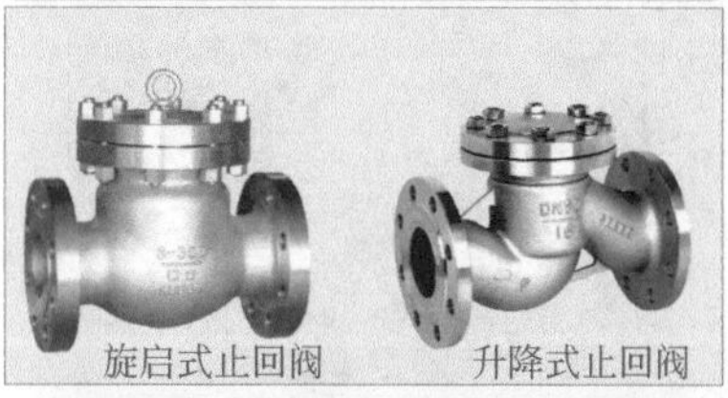

旋启式止回阀　　升降式止回阀

止回阀又称为单向阀，是利用阀前阀后介质压力差而自动启闭的阀门，使内部介质只能朝单一方向流动，不能逆向流动，在水暖施工中可在禁止回流的管道中使用。止回阀根据结构不同，可分为升降式和旋启式两种

减压阀

减压阀是一个局部阻力可以变化的节流部件，通过改变节流面积，使通过的介质流速及流体的动能改变，造成不同的压力损失，将进口压力减至某一需要的出口压力，从而达到减压的目的，在水暖施工中可在需要改变介质压力的管道中使用

止回阀的阀门是自动工作的，在一个方向流动介质压力的作用下，阀瓣打开；流体反方向流动时，在介质压力和阀瓣的自重共同作用下，阀瓣闭合，切断介质流动。

为了方便阀门的维修、更换和安装，在阀门的外壳上会标有阀门规格（公称通径、公称压力、工作压力、介质温度）和介质流动方向，见表 3–2。

表3–2　阀体上标识的含义

<table>
<tr><th rowspan="2">标识形式</th><th colspan="4">阀门规格</th><th rowspan="2">阀门形式</th><th colspan="2" rowspan="2">介质流动方向</th></tr>
<tr><th>公称通径/mm</th><th>公称压力/MPa</th><th>工作压力/MPa</th><th>介质温度/℃</th></tr>
<tr><td>PN30 → 40</td><td>40</td><td>3.0</td><td>—</td><td>—</td><td rowspan="2">直通式</td><td colspan="2" rowspan="2">进口与出口在同一或平行的中心线上</td></tr>
<tr><td>P_{32}12 → 125</td><td>125</td><td>—</td><td>12</td><td>320</td></tr>
<tr><td>PN30 → 50</td><td>50</td><td>3.0</td><td>—</td><td>—</td><td rowspan="4">直角式</td><td rowspan="4">进口与出口呈90°</td><td rowspan="2">介质作用在关闭件下</td></tr>
<tr><td>P_{44}12 → 80</td><td>80</td><td>—</td><td>12</td><td>440</td></tr>
<tr><td>PN30 ↓ 50</td><td>50</td><td>3.0</td><td>—</td><td>—</td><td rowspan="2">介质作用在关闭件上</td></tr>
<tr><td>P_{44}12 ↓ 80</td><td>80</td><td>—</td><td>12</td><td>440</td></tr>
<tr><td>↔ PN16 50</td><td>50</td><td>1.6</td><td>—</td><td>—</td><td rowspan="2">三通式</td><td colspan="2" rowspan="2">介质具有几个流动方向</td></tr>
<tr><td>↔ P_{51}10 100</td><td>100</td><td>—</td><td>10</td><td>510</td></tr>
</table>

图 3-13　阀门的应用

如图 3-13 所示，在管道中需要控制介质流量、方向、压力大小的地方都会安装阀门，如室内给水管道进水管处、暖气片进水管处等，在管道维修时，可关闭阀门切断供水，方便对管道进行维修、更换。

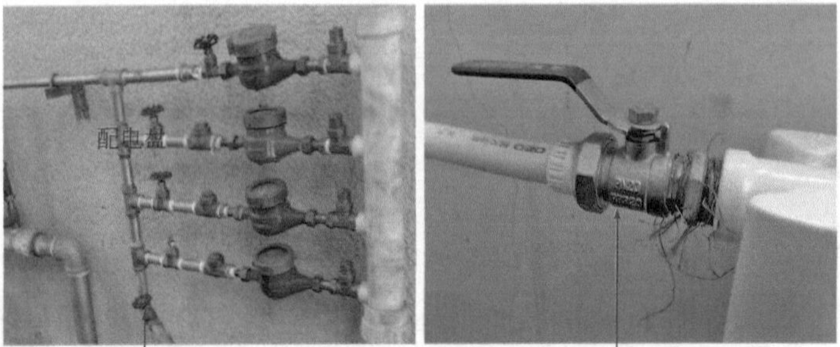

给水管道中的阀门

供暖管道中的阀门

图 3-14 阀门型号和种类的识别

如图 3–14 所示，阀门的种类很多，可根据阀门的型号识别。不同型号中不同部分的字母、数字含义见表 3–3 ～表 3–9。

阀门通常使用公称通径（公制）“DN+ 数字”表示规格参数，选配阀门时，除需要参考管材的规格尺寸外，还要考虑管道的压力等因素。

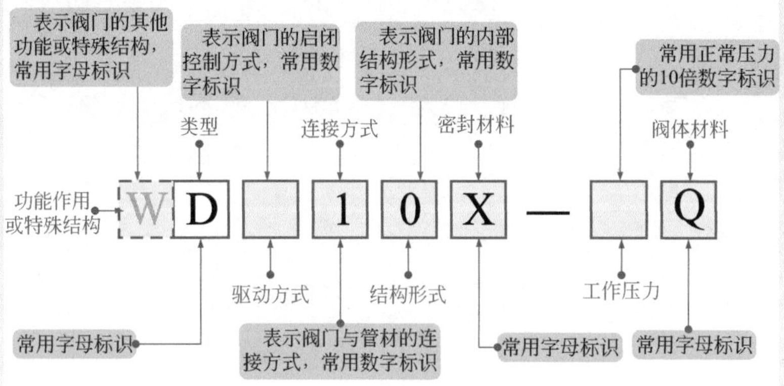

表3–3 阀门类型的标识含义

类型	字母标识	类型	字母标识	类型	字母标识
安全阀	A	节流阀	L	旋塞阀	X
蝶阀	D	排污阀	P	减压阀	Y
隔膜阀	G	球阀	Q	闸阀	Z
止回阀	H	疏水阀	S	——	——
截止阀	J	柱塞阀	U	——	——

表3–4 其他功能作用或特殊结构的标识含义

其他功能结构	字母标识	其他功能结构	字母标识	其他功能结构	字母标识
保温型	B	缓闭型	H	波纹管型（螺杆密封）	W
低温型	D	排渣型	P		
防火型	F	快速型	Q	——	——

注：低温型只允许使用温度低于 -46℃的阀门。

表3-5　驱动方式的标识含义

驱动方式	数字标识	驱动方式	数字标识	驱动方式	数字标识
电磁动	0	正齿轮	4	气 - 液动	8
电磁 - 液动	1	伞齿轮	5	电动	9
电 - 液动	2	气动	6	手柄	无
涡轮	3	液动	7	手轮	无

注：安全阀、减压阀、疏水阀及手轮直接连接阀杆操作的阀门不标识；对于气动或液动操作的阀门，常开式用 6K、7K 表示；常闭式用 6B、7B 表示；防爆电动阀门用 9B 表示。

表3-6　阀门连接形式的标识含义

连接形式	数字标识	驱动方式	数字标识	驱动方式	数字标识
内螺纹	1	法兰	4	卡箍	7
外螺纹	2	焊接	5	卡套	8
两个不同连接	3	对夹	6	——	——

注：焊接包括对焊和承插焊。

表3-7　阀门密封材料的标识含义

材料	字母标识	材料	字母表示	材料	字母标识
锡基轴承合金（巴氏合金）	B	Cr13 系不锈钢	H	塑料	S
		衬胶	J	铜合金	T
搪瓷	C	蒙乃尔合金	M	橡胶	X
渗氮钢	D	尼龙塑料	N	硬质合金	Y
18-8 系不锈钢	E	渗硼钢	P	阀体直接加工	W
氟塑料	F	衬铅	Q	——	——
陶瓷	G	奥氏体不锈钢	R	——	——

表3-8　阀门阀体材料

材料	字母标识	材料	字母标识	材料	字母标识
钛及钛合金	A	铝合金	L	铜及铜合金	T
碳钢	C	铬镍不锈钢	P	铬钼钒钢	V
隔膜阀	H	球墨铸铁	Q	灰口铸铁	Z
铬钼钢	I	铬镍钼不锈钢	R	——	——
可锻铸铁	K	塑料	S	——	——

表3–9　阀门结构形式的标识含义

类型	结构形式				数字标识
闸阀	明杆式（阀杆升降式）	弹性钢板			0
		楔式闸板	刚性闸板	单闸板、双闸板	1、2
		平行式闸板		单闸板、双闸板	3、4
	暗杆式（阀杆非升降式）	楔式闸板		单闸板、双闸板	5、6
截止阀	阀瓣非平衡式			直通流道	1
				Z 形流道	2
				三通流道	3
				角式流道	4
				直流流道	5
	阀瓣平衡式			直通流道	6
				角式流道	7
球阀	浮动球			直通流道	1
				Y 形三通流道	2
				L 形三通流道	4
				T 形三通流道	5
	固定球			直通流道	7
				四通流道	6
				T 形三通流道	8
				L 形三通流道	9
				半球直通	0
蝶阀	密封型			单偏心	0
				中心垂直板	1
				双偏心	2
				三偏心	3
				连杆机构	4
	非密封型			单偏心	5
				中心垂直板	6
				双偏心	7
				三偏心	8
				连杆机构	9
止回阀	升降式阀瓣			直通流道	1
				立式结构	2
				角式流道	3
减压阀	薄膜式				1
	弹簧薄膜式				2
	活塞式				3
	波纹管式				4
	杠杆式				5

3.2.5 其他配件

图 3-15 水暖管道中常用的其他配件

如图 3-15 所示，水暖施工中除了上述这些主要管材配件外，还包括一些具有特别功能的配件，如给水管道螺纹接口处密封的填料、用来堵住管道的管堵、排水管道中用来隔绝异味的存水弯、供水管道中用来测量用水量的水表等。

【填料】水暖施工中，为保证螺纹接口处密封良好，常会使用一些填料对管道及配件上的螺纹进行包裹后再连接，防止螺纹接口出现渗水、泄漏等问题。常见的螺纹接口填料有油麻丝、铅油和生胶带。

油麻丝是国内对这种辅助填料的老式叫法，目前多与铅油配合用于工程接管、防漏。

生胶带又称生料带，是一种白色不透明膜状聚四氟乙烯制品，主要用于冷热给水管件连接接口，增强管道连接处的密闭性，防止接口漏水

油麻丝

生胶带

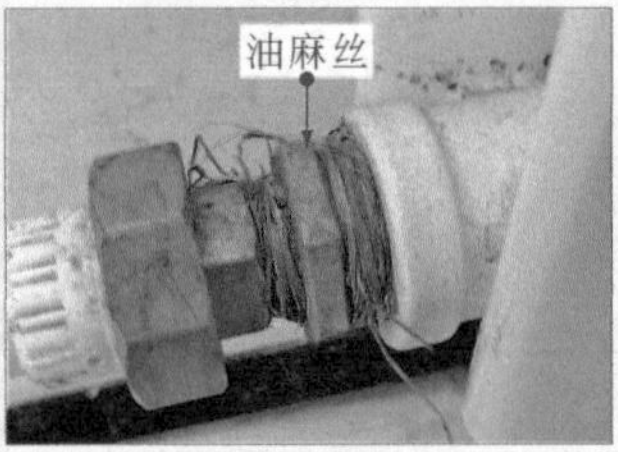
油麻丝

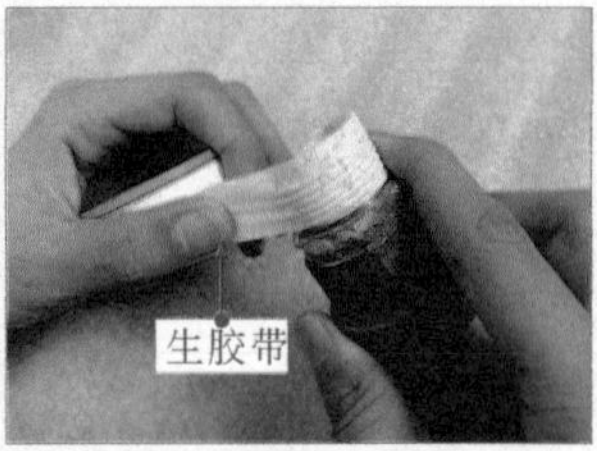
生胶带

【管堵】管堵又称为塞头，是堵塞管子的配件，有金属和塑料两种材质，可通过螺纹固定到管路接口上，也有可直接插接的临时管堵。

外螺纹金属管堵
外螺纹塑料管堵
插接式临时管堵
内螺纹金属管堵
内金属螺纹塑料管堵

在水暖施工中，有可能会在某一管道上留有接口，方便日后对管道进行检修或引出其他支路，这时便可使用管堵对该接口进行封堵。

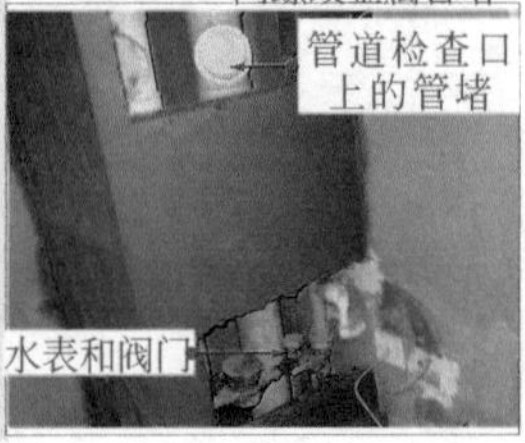
管道检查口上的管堵
水表和阀门

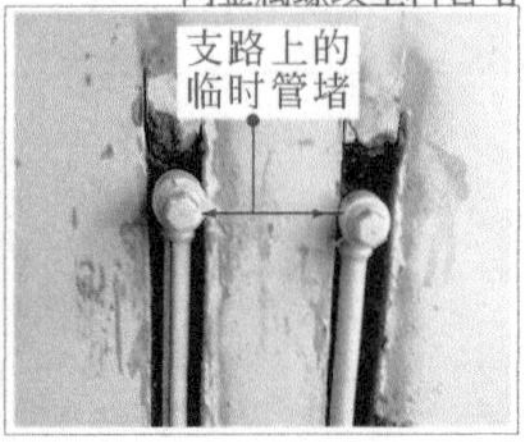
支路上的临时管堵

图 3-15 水暖管道中常用的其他配件（续）

【存水弯】

存水弯是在卫生器具(水池、马桶)排水管道上设置的一种内有水封的配件。存水弯有一定的弯曲角度，内部会保存一定的水量，可以将排水管下面的空气隔绝，防止异味进入室内。

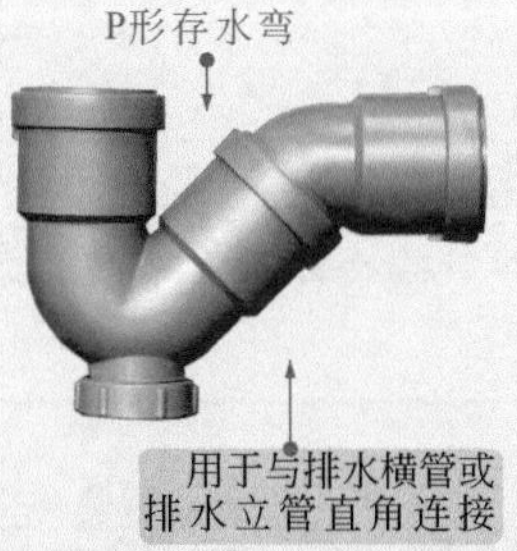
P形存水弯
用于与排水横管或排水立管直角连接

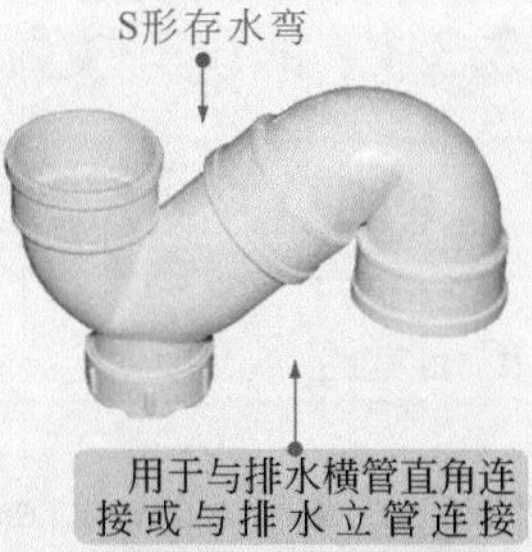
S形存水弯
用于与排水横管直角连接或与排水立管连接

在水暖施工中，在水池、马桶的下方都会设置一个存水弯，这是建筑内排水管道施工中必须设置的配件之一。

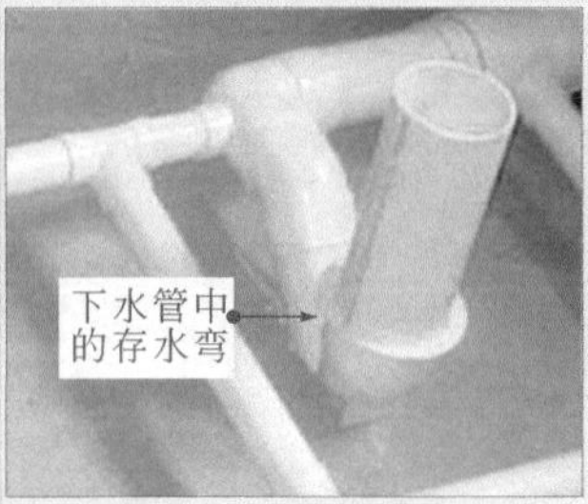
下水管中的存水弯

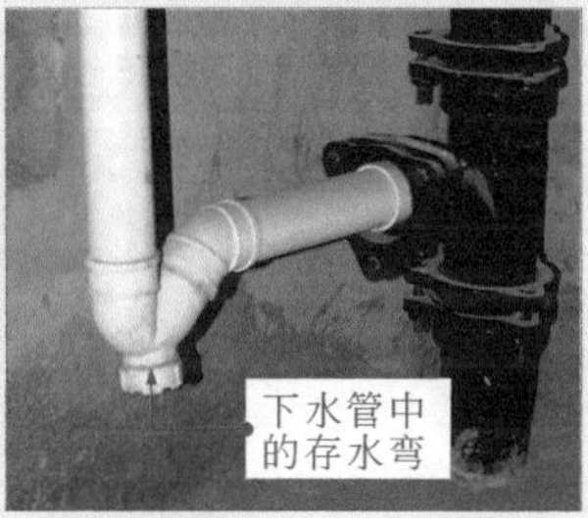
下水管中的存水弯

传统水表
智能IC卡水表
数字压力表
指针压力表

【仪表】家庭水暖管道中常借助仪表对管道中的流量、压力等进行监测，常见有水表和压力表等。

水表是给排水管路中必须安装的仪表，在对供水管进行打压试水时，应使用压力表进行检测。在供暖管道的检测口处应连接一块压力表实时检测管道压力。

供水管道中的水表

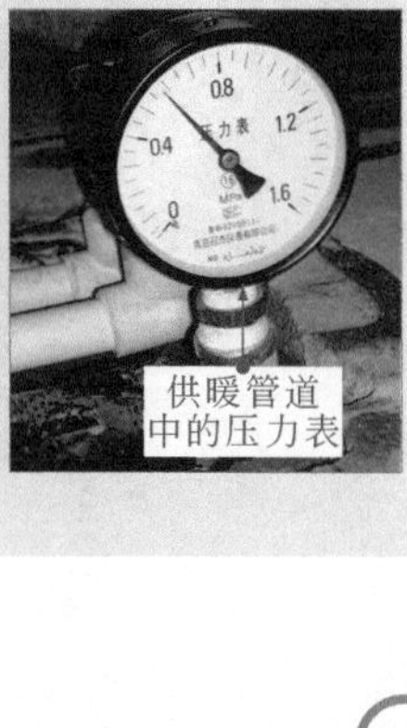
供暖管道中的压力表

3.3 水暖管路的加工连接

3.3.1 钢管的校直

钢管必须保持通直才能确保水暖施工的工程质量。因此在施工之前需要对钢管进行检查，检查出有弯曲的钢管，然后对弯曲的钢管进行校直。

图 3-16 检查钢管是否存在弯曲部位

如图 3-16 所示，敷设和安装连接钢管前，首先要检查钢管有无弯曲的情况。

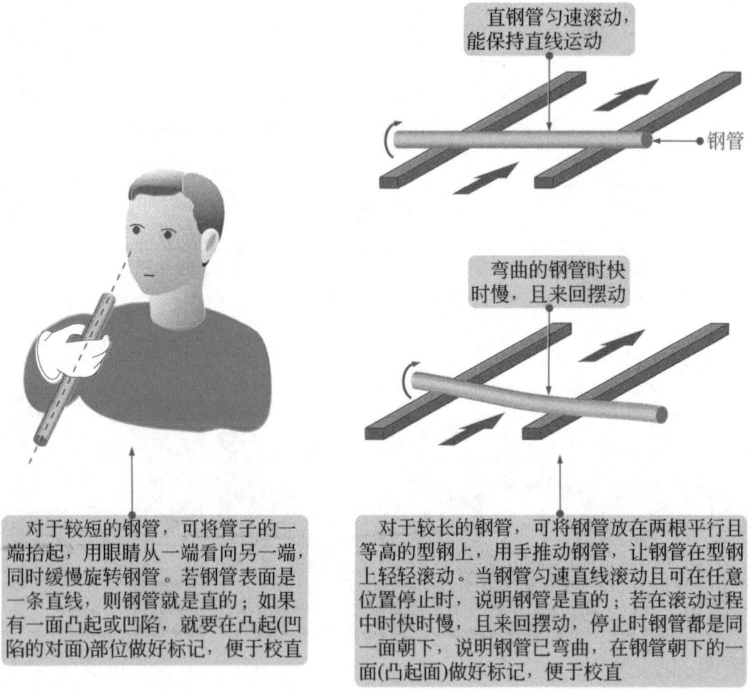
直钢管匀速滚动，能保持直线运动
钢管
弯曲的钢管时快时慢，且来回摆动
对于较短的钢管，可将管子的一端抬起，用眼睛从一端看向另一端，同时缓慢旋转钢管。若钢管表面是一条直线，则钢管就是直的；如果有一面凸起或凹陷，就要在凸起(凹陷的对面)部位做好标记，便于校直
对于较长的钢管，可将钢管放在两根平行且等高的型钢上，用手推动钢管，让钢管在型钢上轻轻滚动。当钢管匀速直线滚动且可在任意位置停止时，说明钢管是直的；若在滚动过程中时快时慢，且来回摆动，停止时钢管都是同一面朝下，说明钢管已弯曲，在钢管朝下的一面(凸起面)做好标记，便于校直

确定钢管的弯曲部位后，就要对钢管进行校直。常见的校直方法有冷校直和热校直。冷校直适用于管径较小（DN50以下）且弯曲不大的钢管。管径较大或弯曲角度过大的钢管需要采用热校直。

1 冷校直

冷校直是指借助一些特定工具和设备直接对钢管进行校直。一般轻微的弯曲可手工或用工具进行校直，管壁较厚或弯曲度稍大的钢管可使用机械设备校直。

图 3-17　钢管的手工校直

如图 3-17 所示，手工校直通常是指利用硬物支撑钢管，用锤子敲打钢管的方式校直钢管，操作简单，容易实施，但操作过程易反复，校直程度不是很准确。

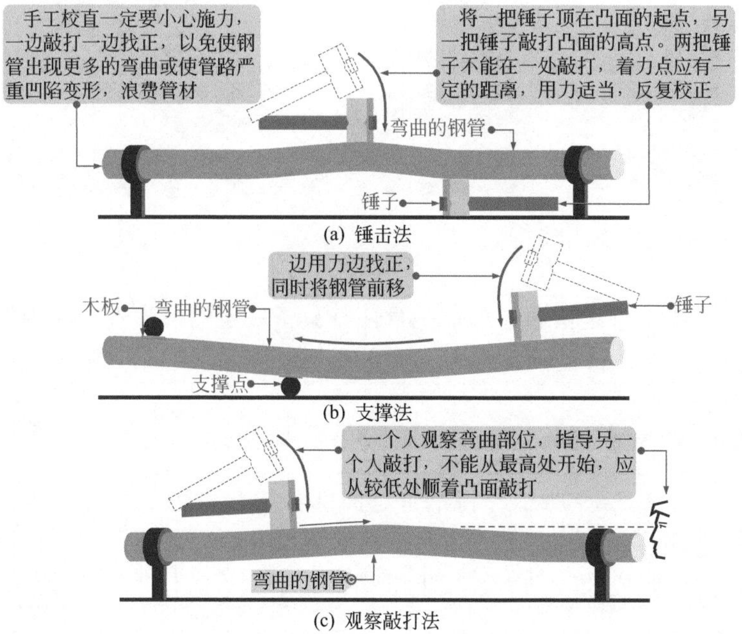

手工校直一定要小心施力，一边敲打一边找正，以免使钢管出现更多的弯曲或使管路严重凹陷变形，浪费管材
将一把锤子顶在凸面的起点，另一把锤子敲打凸面的高点。两把锤子不能在一处敲打，着力点应有一定的距离，用力适当，反复校正
弯曲的钢管
锤子
边用力边找正，同时将钢管前移
木板
弯曲的钢管
锤子
支撑点
一个人观察弯曲部位，指导另一个人敲打，不能从最高处开始，应从较低处顺着凸面敲打
弯曲的钢管

(a) 锤击法

(b) 支撑法

(c) 观察敲打法

图 3-18　钢管的机械校直

如图 3-18 所示，对管壁较厚或弯曲度稍大的钢管，可使用螺旋顶、螺旋压力机、油压机或千斤顶校直。

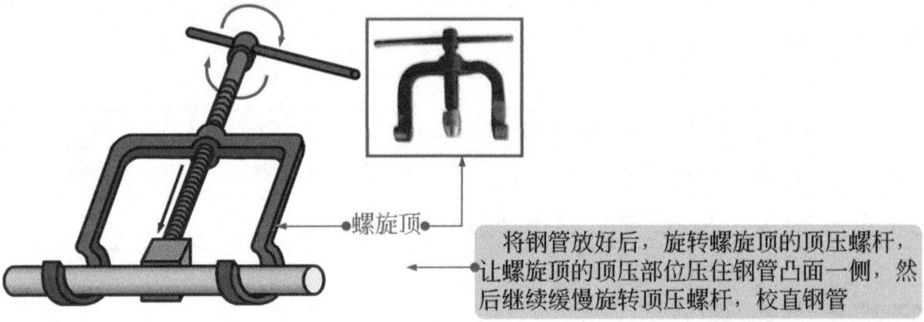
螺旋顶
将钢管放好后，旋转螺旋顶的顶压螺杆，让螺旋顶的顶压部位压住钢管凸面一侧，然后继续缓慢旋转顶压螺杆，校直钢管

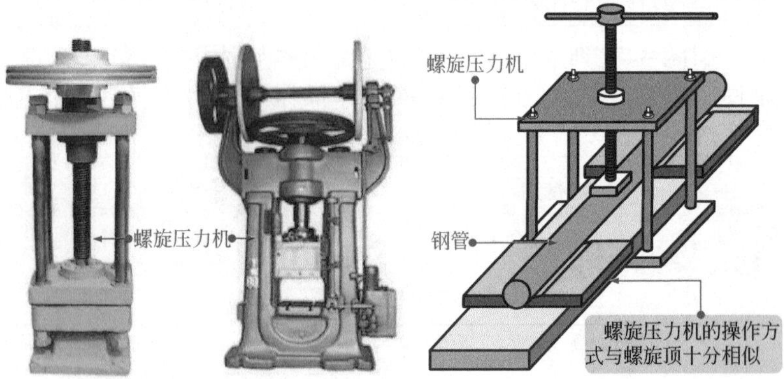
螺旋压力机
螺旋压力机
钢管
螺旋压力机的操作方式与螺旋顶十分相似

2 热校直

热校直是指通过加热钢管使其具备一定的可塑性，实现校直。一般，管径较大或弯曲角度过大的钢管需要进行热校直。

图 3-19　钢管的热校直

如图 3-19 所示，将钢管弯曲部分放在烘炉上加热，边加热边旋转，待加热到 600 ～ 800℃后，将钢管平放在由四根以上钢管组成的滚动支撑架上滚动，利用钢管的自重校直钢管。

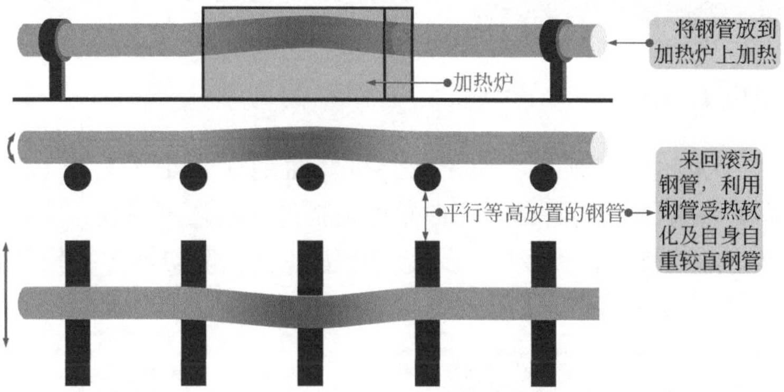
将钢管放到加热炉上加热
加热炉
来回滚动钢管，利用钢管受热软化及自身自重较直钢管
平行等高放置的钢管

3.3.2 钢管的弯曲

在施工中，有时需要对钢管进行必要角度的平滑弯曲，使管道改变方向。通常情况下，可使用弯管器手动弯曲或使用弯管机弯曲。

1 借助弯管器弯曲钢管

图 3-20 借助弯管器弯曲钢管的操作

如图 3-20 所示，使用弯管器弯曲钢管操作比较简单，但较为费时费力。操作时，将钢管放到弯管器的槽内（或胎轮），压紧手柄或转动螺杆，通过物理原理使钢管弯曲，到达预期角度后停止施力，将钢管取出即可。

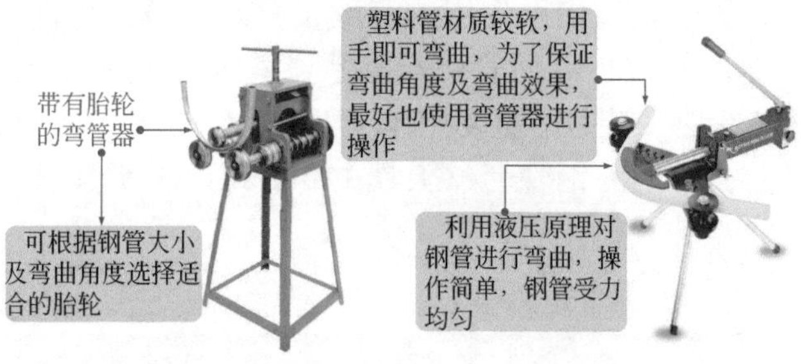
带有胎轮的弯管器
可根据钢管大小及弯曲角度选择适合的胎轮
塑料管材质较软，用手即可弯曲，为了保证弯曲角度及弯曲效果，最好也使用弯管器进行操作
利用液压原理对钢管进行弯曲，操作简单，钢管受力均匀

❷ 借助弯管机弯曲钢管

图 3-21 借助弯管机弯曲钢管的操作

如图 3-21 所示，使用弯管机弯曲钢管，可节省力气和时间，根据钢管的管径和弯曲角度选择适合的弯管模具，安装好模具和钢管后，启动弯管机，电动机便会带动钢管绕模具旋转，当达到预期角度时，立即停机，取下弯曲好的钢管。

管材

弯管机
由电动机带动钢管及模具旋转，使钢管受力弯曲，形成适合的角度

3.3.3 钢管的套丝

钢管套丝是指借助专用的套丝工具或设备，在钢管的管口部分套出螺纹，以便管路与接头、弯头等配件实现连接，是水暖工管路安装时的重要操作步骤。

目前，常用的钢管套丝工具主要有螺纹铰板和自动套丝机等。

❶ 使用螺纹铰板套丝

图 3-22　借助螺纹绞板套丝的操作

如图 3-22 所示，螺纹铰板又称管子铰板或管用铰板，将其套在钢管口上，用力手动旋转，便可在钢管上铰切出螺纹。

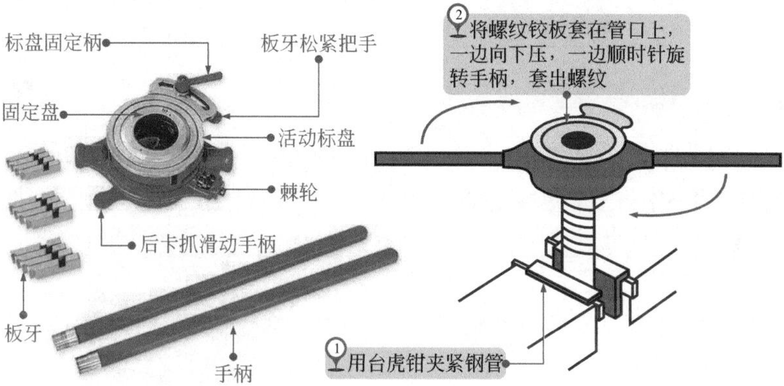
标盘固定柄
板牙松紧把手
固定盘
活动标盘
棘轮
后卡抓滑动手柄
板牙
手柄
②将螺纹铰板套在管口上，一边向下压，一边顺时针旋转手柄，套出螺纹
①用台虎钳夹紧钢管

套螺纹的具体步骤：

① 选择与管径相配的板牙，按顺序将板牙装入铰板中。若铰板内有铁屑，应先将铁屑清除。

② 用台虎钳夹紧钢管，管口伸出台虎钳长度约为 150mm，钢管保持垂直，不能歪斜，管口不能有毛刺、变形。

③ 松开后卡爪滑动手柄，将铰板套进管口，再将后卡爪滑动手柄拧紧，将活动标盘对准固定盘上的刻度（管径大小），拧紧标盘固定柄。

④ 顺时针旋转铰板的手柄，同时用力向下压，开始套螺纹。注意用力要稳，不可过猛，以免螺纹偏心。待套进两扣后，要时不时地向切削部位滴入机油。

⑤ 套丝过程中进刀不要太深，套完一次后，调整标盘增加进刀量，再进行一次套丝操作。DN25 以内的管材，一次套成螺纹；DN25 ～ 50 的管材，两次套成螺纹；DN50 以上的管材，分 3 次套成螺纹。

⑥ 扳动手柄时最好两人操作，动作要保持协调。DN15 ～ 20 的管材，一次可旋转 90°；DN20 以上的管材，一次可旋转 60°。

⑦ 当螺纹加工到适合长度时，一面扳动手柄，一面缓慢松开板牙松紧把手，再套 2 ～ 3 圈后，使螺纹末端形成锥度。取下铰板时，不能倒转退出，以免损坏板牙。

⑧ 套好的螺纹应使用管件拧入几圈，然后用管钳上紧，上紧后以外露 2 ～ 3 扣为宜。

⑨ 钢管螺纹加工长度随管径的不同而不同，具体要求见表 3–10。

表3–10 螺纹加工长度

管径 /in	1/2	3/4	1	11/4	11/2	2	21/2	3	4
螺纹长度 /mm	14	16	18	20	22	24	27	30	36
螺纹扣数	8	8	9	9	10	11	12	13	15

注：1in=0.0254m。

❷ 使用自动套丝机套丝

图 3-23 借助自动套丝机套丝的操作

如图 3-23 所示，自动套丝机种类较多，以便捷的手持式套丝机为例，根据设置使用操作说明和规范要求，对钢管进行套丝操作。

管材
套头
启动按钮1
启动按钮2
①将待套丝管材拧上固定杆，拧紧管子夹
②根据管材规格装好相应的套头，确保固定牢固
④设定控制开关为套丝方向，同时按下两个启动按钮，开始套丝操作
③ 将固定好管材的固定杆插入手持式套丝机的固定孔中
自动套丝机
套丝方向
⑤套丝完成，将方向控制开关拨动到退刀位置，将管材连同固定杆退出
⑥最后，检查螺纹是否符合连接要求，并清理套丝口处的铁屑，完成套丝
注意，套丝过程需要及时补充润滑油
润滑油

3.3.4　管材的切割

管材的切割是指根据安装环境的要求，测量好管材的长度后，借助专用的工具和设备将管材切割成合适的尺寸。

家庭水暖工管道施工操作中，常用的管材切割方法主要有锯割、刀割、磨割。

❶ 锯割

图 3-24　锯割的工具和操作方法

如图 3-24 所示，锯割适合对金属管、塑料管等管材进行切割。锯割可分为手工锯割和机械锯割。手工锯割是通过专用锯条对管材进行切割，需要操作人员有一定的技术能力。若操作不当，则很容易崩坏锯条或损坏切口。

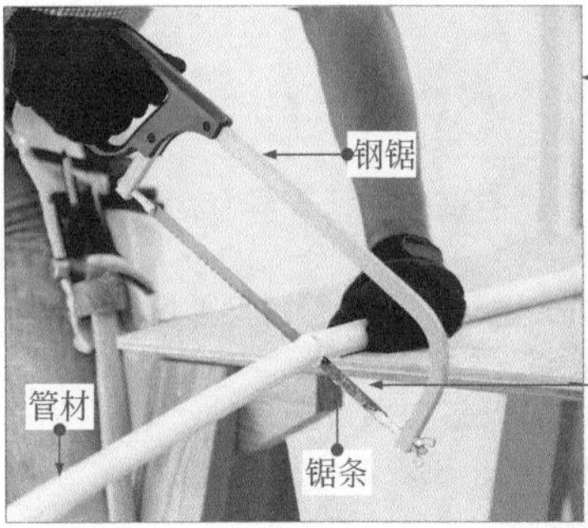

使用钢锯切割管材时，应保持钢锯与管材垂直操作，用手握住钢锯的手柄对管材进行切割，由于钢锯与管材的摩擦，如果操作过快或过久，钢锯会有灼热现象，此时可以间歇操作，起到保护手锯的作用

钢锯使用前需要选择适合规格的锯条，并安装在钢锯中。安装时，锯齿尖应朝前，不能装反。锯条装得不能过松，也不能过紧，过松会使锯条发生扭曲，容易折断；过紧容易失去应有的弹性，也易折断

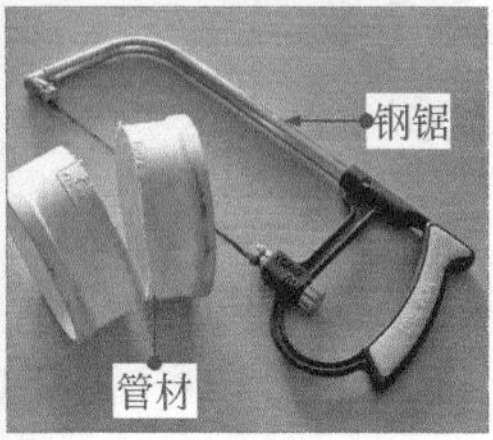

图 3-25 锯床锯割管材

如图 3-25 所示，目前，大多数管材都是使用机械锯割的方式进行切割的，可对管材等进行锯割的机械设备称为锯床。常见的类型有带锯床、圆锯床和弓锯床等。

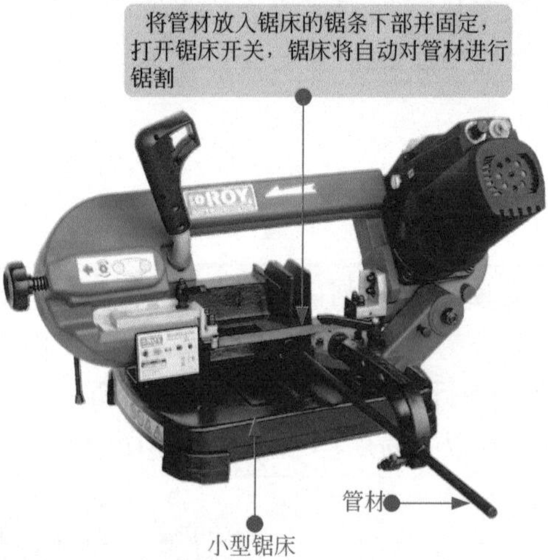
将管材放入锯床的锯条下部并固定，打开锯床开关，锯床将自动对管材进行锯割
管材
小型锯床

使用锯床切割管材的注意事项：

① 操作前必须检查电源，检查传动装置运转是否平稳，电源处应安装断电保护器。

② 管夹要平稳、放平、夹牢，运行后先空锯几次，无异常后，再开始锯割。

③ 管材即将被锯断时，应适当减慢进刀速度，防止管材意外坠落。

④ 完成切管后，应切断电源，清扫管材碎屑。

锯割管材可使用钢锯操作，用钢锯中的锯条实现对管材的锯割。不同类型和规格的管材，所需的锯条尺寸也会不同，见表 3-11。

表3-11 锯条规格和适用范围

锯齿规格	适用管材
粗齿（齿距 1.4 mm）	低碳钢、铝、纯铜、塑料、橡胶管
中齿（齿距 1.2 mm）	中等硬性钢、硬性轻金属、黄铜、厚壁管材
细齿（齿距 1.1 mm）	小而薄的管材

❷ 刀割

刀割是指借助切管器对管材进行切割，即借助切管器上的切割刀片对管材进行刀割。刀割要比锯割速度快，管材断面平直，且便于操作。对管材进行刀割可使用旋转式切管器和手握式切管器。

图 3-26　使用旋转式切管器对管材进行刀割

图 3-26 为使用旋转式切管器对管材进行刀割的操作方法。

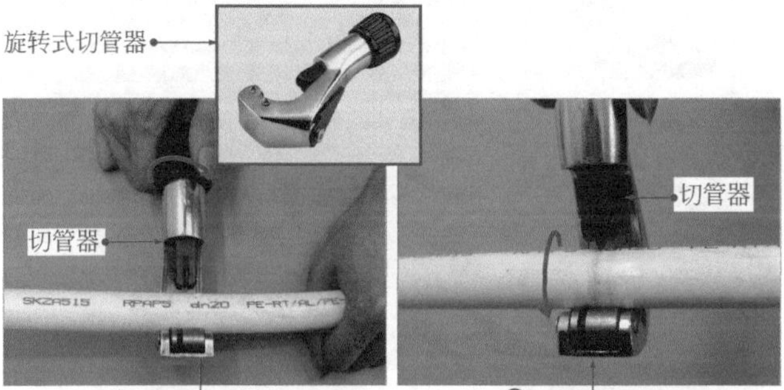

① 将管材夹在滚轮和切割刀片之间，旋转进刀旋钮夹紧管材

② 沿顺时针方向旋转切管器切割管材，直到切断管材

图 3-27　使用手握式切管器对管材进行刀割

图 3-27 为使用手握式切管器对管材进行刀割的操作方法

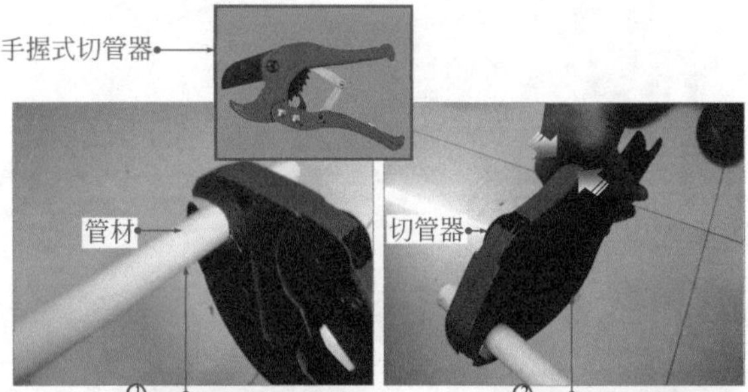

① 将要切割的管材放置到切管器的口中

② 按下切管器的手柄即可将管材切断

❸ 磨割

磨割是指借助高速旋转的砂轮对管材进行切割的方式。如在家装水暖施工操作中，常借助角磨机对铸铁管、钢管等进行切割。

图 3-28 使用角磨机对管材进行磨割

图 3-28 为使用角磨机对管材进行磨割的操作方法。

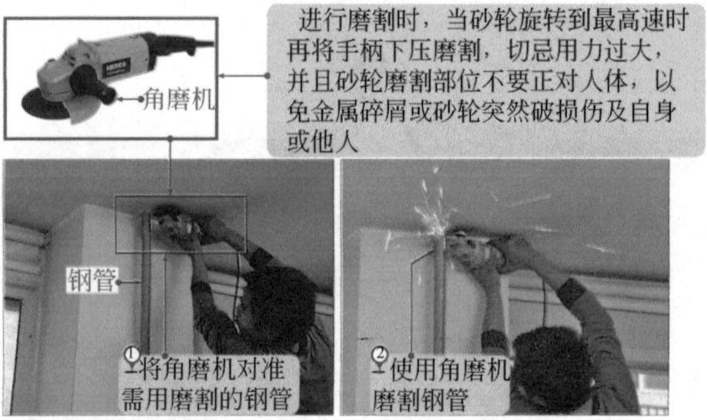
角磨机
进行磨割时，当砂轮旋转到最高速时再将手柄下压磨割，切忌用力过大，并且砂轮磨割部位不要正对人体，以免金属碎屑或砂轮突然破损伤及自身或他人
钢管
①将角磨机对准需用磨割的钢管
②使用角磨机磨割钢管

图 3-29 管材的其他切割方式

如图 3–29 所示，在设备条件允许前提下，还可借助气割设备切割管材，即利用气体燃烧的高温迅速切断管材，速度快、效率高；缺点是切口不够平整，容易有氧化物残留。

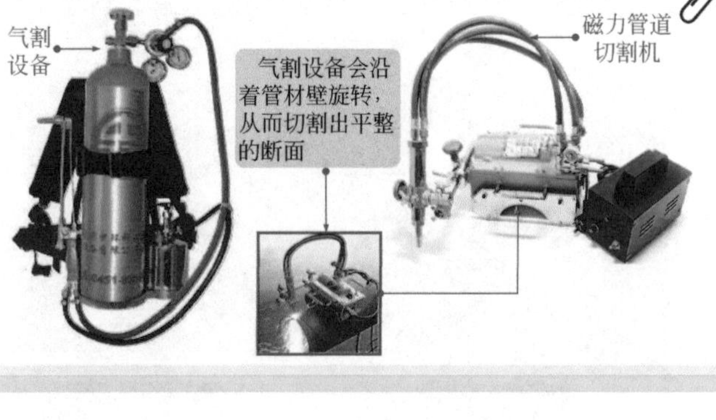
气割设备
气割设备会沿着管材壁旋转，从而切割出平整的断面
磁力管道切割机

3.3.5 管材的螺纹连接

螺纹连接是指通过管材上的螺纹与紧固件配合，把管材连接起来的一种连接方式，主要适用于管径在 100mm 及以下，工作压力不超过 1MPa 的给水钢管或塑料管的管材连接。

图 3-30 给水管路的螺纹连接

如图 3-30 所示，在进行螺纹连接时，一般需要首先在管材外螺纹上缠抹适当的填料（麻油丝和铅油）来增强管路的密封性。

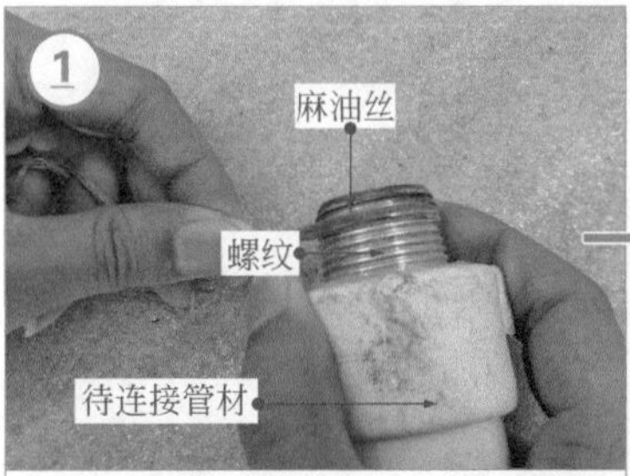

麻油丝沿螺纹方向的第二个扣开始缠绕。

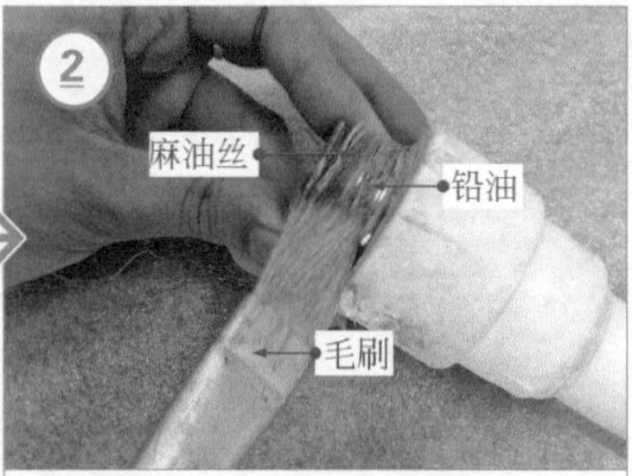

麻油丝缠绕完成后需要涂抹适当铅油。

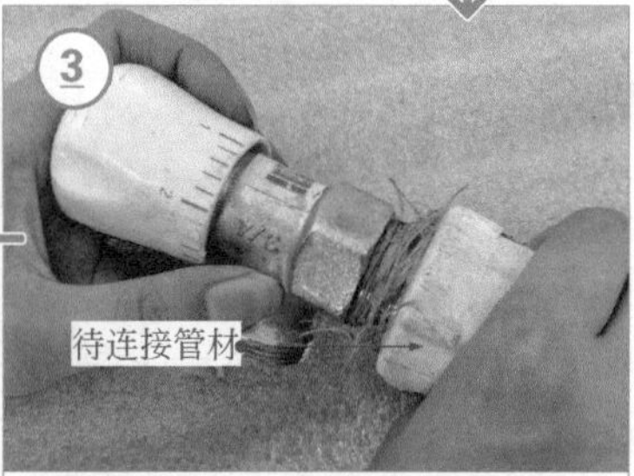

将缠绕好麻油丝和铅油的管材连接到带内螺纹的配对管材中。

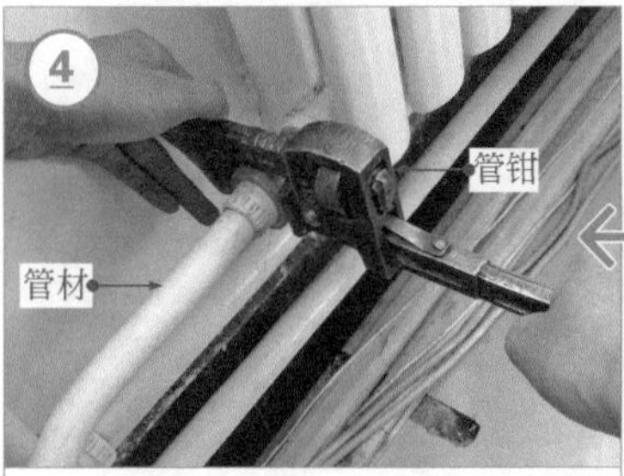

使用管钳紧固连接管材，确保密封性完好。

麻油丝是管材螺纹连接中不可缺少的辅助材料，也称填料。需要注意的是，在螺纹连接时，缠绕填料是很关键的环节。缠绕的填料应适当，过多或过少都可能影响密封性；不要把填料从管端下垂挤入管内，以免堵塞管路。

图 3-31 借助生胶带辅助螺纹连接

如图 3-31 所示，在管材的螺纹连接过程中，也可以使用生胶带作为填料增加密封性，使用生胶带时可不涂抹铅油，操作方法与缠绕麻油丝和铅油的操作方法相同。

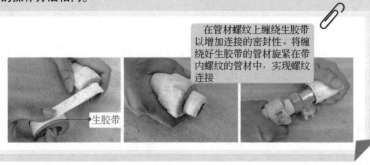

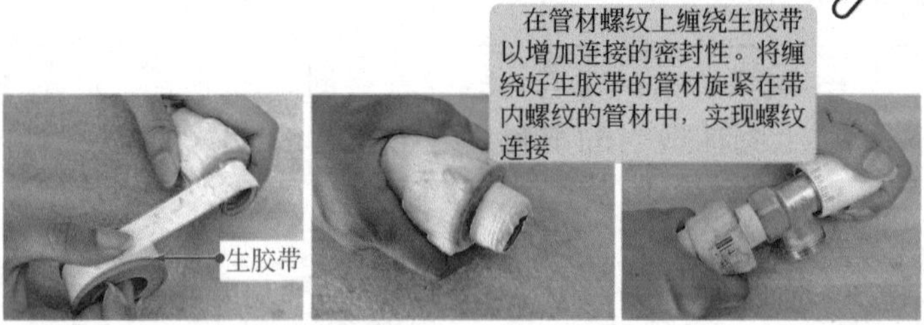
在管材螺纹上缠绕生胶带以增加连接的密封性。将缠绕好生胶带的管材旋紧在带内螺纹的管材中，实现螺纹连接
生胶带

3.3.6 管材的承插粘接

承插口连接（通常称捻口）是指将管材之间通过承口、插口插接，再借助填料或胶黏剂等将交叉部分四周的间隙填满或黏合的一种连接方式。

图 3-32 承插口粘接的操作方法

如图 3-32 所示，承插口粘接是指将胶黏剂均匀涂抹在管材的承口内侧和插口外侧，然后进行承插并固定一段时间实现连接的方法。目前，大多数排水管路系统中的 PVC-U 管材均采用这种连接方法。

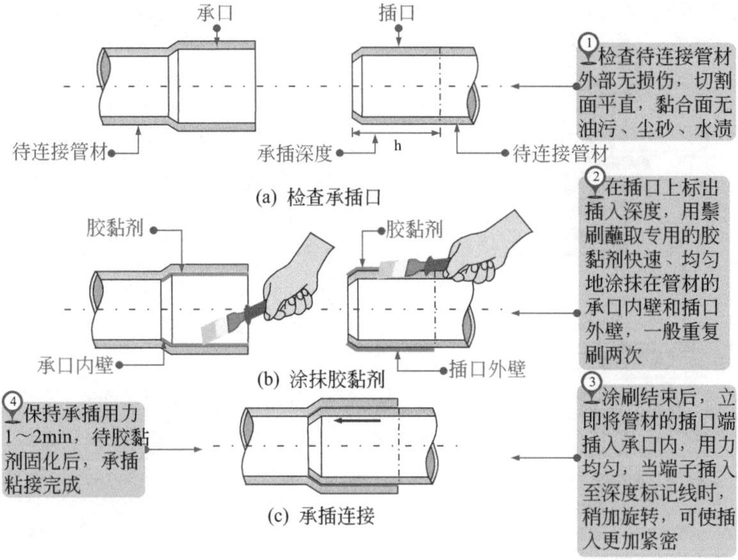
承口
插口
①检查待连接管材外部无损伤，切割面平直，黏合面无油污、尘砂、水渍
待连接管材
承插深度
h
待连接管材
(a) 检查承插口
②在插口上标出插入深度，用鬃刷蘸取专用的胶黏剂快速、均匀地涂抹在管材的承口内壁和插口外壁，一般重复刷两次
胶黏剂
胶黏剂
承口内壁
插口外壁
(b) 涂抹胶黏剂
④保持承插用力 1～2min，待胶黏剂固化后，承插粘接完成
③涂刷结束后，立即将管材的插口端插入承口内，用力均匀，当端子插入至深度标记线时，稍加旋转，可使插入更加紧密
(c) 承插连接

3.3.7　管材的承插热熔连接

图 3-33　管材的承插热熔连接

如图 3-33 所示，承插热熔连接是利用电热原理将电能转化为热能，通过高温使管材的连接接口处热熔变形，从而完成热熔连接。

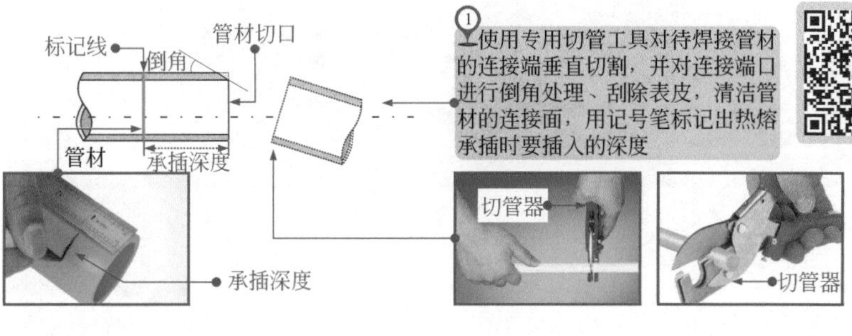
标记线
管材切口
倒角
管材
承插深度
①使用专用切管工具对待焊接管材的连接端垂直切割，并对连接端口进行倒角处理、刮除表皮，清洁管材的连接面，用记号笔标记出热熔承插时要插入的深度
承插深度
切管器
切管器

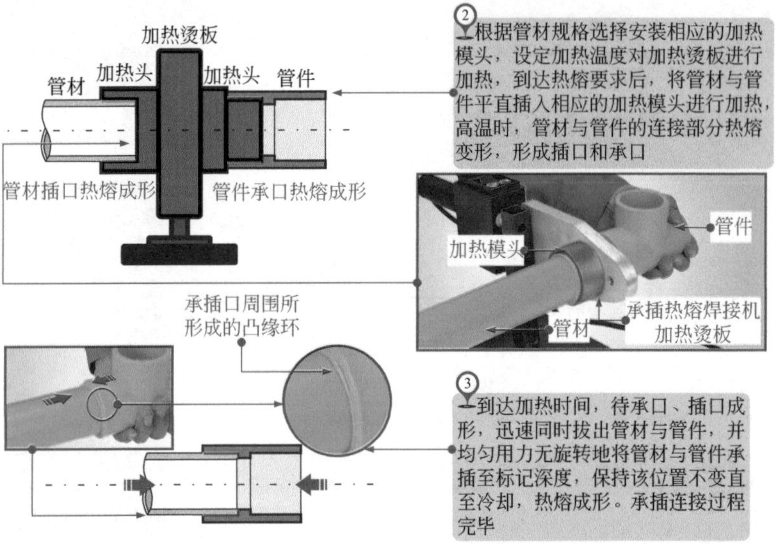
加热烫板
加热头
加热头
管材
管件
管材插口热熔成形
管件承口热熔成形
②根据管材规格选择安装相应的加热模头，设定加热温度对加热烫板进行加热，到达热熔要求后，将管材与管件平直插入相应的加热模头进行加热，高温时，管材与管件的连接部分热熔变形，形成插口和承口
管件
加热模头
承插热熔焊接机加热烫板
管材
承插口周围所形成的凸缘环
③到达加热时间，待承口、插口成形，迅速同时拔出管材与管件，并均匀用力无旋转地将管材与管件承插至标记深度，保持该位置不变直至冷却，热熔成形。承插连接过程完毕

图 3-34 热熔器的温度显示

热熔器可更换不同样式的加热模头，对塑料管材进行热熔连接时，应选配不同直径的圆形加热模头。

使用热熔器加热时，加热温度需要提前设定，如加热 DN20 的供暖复合管，一般将加热温度设为 260℃；PE 给水管热熔连接时，加热温度为 200 ~ 235℃，如图 3–34 所示。

另外，在热熔连接时，若环境温度较低，可适当延长加热时间，确保将管材加热为足够的黏流态熔体，从而完成连接。

第 4 章 家庭水暖系统的安装

4.1 家庭水暖系统施工图的识读

水暖系统施工图是管路工程中表达设计意图的图样，可在施工过程中指导施工人员按设计好的步骤、流程进行预制、施工、加工制作或安装等操作，因此，往往将管路施工图称为管路施工的语言，管路施工的过程需要严格按照施工图的要求和说明进行。常用的水暖系统施工图主要包括平面图、轴测图和详图。

4.1.1 典型给排水系统布局平面图的识读

图 4-1　典型给排水系统布局平面图的识读方法

如图 4-1 所示，给排水管路平面图主要用于表达各层用水房间的配水设备、给排水管路、管路附件的平面位置。

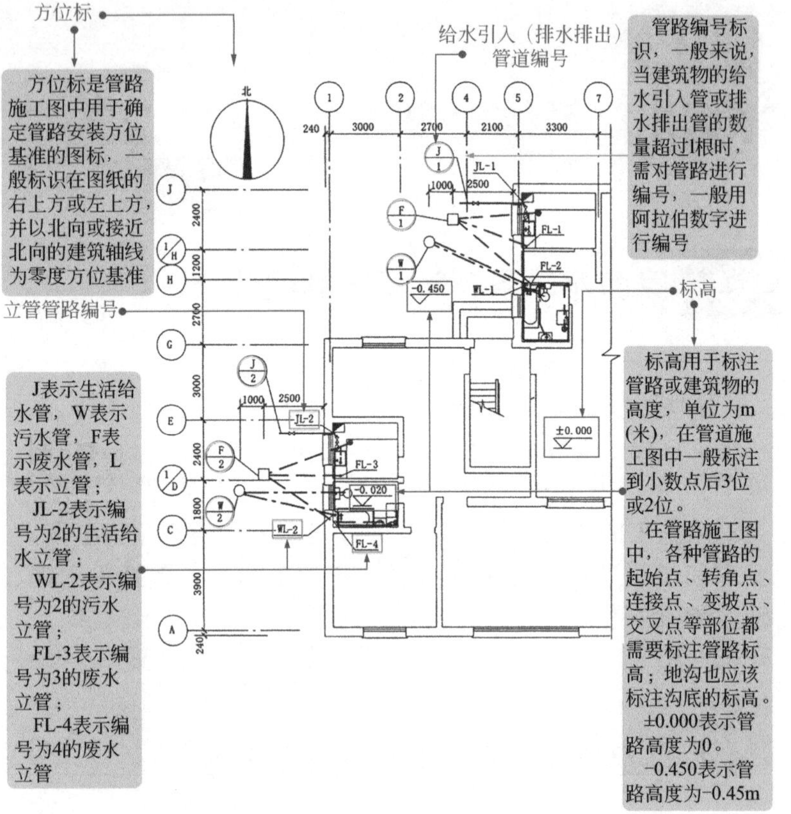

方位标
方位标是管路施工图中用于确定管路安装方位基准的图标，一般标识在图纸的右上方或左上方，并以北向或接近北向的建筑轴线为零度方位基准
给水引入（排水排出）管道编号
管路编号标识，一般来说，当建筑物的给水引入管或排水排出管的数量超过1根时，需对管路进行编号，一般用阿拉伯数字进行编号
标高
标高用于标注管路或建筑物的高度，单位为m(米)，在管道施工图中一般标注到小数点后3位或2位。
在管路施工图中，各种管路的起始点、转角点、连接点、变坡点、交叉点等部位都需要标注管路标高；地沟也应该标注沟底的标高。
±0.000表示管路高度为0。
−0.450表示管路高度为−0.45m
立管管路编号
J表示生活给水管，W表示污水管，F表示废水管，L表示立管；
JL-2表示编号为2的生活给水立管；
WL-2表示编号为2的污水立管；
FL-3表示编号为3的废水立管；
FL-4表示编号为4的废水立管
北
240
3000
2700
2100
3300
JL-1
FL-1
FL-2
WL-1
-0.450
±0.000
JL-2
FL-3
-0.020
WL-2
FL-4

4.1.2 典型给排水管路轴测图的识读

图 4-2　典型给排水管路轴测图的识读方法

如图 4-2 所示，轴测图通常又称为系统图、透视图，是一种能够反映整个管路系统的空间走向和实际位置的图样。通过轴测图可以了解管路的编号、材质、规格、管径、走向，管道系统中阀门的种类、安装位置，输送介质的流向等信息。

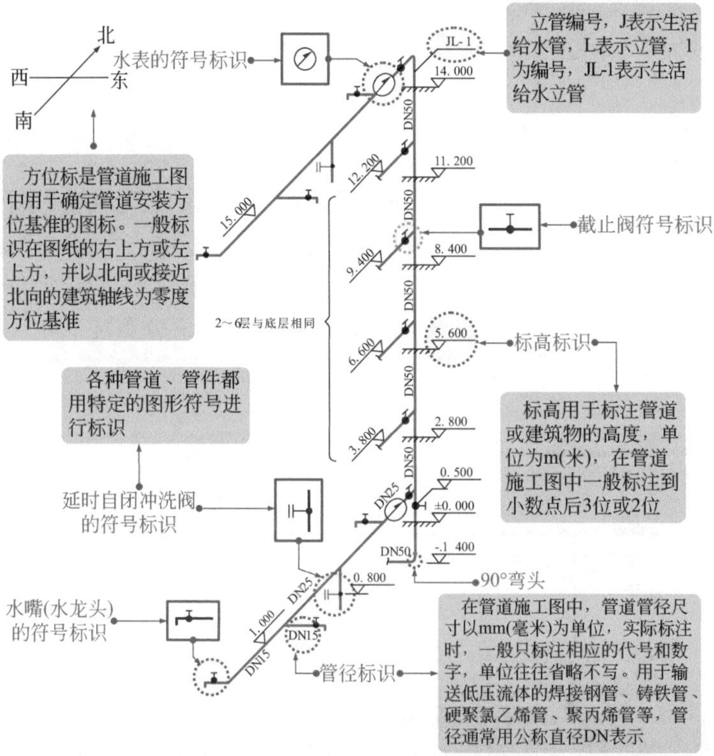

给水管路轴测图中一般标有给水方式、管路的走向、管路的敷设方式、管径的大小和变换情况、引入管及支管的标高、阀门和附件的标高等；排水管路轴测图中标有排水管路的具体走向、管径大小、管径变化、横管坡度、管路标高、存水弯位置及各种弯头、三通的设置情况等信息。

根据图 4-2 轴测图可知，管径为 DN50 的引入管由西向东引入，标高为 -1.400，引至立管 JL-1 下端的 90° 弯头止。

管径为 DN50 的立管 JL-1 垂直向上，穿越底层地坪 ±0.000，在标高为 0.500 处设有截止阀 1 个，一直垂直向上引至 6 层标高为 16.000 的 90° 弯头止。在立管 JL-1 上，分别在标高为 1.000、3.800、6.600、9.400、12.200、15.000 处引出 6 条水平干管。

每条水平干管的管径由 DN25 变径为 DN15，且在每条干管上由北向南依次连接有截止阀（DN25）、水表（DN25）、三通（异 DN25×25×15）、水龙头（DN15）、三通（等径 DN25×25×25）、延时自闭冲洗阀（DN25）、三通（异径 DN25×25×15）、水龙头（DN15）、弯头（DN15）、水龙头（DN15）。

4.1.3 典型给排水管路节点图的识读

图 4-3 典型给排水管路节点图的识读方法

如图 4-3 所示，节点图简单理解为平面图或其他施工图中局部位置的放大图，是一种能够详细、清楚地表示某一局部管路的详细结构、尺寸等信息的样图。在实际工程施工操作中，节点图对于管路或设备细节部分的安装十分重要。

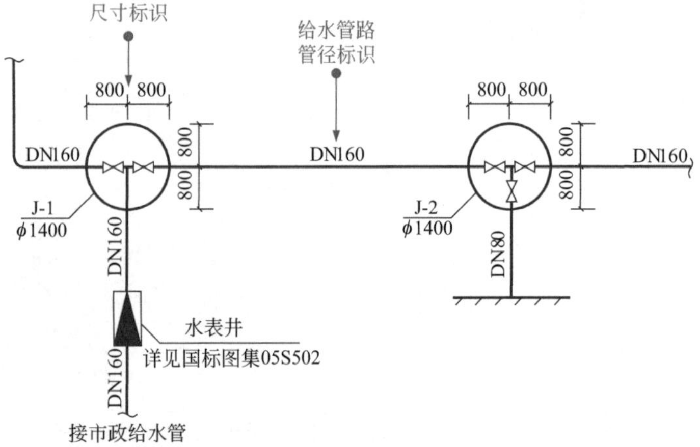

4.1.4 典型给排水管路中挂式小便器安装详图的识读

图 4-4 典型给排水管路中挂式小便器安装详图的识读方法

如图 4-4 所示，详图是一种详细表达某种信息的图样（图 4-3 所示的节点图也属于详图的一种类型）。

给排水管路详图主要用于表达给排水管路中管路与配件（如水表、管路节点、配水设备、卫浴设备）局部位置或某个节点的详细构造和安装要求。

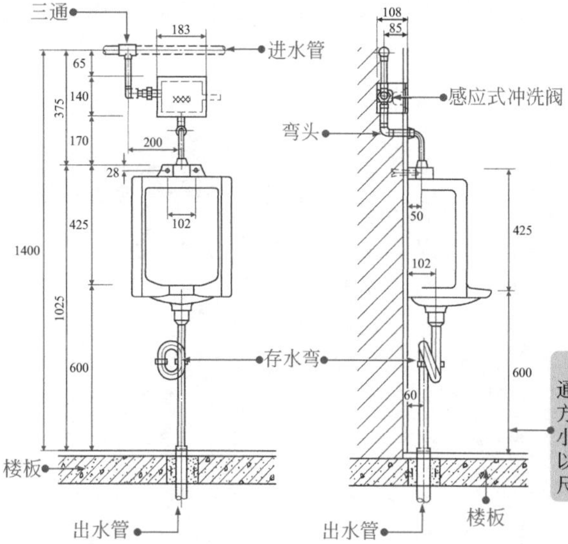

图中标出了进水管、三通、感应式冲洗阀的布置方式，出水管、存水弯与小便器的安装连接方式，以及小便器的暗转高度、尺寸等详细信息

4.1.5　典型供暖管路系统平面图的识读

图 4-5　典型供暖管路系统平面图的识读方法

如图 4-5 所示，供暖管路系统平面图主要用于表示管道、设备及散热器在建筑平面上的位置及相互关系。在该类图纸中一般标识出了建筑物内散热器的平面位置、种类、数量，水平干管的敷设方式、平面位置，立管的平面位置、数量、编号，供热管道入口的位置等。

①热力入口设在②号轴线右侧位置

②供暖干管Lg引至室内后分成五根供暖立管（L1～L5），构成供暖环路

⑤卧室的供暖立管编号为L1，接有一组16片的散热器

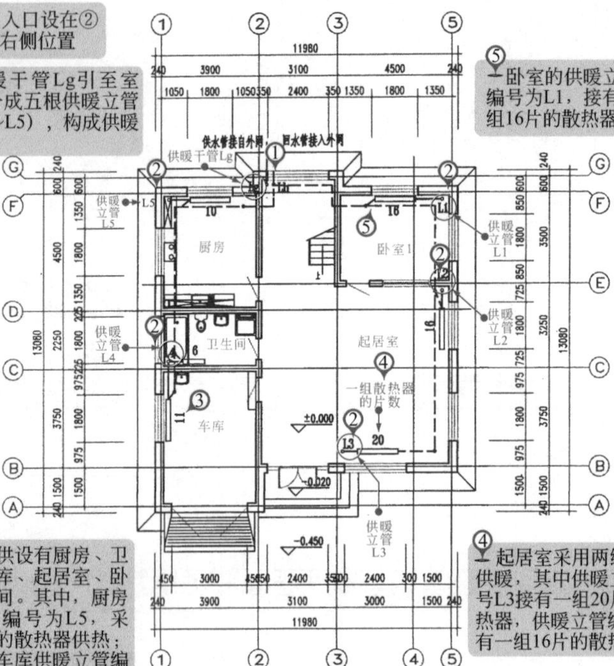

③该层内供设有厨房、卫生间、车库、起居室、卧室几个房间。其中，厨房供暖立管编号为L5，采用了10片的散热器供热；卫生间与车库供暖立管编号为L4，卫生间为6片的散热器，车库为11片的散热器

④起居室采用两组暖气供暖，其中供暖立管编号L3接有一组20片的散热器，供暖立管编号L2有一组16片的散热器

两层别墅的首层供暖管路系统平面图

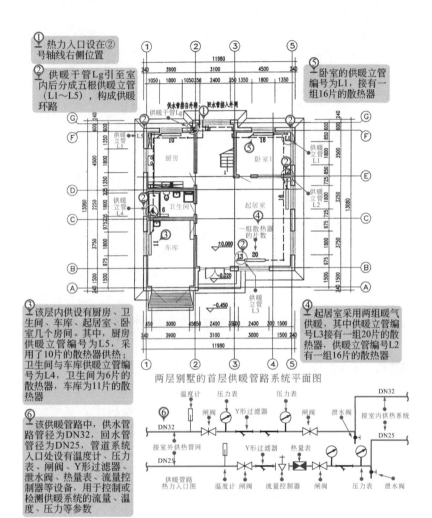

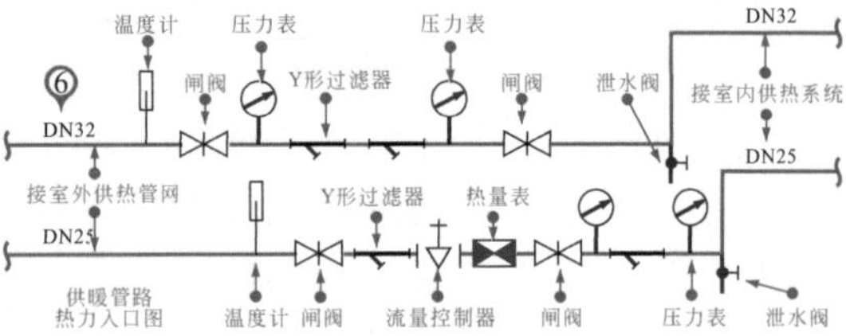

⑥该供暖管路中，供水管路管径为DN32，回水管管径为DN25，管道系统入口处设有温度计、压力表、闸阀、Y形过滤器、泄水阀、热量表、流量控制器等设备，用于控制或检测供暖系统的流量、温度、压力等参数

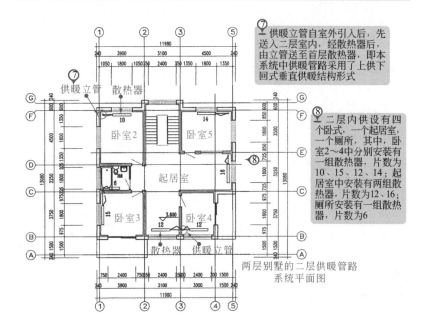

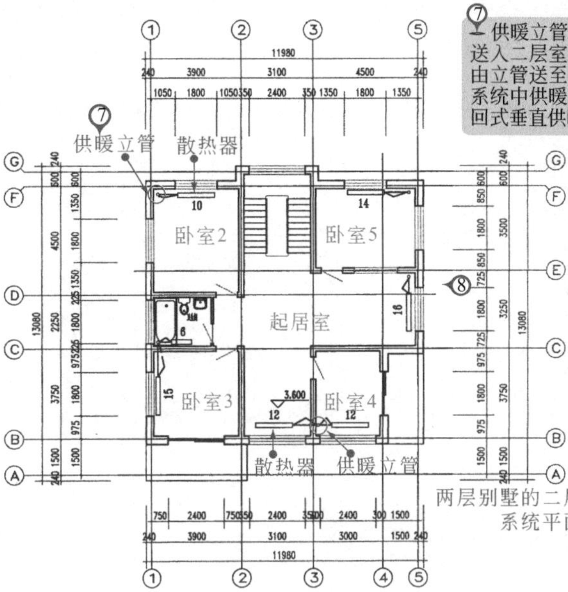

⑦供暖立管自室外引入后，先送入二层室内，经散热器后，由立管送至首层散热器，即本系统中供暖管路采用了上供下回式垂直供暖结构形式

⑧二层内供设有四个卧式，一个起居室，一个厕所，其中，卧室2～4中分别安装有一组散热器，片数为10、15、12、14；起居室中安装有两组散热器，片数为12、16；厕所安装有一组散热器，片数为6

两层别墅的二层供暖管路系统平面图

4.1.6　典型供暖管路系统轴测图的识读

图 4-6　典型供暖管路系统轴测图的识读方法

如图 4-6 所示，供暖管道轴测图（系统图）主要用于表示热媒从入口到出口的供暖管道、散热器及相关设备的空间位置以及相互关系。

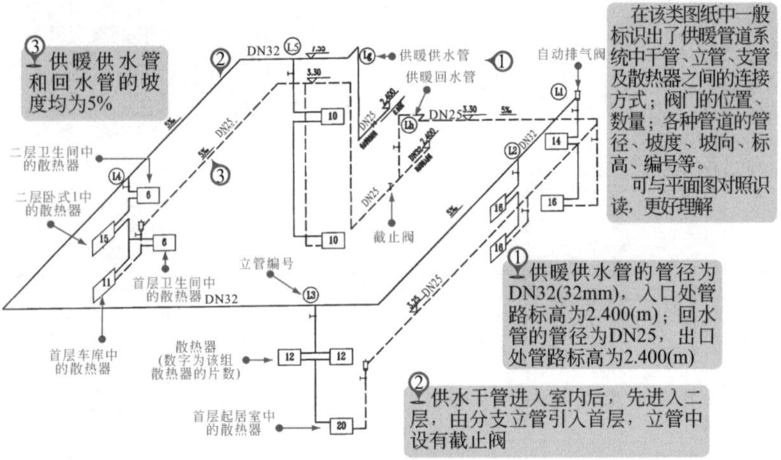

③供暖供水管和回水管的坡度均为5%
②
DN32
L5
3.30
Lg
供暖供水管
①
供暖回水管
自动排气阀
在该类图纸中一般标识出了供暖管道系统中干管、立管、支管及散热器之间的连接方式；阀门的位置、数量；各种管道的管径、坡度、坡向、标高、编号等。
可与平面图对照识读，更好理解
DN25
DN25
3.30
5‰
L1
L2
DN32
L4
L3
二层卫生间中的散热器
二层卧式1中的散热器
③
截止阀
立管编号
首层卫生间中的散热器
DN32
①供暖供水管的管径为DN32(32mm)，入口处管路标高为2.400(m)；回水管的管径为DN25，出口处管路标高为2.400(m)
首层车库中的散热器
散热器(数字为该组散热器的片数)
首层起居室中的散热器
②供水干管进入室内后，先进入二层，由分支立管引入首层，立管中设有截止阀
10
10
14
16
16
16
6
6
15
11
12
12
20

4.2 水暖卫浴设备的安装

4.2.1 水盆的安装

图 4-7 水盆的类型

如图 4-7 所示，水盆是人们日常生活中不可缺少的卫浴洁具。在家庭水暖施工操作中，主要指卫生间的水盆和厨房中的水盆。

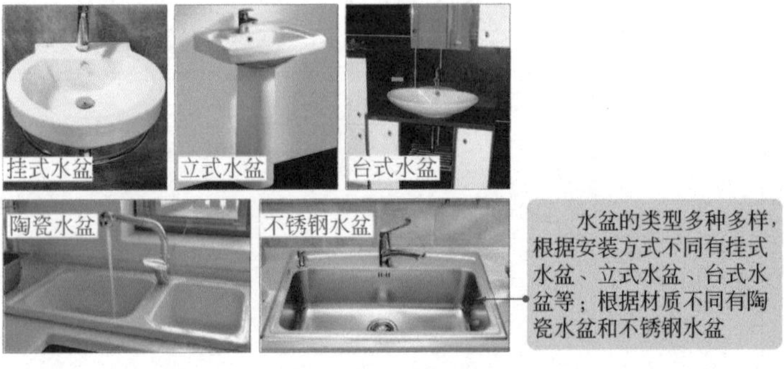

挂式水盆
立式水盆
台式水盆
陶瓷水盆
不锈钢水盆
水盆的类型多种多样，根据安装方式不同有挂式水盆、立式水盆、台式水盆等；根据材质不同有陶瓷水盆和不锈钢水盆

❶ 水盆的安装规则和尺寸

图 4-8　卫生间水盆的安装尺寸（挂式）

如图 4-8 所示，卫生间中的水盆有挂式、立式和台式三种安装方式，不同安装方式有各自不同的安装尺寸，并且根据水盆大小、安装环境及用户需求的不同，具体安装尺寸也会略有差异。

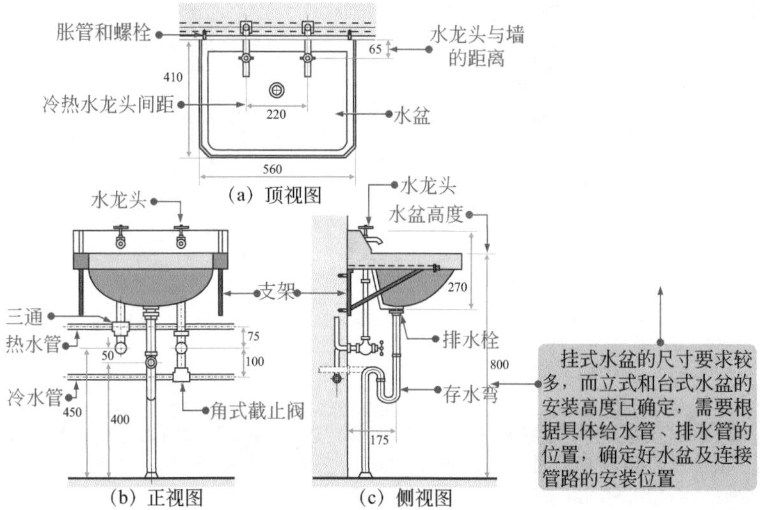

图 4-9　厨房水盆的安装尺寸

如图 4-9 所示，厨房水盆大多安装在橱柜内部，使厨房整体保持统一，打开水池下方的柜门，便可看到水盆的排水管，既不影响美观，也不影响维修。

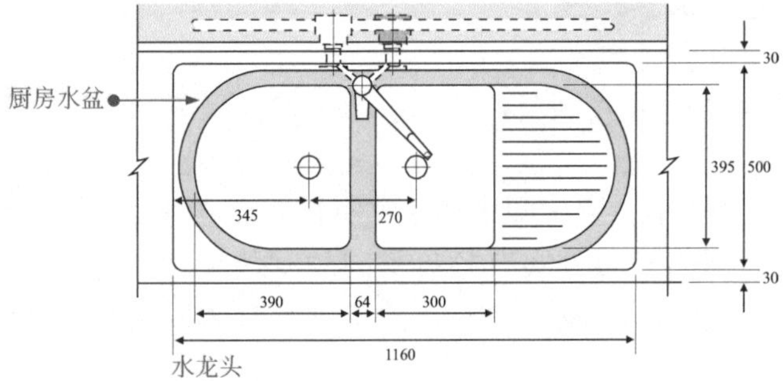

(a) 顶视图

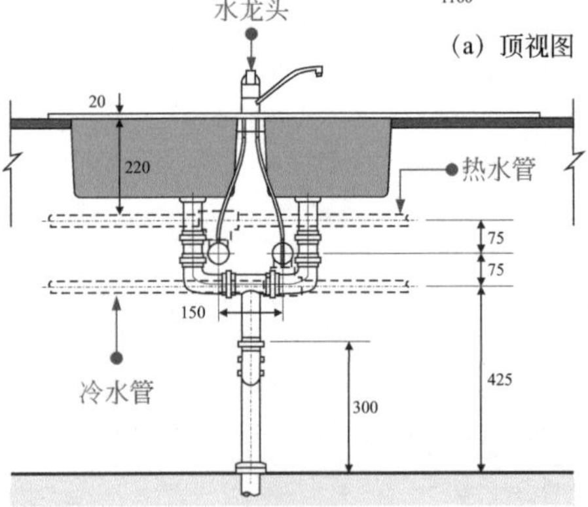

(b) 正视图

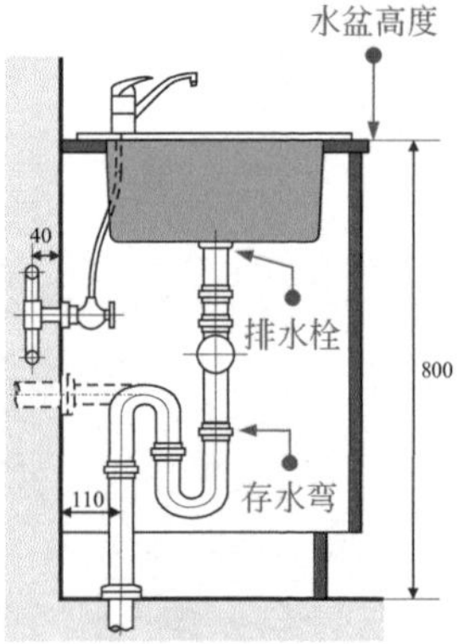

(c) 侧视图

水盆安装无明确要求时，具体安装高度、连接的排水管规格及最小坡度和给水配件的高度要求见表 4-1。

表4-1 厨房水盆的安装高度、排水管管径及最小坡度和给水配件的高度需求

卫浴器具	安装高度/mm	排水管管/mm	管道最小坡度	水龙头高度/mm	冷热水水龙头距离/mm
卫生间水盆	800	32 ~ 50	0.02	1000	150
厨房水盆	800	50	0.025	1000	150

❷ 水盆的安装方法

图 4-10　水盆的安装方法

如图 4-10 所示，以卫生间立式水盆为例。值得注意的是，安装水盆之前，安装人员要检查水盆是否完好、零配件是否齐全，然后再开始安装操作。

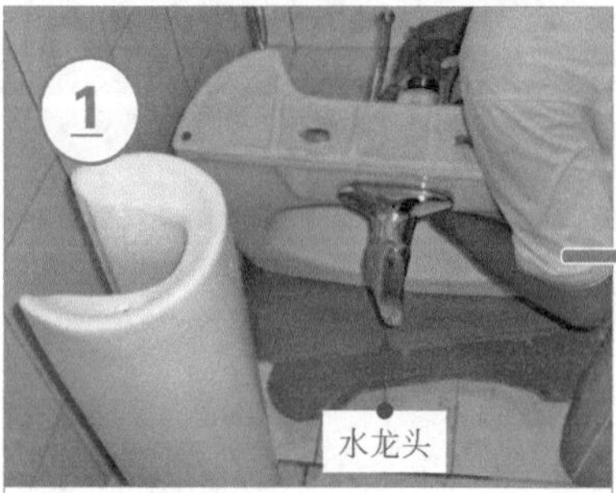

将水龙头安装在水盆水龙头的安装孔内，并将水龙头固定好。

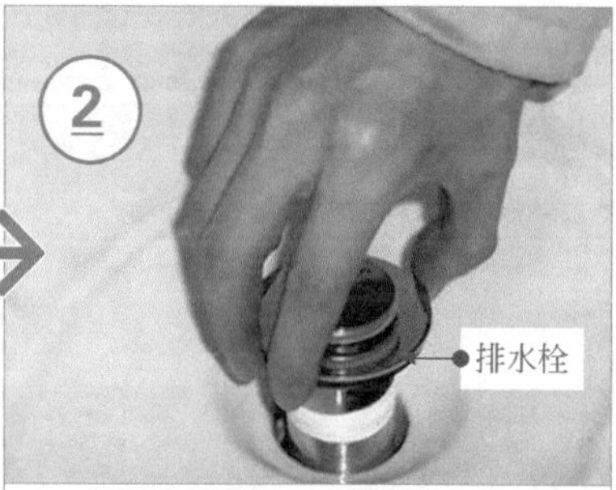

将排水栓放到水盆排水栓的安装孔内，并将排水栓固定好。

将水龙头与给水管道连接，将排水栓与排水管道连接。

做好管道密封，用玻璃胶固定好水盆。

图 4-11 水盆排水管路的连接

如图 4–11 所示，厨房水盆通常固定在橱柜平台预留孔中，然后在橱柜中连接排水管、存水弯、水龙头、进水管等。

水盆安装验收标准：支架、托架防腐良好，与器具接触紧密，埋设平整牢固，器具放置平稳。

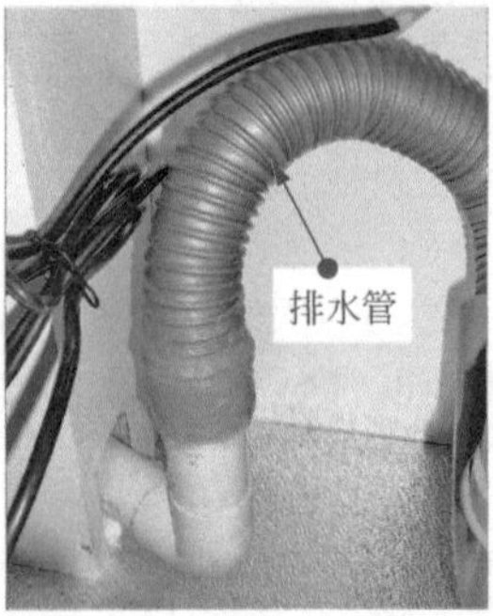
排水管

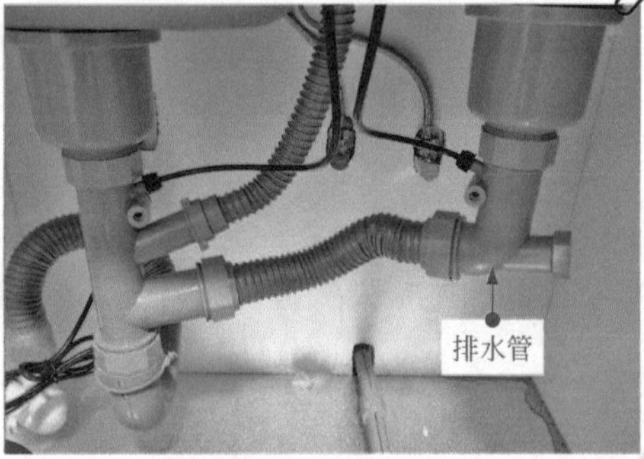
排水管

4.2.2 坐便器的安装

图 4-12 常见坐便器的实物外形

如图 4-12 所示，坐便器按结构可分为分体式坐便器和连体式坐便器，材质主要以陶瓷、人造大理石等为主。

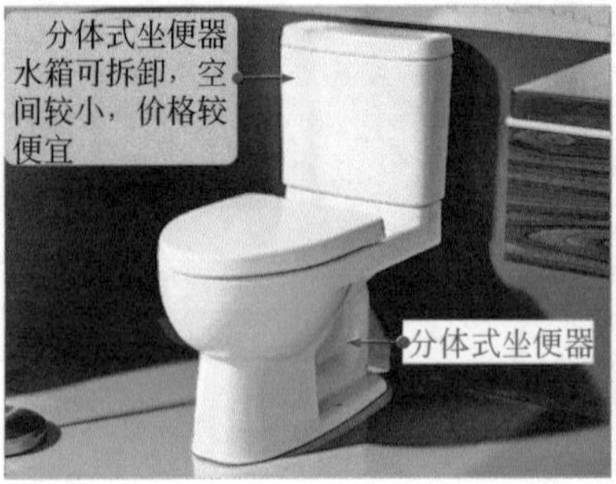
分体式坐便器水箱可拆卸，空间较小，价格较便宜
分体式坐便器

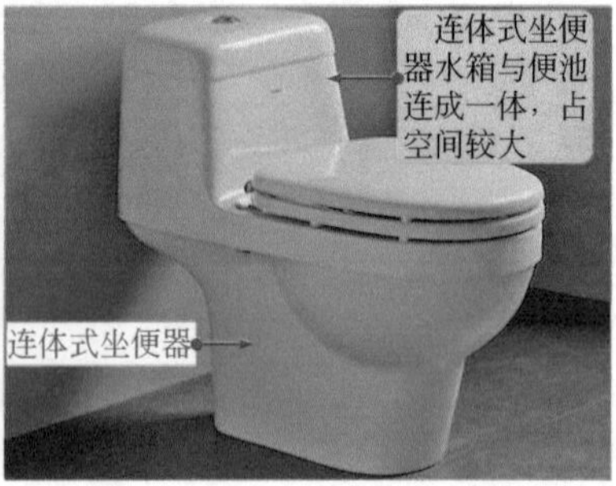
连体式坐便器水箱与便池连成一体，占空间较大
连体式坐便器

图 4-13 坐便器的类型和内部排污管结构

如图 4-13 所示，坐便器按照冲水方式可分为冲落式、虹吸冲落式、虹吸漩涡式和虹吸喷射式。

其中，冲落式坐便器是利用水流的冲力排出污物，由于池壁较陡，水力集中，冲污效率很高，但是冲水声较大，易出现结垢，防臭功能也不理想。

虹吸冲落式坐便器充满水后会产生一定的水位差，借冲水在排污管内产生的吸力将污物排走，由于虹吸式坐便器冲排不借助水流冲力，所以池内存水面较大，冲水噪声较小。

虹吸漩涡式坐便器冲水口设在坐便器底部的一侧。冲水时水流沿池壁形成旋涡，加大水流对池壁的冲洗力度，也加大了虹吸作用的吸力，更利于将坐便器内污物排出，冲水噪声更小。

虹吸喷射式坐便器在底部增加一个喷射副道，可以在虹吸的基础上借助较大的水流冲力将污物快速冲走，缺点是比较费水，易堵塞。

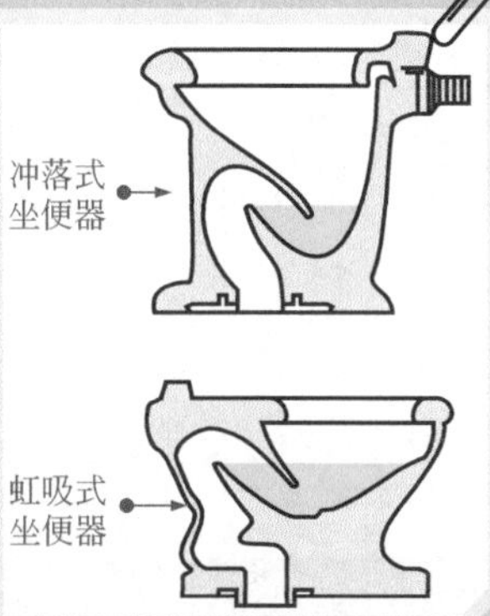

1 坐便器的安装规则和尺寸

图 4-14 坐便器的安装规则和尺寸

如图 4-14 所示，不同坐便器的尺寸不同，安装环境及管口位置不同，具体安装尺寸也会略有差异。这里将以典型坐便器的安装规则及尺寸为例进行介绍。

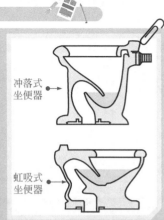

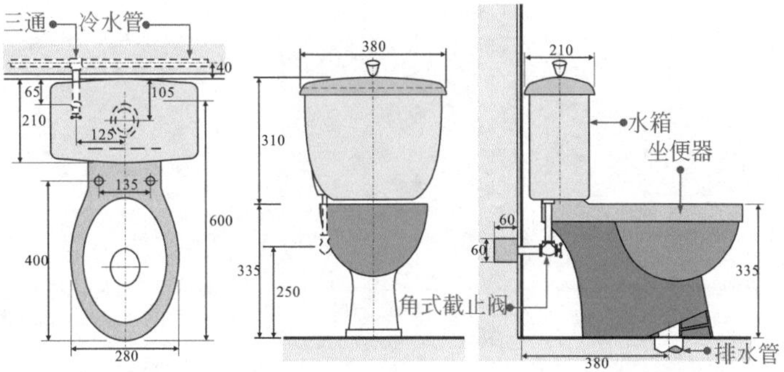

（a）顶视图　（b）正视图　（c）侧视图

当坐便器安装无明确要求时，具体安装高度、连接的排水管规格及给水配件的高度要求见表 4-2。

表4-2 坐便器的安装高度、排水管规格及给水配件的高度要求

卫浴器具	安装高度/mm	排水管管径/mm	管道最小坡度	给水配件高度/mm
外露排出管式坐便器	510	100	0.012	250
虹吸喷射式坐便器	470	100	0.012	250

2 坐便器的安装方法

图 4-15 坐便器的安装方法

如图 4-15 所示，了解坐便器的安装规则及尺寸后，接下来可根据坐便器的尺寸规划出安装位置，再按步骤逐一将配件安装、连接。

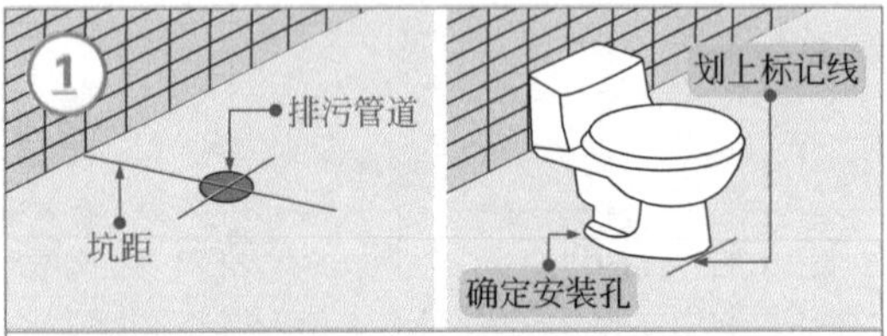

确认安装坐便器与墙面之间的距离。若是使用螺钉固定坐便器，应确定坐便器的位置，可使用粉笔标记出安装孔的位置，然后使用工具打孔。

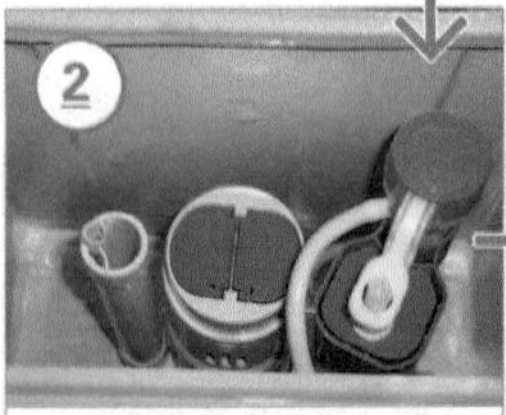

检查坐便器中水箱内的各配件是否正常，安装是否到位。

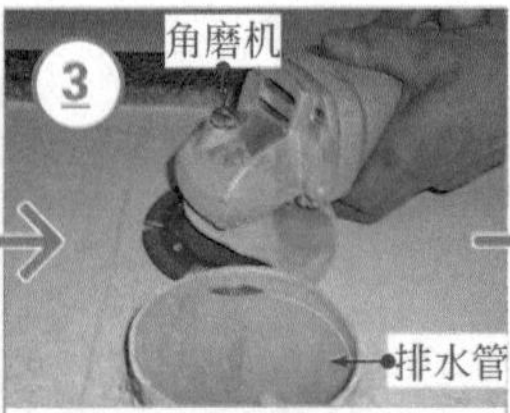

使用角磨机将排水管处多余部分切除，但是需保留10mm的高度。

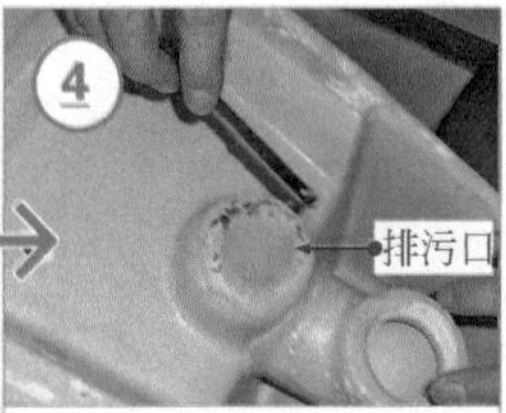

测量好尺寸后，将不需要的排污口用胶封住，保证密封。

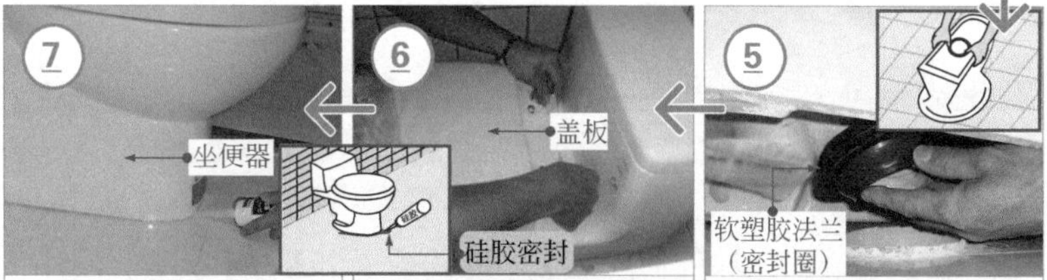

⑤ 在坐便器排污口上安装软塑胶法兰（密封圈），安装管口。

⑥ 连接好给水管道后，需要将坐便器的盖板安装在坐便器上。

⑦ 用玻璃胶粘连坐便器与地面的缝隙，使坐便器固定在地面上。

4.2.3 小便器的安装

图 4-16 小便器的实物外形

如图 4-16 所示，按安装方式，小便器可分为斗式、落地式和壁挂式；按冲水原理可分为冲落式和虹吸式；按照冲水方式可分为自动感应式和手动冲洗式。

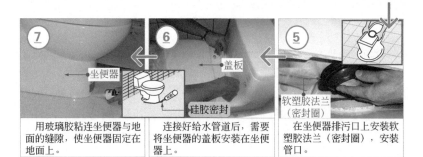

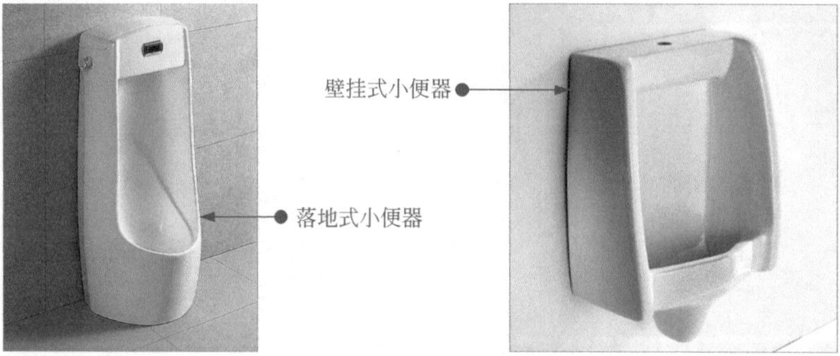

❶ 小便器的安装规则和尺寸

图 4-17 小便器的安装规则和尺寸

如图 4-17 所示，小便器的安装需要遵循一定的规则和尺寸要求，这样安装好的小便器才能符合标准，能够正常使用。小便器的安装高度要考虑人的身高、方便的冲洗方式等。

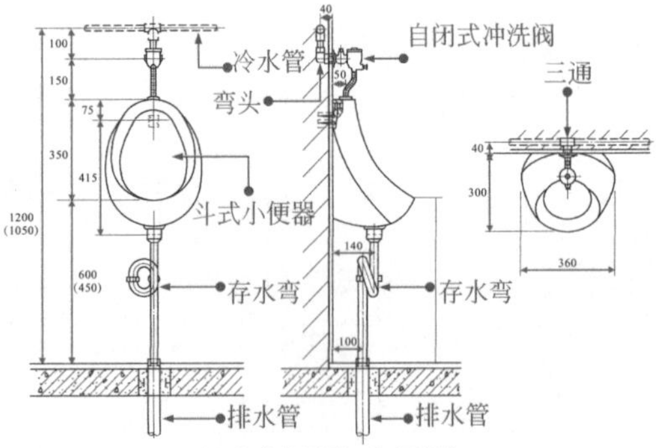

(a) 斗式小便器(手动冲洗)

卫生间内的小便器有多种安装方式，不同安装方式有各自不同的安装尺寸，并且根据小便器大小、安装环境及用户需求的不同，具体安装尺寸也会略有差异

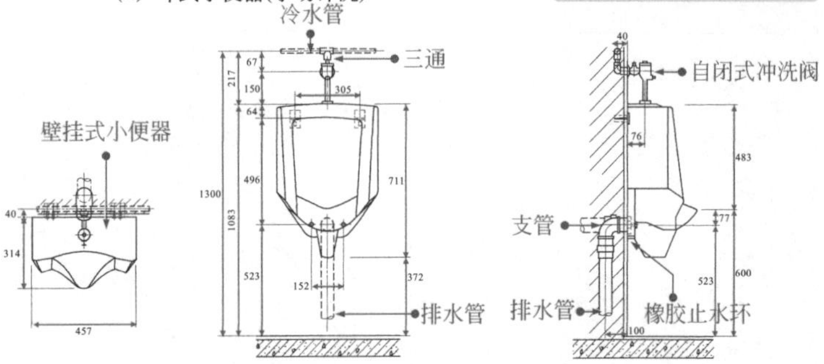

(b) 壁挂式小便器(手动冲洗)

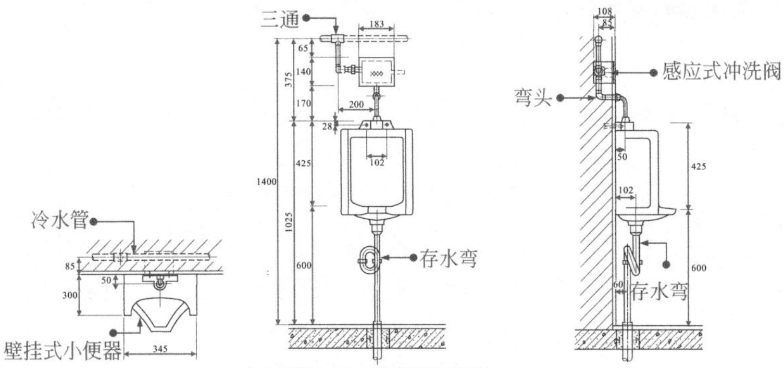

（c）壁挂式小便器(感应冲洗)

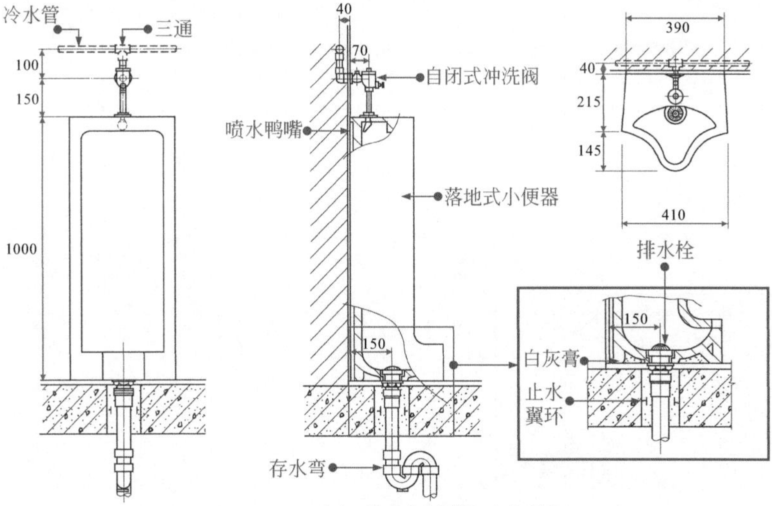

（d）落地式小便器(手动冲洗)

② 小便器的安装方法

图 4-18 小便器的安装方法

如图 4-18 所示，小便器的安装方法简单，安装顺序为：根据要求确定安装高度，标记出安装位置；电钻钻孔；小便器主体固定；连接进水管与冲洗阀；硅胶密封。

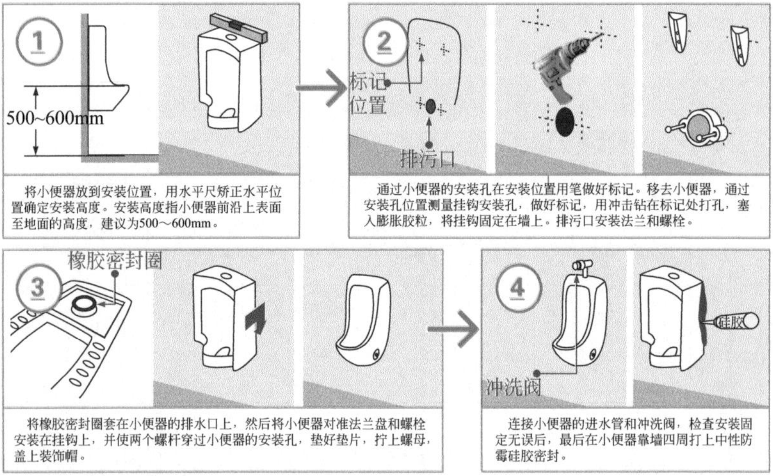

将小便器放到安装位置，用水平尺矫正水平位置确定安装高度。安装高度指小便器前沿上表面至地面的高度，建议为500～600mm。

通过小便器的安装孔在安装位置用笔做好标记。移去小便器，通过安装孔位置测量挂钩安装孔，做好标记，用冲击钻在标记处打孔，塞入膨胀胶粒，将挂钩固定在墙上。排污口安装法兰和螺栓。

将橡胶密封圈套在小便器的排水口上，然后将小便器对准法兰盘和螺栓安装在挂钩上，并使两个螺杆穿过小便器的安装孔，垫好垫片，拧上螺母，盖上装饰帽。

连接小便器的进水管和冲洗阀，检查安装固定无误后，最后在小便器靠墙四周打上中性防霉硅胶密封。

4.2.4 浴缸的安装

图 4-19 常见浴缸的类型

如图 4-19 所示，浴缸按用途分可分为普通沐浴用浴缸和按摩浴缸，材质主要为包上陶瓷的钢铁、亚克力或玻璃纤维为主，也有一些采用木质材料制成。

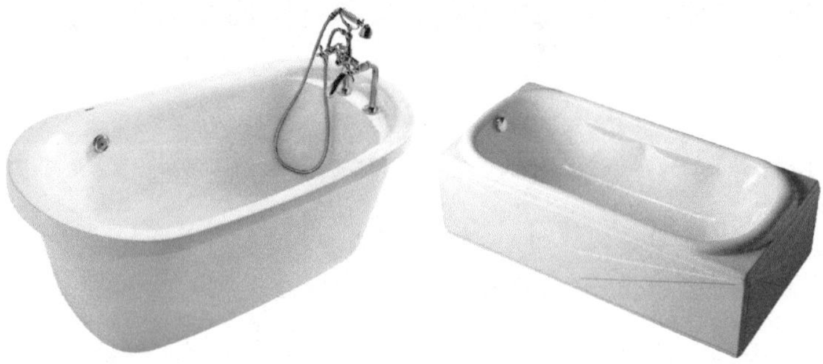

❶ 浴缸的安装规则和尺寸

图 4-20　浴缸的安装规则和尺寸

如图 4-20 所示，浴缸的安装需要遵循一定的规则和尺寸要求，这样安装好的浴缸才能符合标准，能够正常使用。这里以典型浴缸的安装规则及尺寸为例进行介绍。

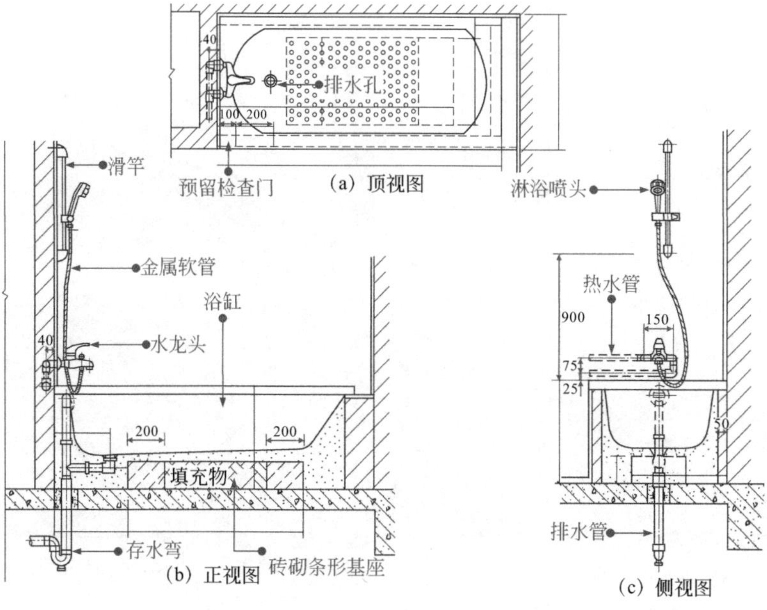

（a）顶视图

（b）正视图

（c）侧视图

浴缸安装无明确要求时，具体安装高度、连接的排水管规格及给水配件的高度要求见表 4–3。

表4–3 浴缸的安装高度、排水管规格及给水配件的高度要求

卫浴器具	安装高度/mm	排水管管/mm	管道最小坡度	给水配件高度/mm	冷热水龙头距离/mm
浴缸	520	50	0.02	670	150

❷ 浴缸的安装方法

图 4-21 浴缸的安装方法

如图 4-21 所示，安装浴缸前，应检查浴缸是否完好、零配件是否齐全，根据浴缸的尺寸规划出安装位置，再按步骤安装、连接浴缸及管路，最终完成安装。

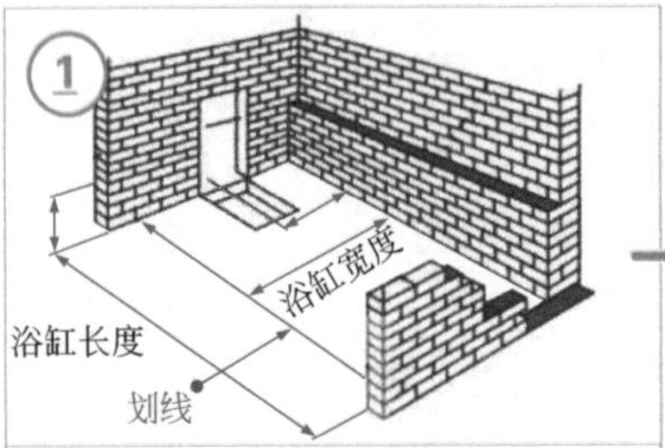
1
浴缸宽度
浴缸长度
划线

根据浴缸的大小规划出基座、支撑墙的位置。

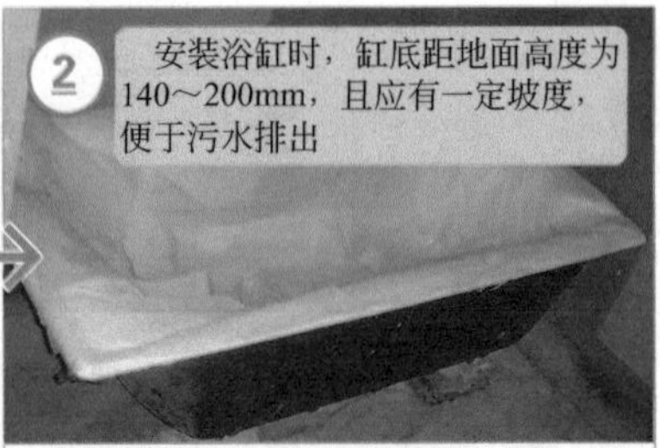
2
安装浴缸时，缸底距地面高度为140～200mm，且应有一定坡度，便于污水排出

制作好浴缸的基座及内侧支撑墙后，将浴缸放置在基座上并固定好。

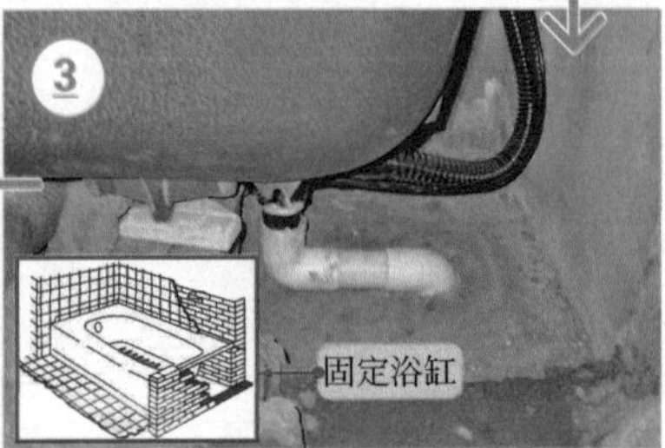
3
固定浴缸

将浴缸的排水管及给水管安装在浴缸中相应的位置上，并进行固定。

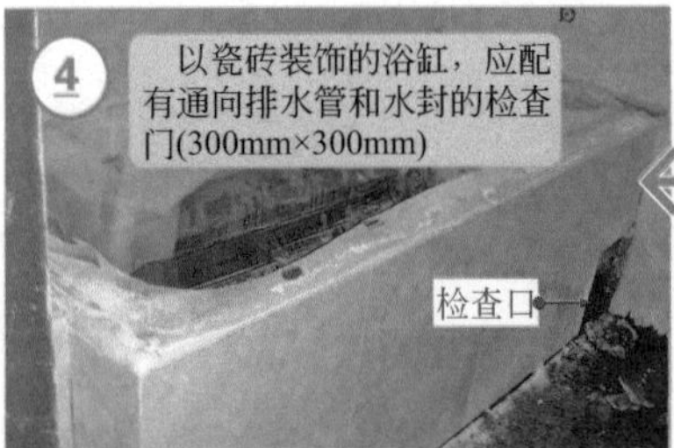
4
以瓷砖装饰的浴缸，应配有通向排水管和水封的检查门(300mm×300mm)
检查口

在浴缸的周围砌好装饰的瓷砖，完成安装。

4.2.5　整体卫浴的安装

图 4-22　整体卫浴的安装方法（1）

如图 4-22 所示，整体卫浴的内外框架是通过“搭积木”的方式拼装起来的。其底盘、墙板、天花板、浴缸、洗面台等大都采用相同的复合材料制成，结构牢固可靠，防水防漏性能优越，安装简便。

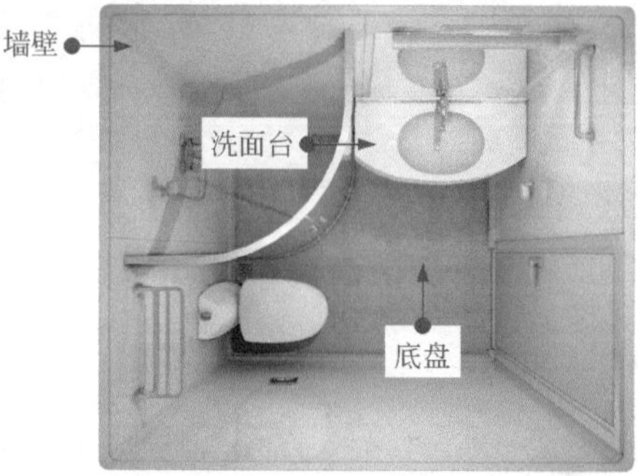

图 4-23　整体卫浴的安装方法（2）

如图 4-23 所示，安装整体卫浴应根据卫生间各区域大小的测量数据，使用磨具制作或裁切出各部分材料，根据规划图纸，使用螺钉、黏合剂对各部分材料进行拼装、固定，再安装卫生洁具及配件、连接给排水管道，即可完成整体卫浴的安装。

使用钢板、螺栓固定支撑底盘，并调至水平。

安装地漏，将排水管安装在底盘下面。

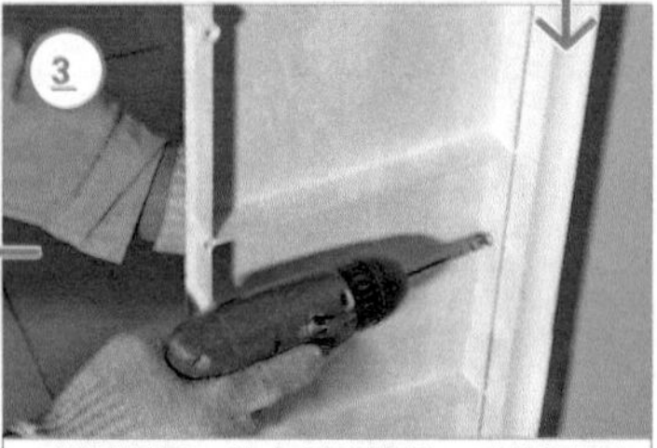

使用螺钉、黏合剂将墙板、天花板固定一起。

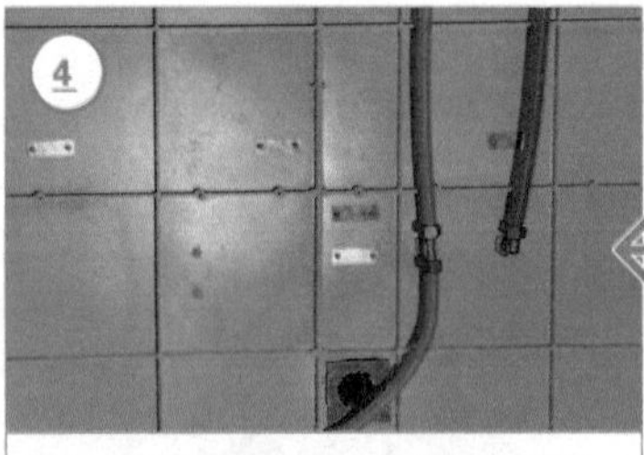

将冷、热水管管路敷设在墙板的外侧。

4.2.6 热水器的安装

图 4-24 热水器的类型

如图 4-24 所示，热水器是一种实现加热水的电器。热水器按加热方式主要有电热水器、燃气热水器和太阳能热水器等几种。其中，电热水器按照使用方式可分为储水式和即热式两种。

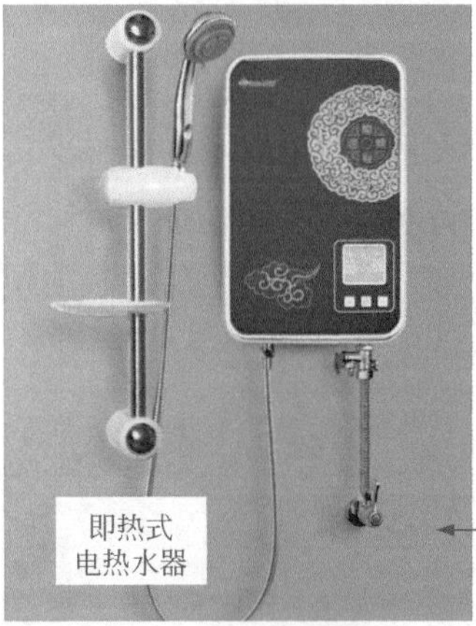

即热式电热水器即插即用，不需要等待很长时间，热水不限量

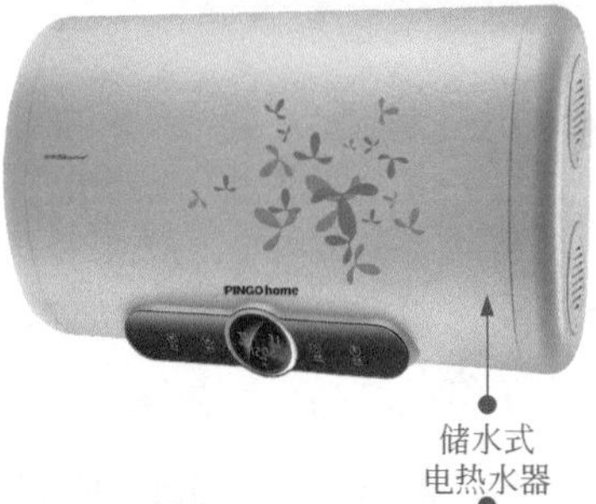

安装方便，价格不高，加热时间较长

❶ 热水器的安装规则和尺寸

图 4-25 热水器的安装规则和尺寸

如图 4-25 所示，热水器的大小不同，安装环境及管口位置不同，具体安装尺寸也会略有差异。下面以电热水器为例进行介绍。

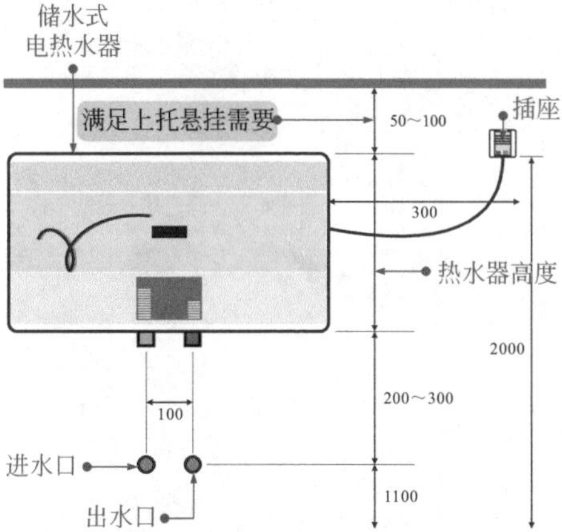

(a) 储水式电热水器

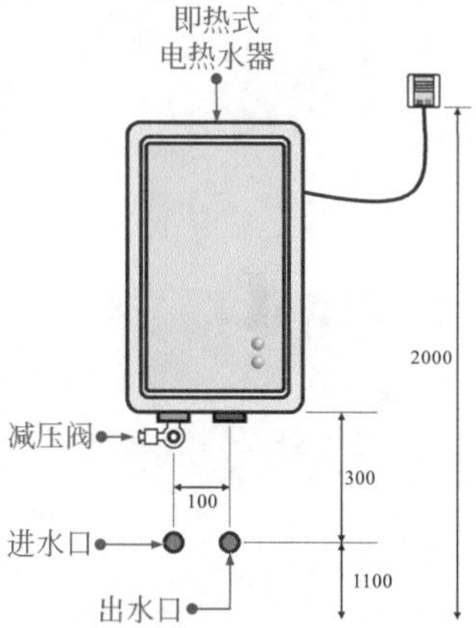

(b) 即热式电热水器

❷ 热水器的安装方法

图 4-26　热水器的安装方法

　　如图 4-26 所示，热水器的大小不同，安装环境及管口位置不同，具体安装尺寸也会略有差异。下面以电热水器为例进行介绍。

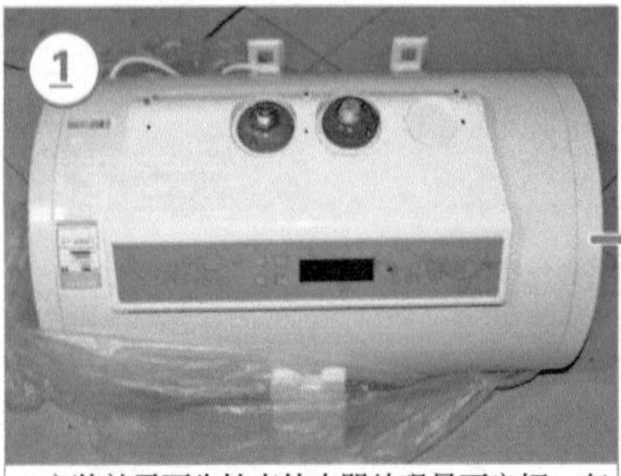

安装前需要先检查热水器外观是否良好，有无磕碰、损坏迹象，查看各配件是否齐全，是否有损坏的现象。

冷水进水口

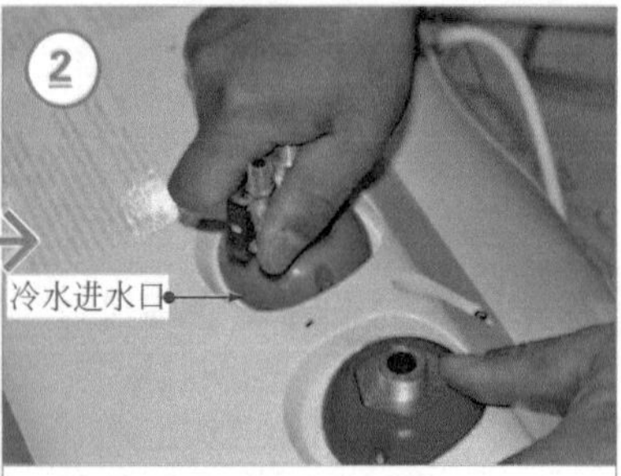

将电热水器进水管处的减压阀安装在热水器冷水进水口的位置并固定。

水阀

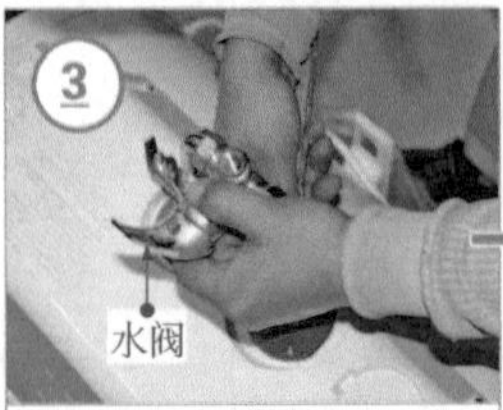

将热水器的水阀安装在热水器上，并固定。

热水器背部挂槽

墙壁标记

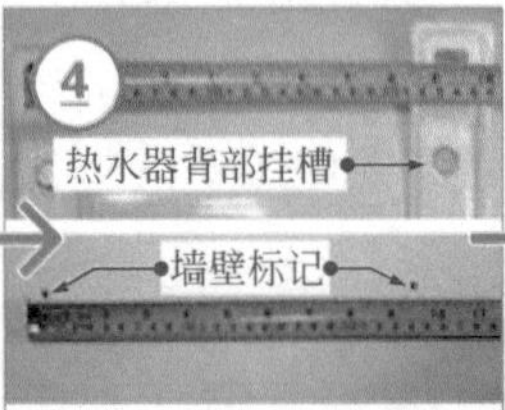

测量好待安装的热水器的挂槽距离，并在墙上做标记。

电钻　挂件

膨胀管

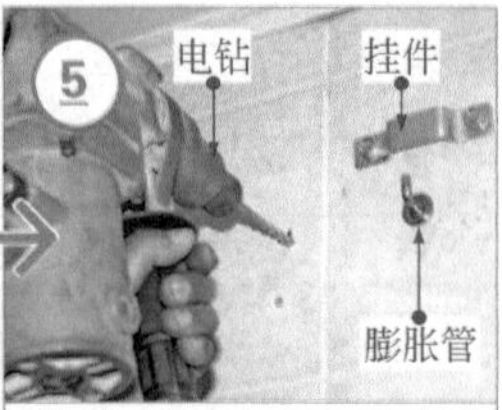

使用电钻在墙面上打孔，安装膨胀管，固定热水器的挂件。

进水管（冷水管）

挂好热水器后，根据热水器进出水管位置，裁剪管材长度，并连接进水管（冷水管）。

热水器

膨胀管

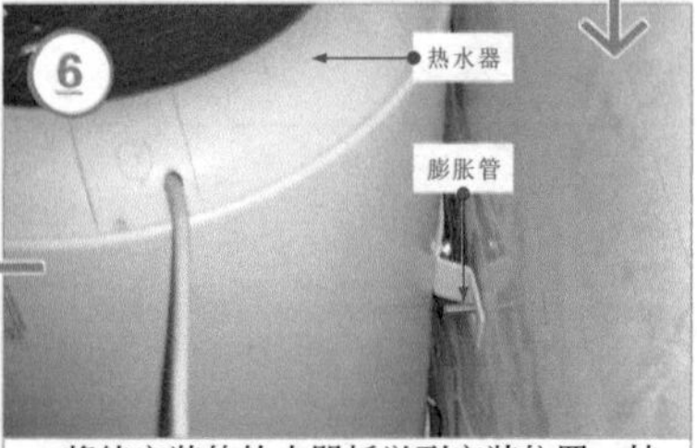

将待安装的热水器托举到安装位置，挂槽对准挂件和膨胀管，挂好热水器。

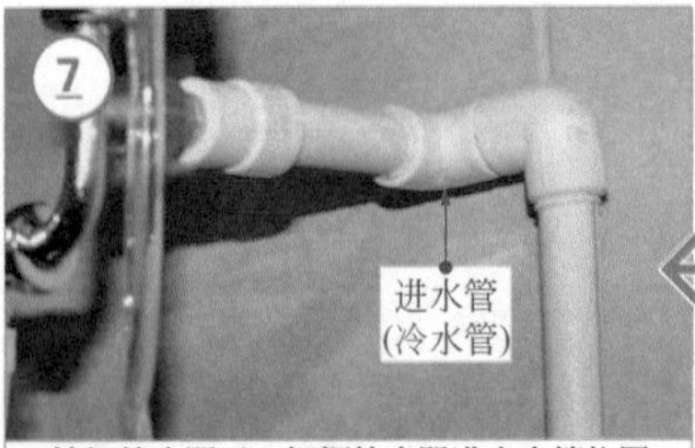

图 4-26　热水器的安装方法（续）

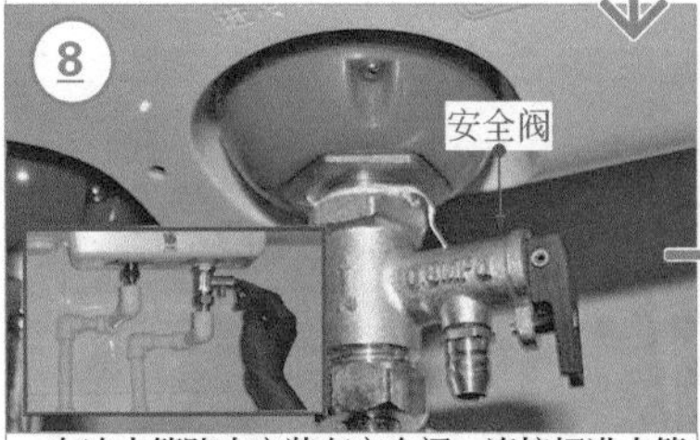

在冷水管路中安装有安全阀，连接好进水管后，进行注水测试，调整安全阀，排除热水器内的空气。

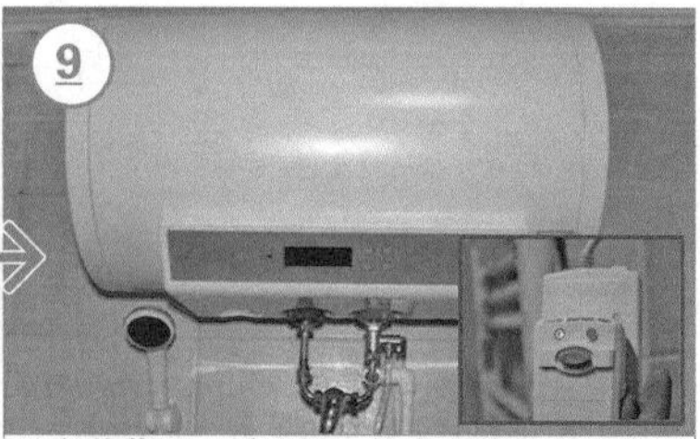

安装花洒，最后插上热水器的电源，检查供电是否正常，供电、进水、出水正常，热水器安装完成。

图 4-27　热水器的实际安装效果

如图 4–27 所示，安装热水器房间的通风条件应良好，外墙或窗上宜安装排风扇，热水器的安装高度距离没有明确规定。若所安装空间中装修吊顶后距离高度不够时，可将热水器部分安装在吊顶中，并且与封面应保持有 20mm 的距离。

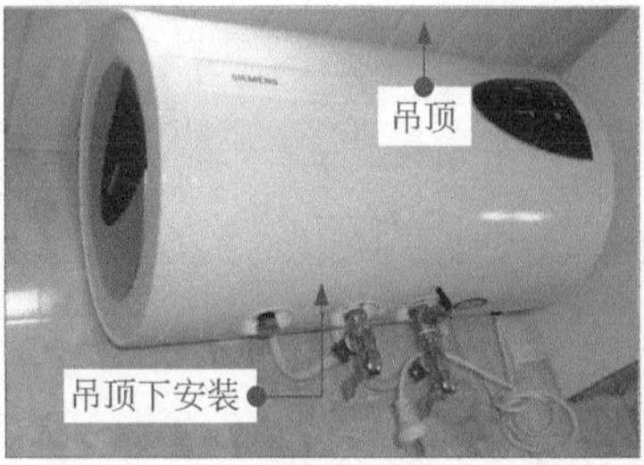

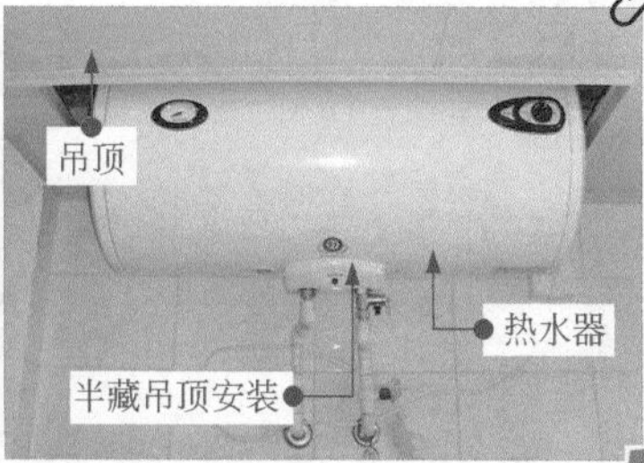

安装热水器时需要注意：

① 确保墙体能承受两倍于灌满水的热水器重量，固定件安装牢固，确保热水器有检修空间。

② 热水器进水口处连接一个减压阀；在管道接口处要使用生料带，防止漏水；减压阀不能太紧，以防损坏；如果进水管的水压与减压阀的泄压值相近时，应在远离热水器的进水管道上再安装一个减压阀。

③ 确保热水器可靠接地，使用的插座必须可靠接地。

④ 所有管道连接好之后，打开进水阀门，打开热水阀，充水，排出空气，直到热水从喷头中流出，表明水已加满。关闭热水阀，检查所有的连接处是否有漏水。如果有漏水，则排空水箱，修好漏水连接处，然后重新给热水器充水。

4.2.7 散热器的安装

散热器（暖气片）属于热水供暖系统中的终端设备，安装于室内，可散发一定的热量，实现提升室内温度的目的。

图 4-28 家庭水暖施工中常见的散热器

如图 4-28 所示，常用的散热器主要有铸铁散热器、钢制柱式散热器、铜铝复合散热器、铝合金散热器、压铸铝散热器等。

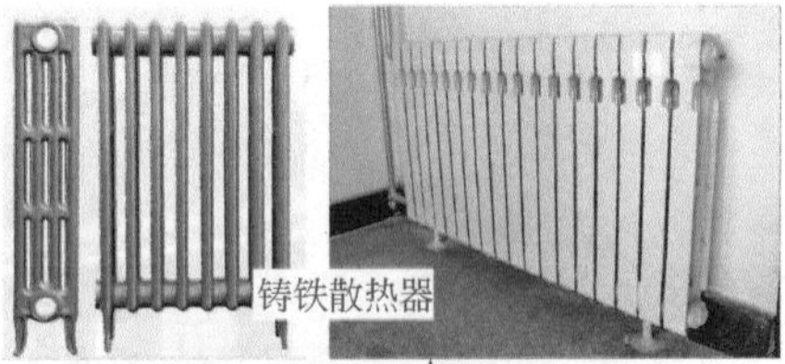

铸铁散热器耐腐蚀性好，但外观设计比较粗糙，散热性能不稳定。早期热水供暖系统中常用，目前已逐年减少，趋于淘汰

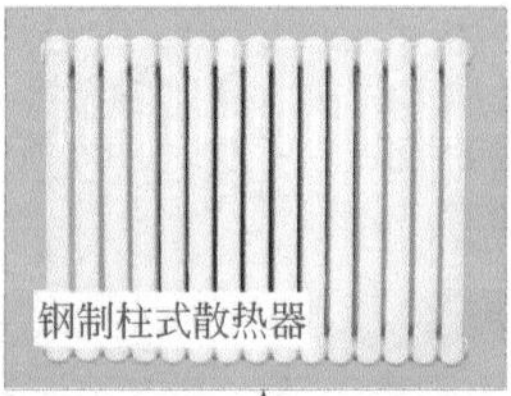

钢制柱式散热器轻便美观，耐高压、抗腐蚀能力强，质量稳定、结构新颖。该散热器的应用范围广泛，高层建筑物中更为适用

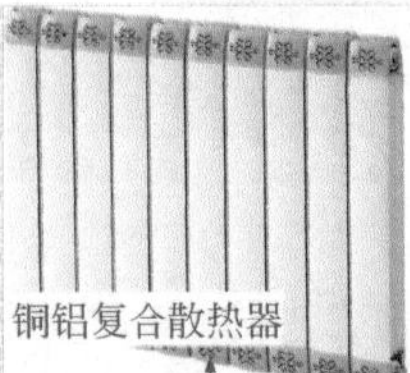

铜铝复合散热器防腐性能高、重量轻、适用性强、升温快、散热好、节能效果明显。该散热器目前应用广泛，前景好

铝合金散热器的重量轻，散热量大，而且气密性也较好。该散热器目前应用非常普遍

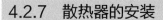

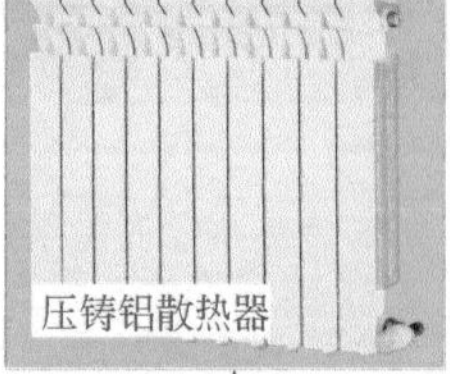

压铸铝散热器的导热性较稳定，外形比较美观，但是该散热器怕碱性腐蚀。目前该散热器的应用也较为普遍

图 4-29 地板盘管散热

如图 4–29 所示，除了采用传统的散热器进行散热外，在很多地区的新建住宅中还采用地板盘管散热，即地暖。它是利用敷设在地板下的盘管散发热量实现温度提升的。

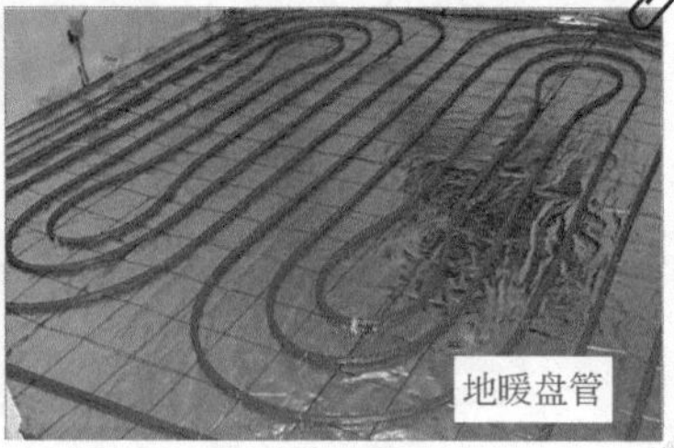

❶ 散热器的安装规则和尺寸

图 4-30 散热器的安装规则和尺寸

如图 4-30 所示，散热器是供暖管路的终端设备。安装散热器一般在墙面抹灰之后进行，安装前，需要明确散热器的尺寸、数量、安装高度及距窗户、门的距离等。

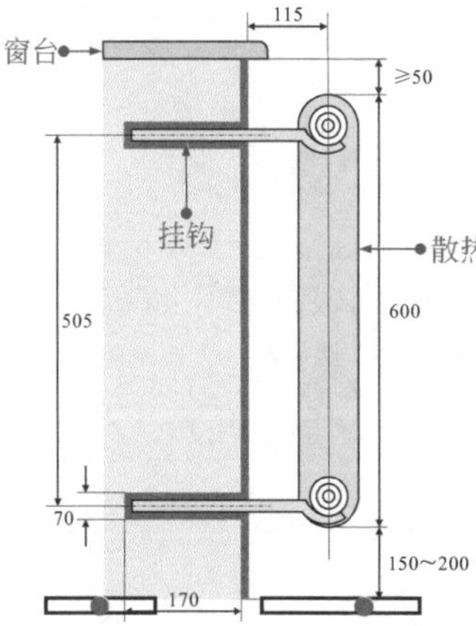

不同尺寸的散热器，根据安装环境及串、并联方式，具体安装要求也会略有差异。需要注意的是，安装散热器时顶端应保持水平，各组散热器应在同一水平线上且垂直于地面

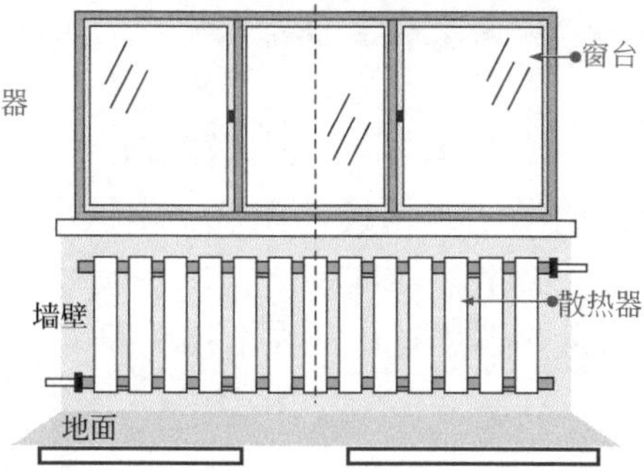

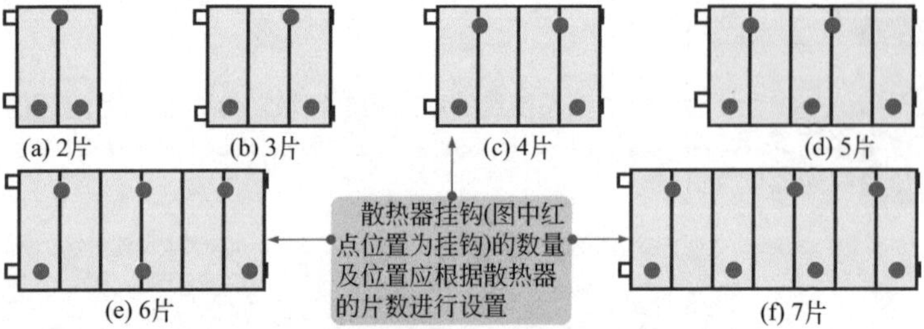
(a) 2片
(b) 3片
(c) 4片
(d) 5片
(e) 6片
(f) 7片
散热器挂钩(图中红点位置为挂钩)的数量及位置应根据散热器的片数进行设置

散热器挂钩的数量及位置要求见表 4–4 所列。

表4–4　各类型散热器对应的挂钩数量及位置要求

类型	每组片数/片	上部挂钩数/个	下部挂钩数/个	总计/个
柱型	3～8	1	2	3
	9～12	1	3	4
	13～16	2	4	6
	17～20	2	5	7
	21～24	2	6	8
扁管、板式	1	2	2	4
串片型	每根长度小于1.4m			2
	长度为1.6～2.4 m，多片串联时挂钩间距不大于1 m			3

2 散热器的安装方法

图 4-31　散热器的安装方法

如图 4-31 所示，散热器的安装操作比较简单。首先，根据前期的规划设计图纸，确认散热器的安装位置，并在墙面上安装散热器固定卡钩（一般可安装三个，呈三角形），最后将散热器悬挂固定在卡钩上即可。

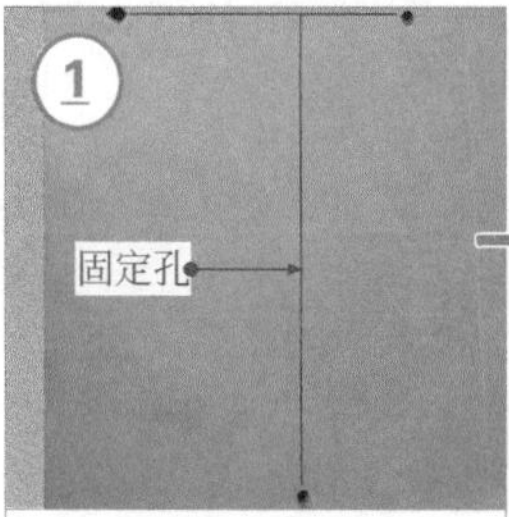

根据散热器的尺寸及片数，在墙上打出挂钩的安装孔。

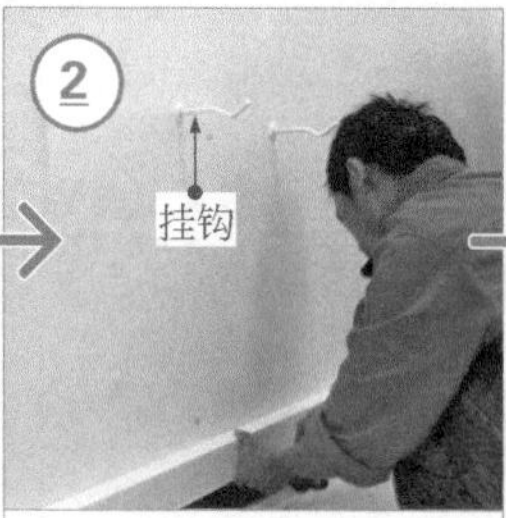

将挂钩放入安装孔中，并且将挂钩固定牢固。

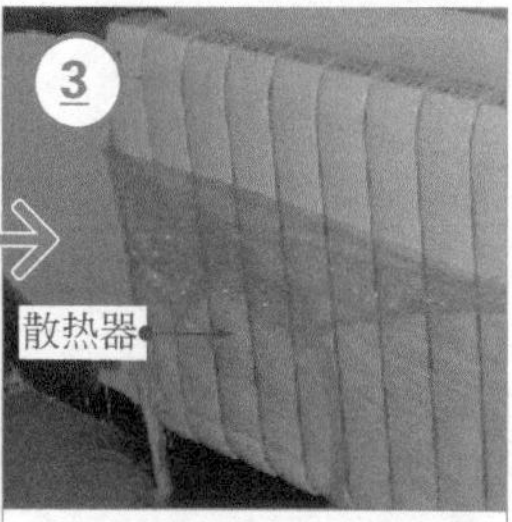

将散热器挂在挂钩上，确保散热器水平，并且取下散热器外面的塑料袋。

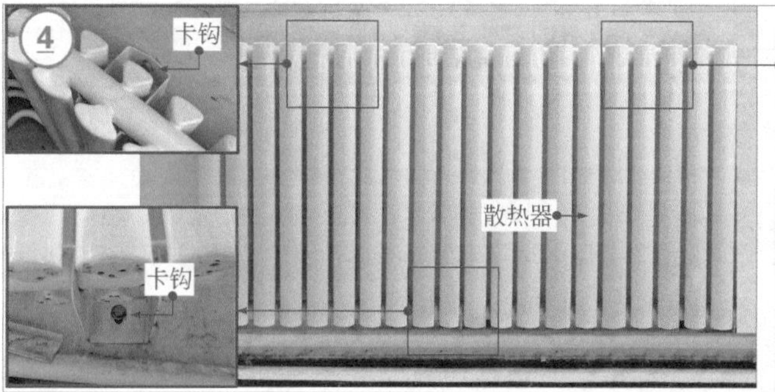

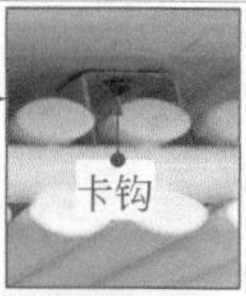

在散热器的上部墙壁上安装卡钩，用于悬挂散热器

在散热器的底部靠中间的墙壁上安装卡钩，用于支撑散热器

第 5 章 家庭电气施工中的线材加工

5.1 电气线材的种类特点

5.1.1 强电线缆

家庭电气施工操作中的强电线缆是指 220V 市电供配电线缆。目前，常用作家庭电气施工中强电线缆的线材主要是不同规格的绝缘导线。

❶ 绝缘导线的特点

图 5-1 家庭电气施工中的绝缘导线

如图 5-1 所示，绝缘导线根据绝缘材料的不同分为塑料绝缘线和橡胶绝缘线两种。其中，塑料绝缘线又可以分为塑料绝缘硬线和塑料绝缘软线。

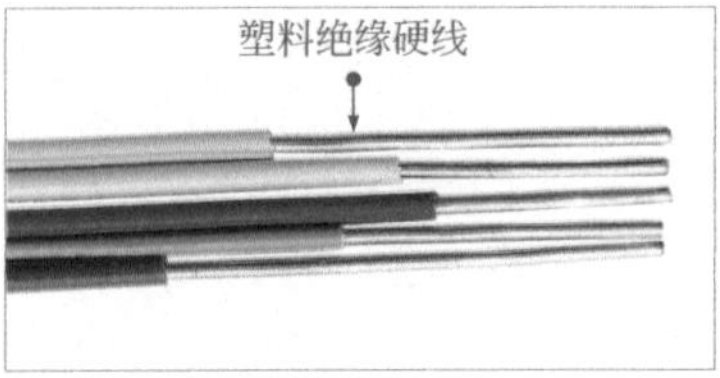

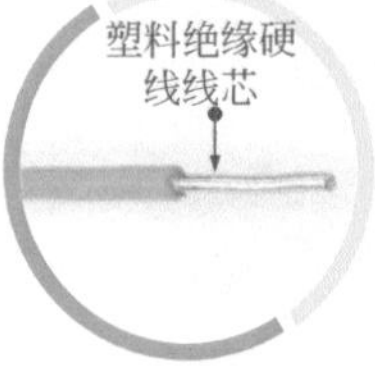

塑料绝缘硬线是家装电气施工中最常用的一种导线。该类线材的外表通常会标有相应的型号标识，具有抗酸碱、耐油、防潮、防霉等特性。

常见线芯的横截面积有 $1.5mm^2$、$2.5mm^2$、$4mm^2$、$6mm^2$

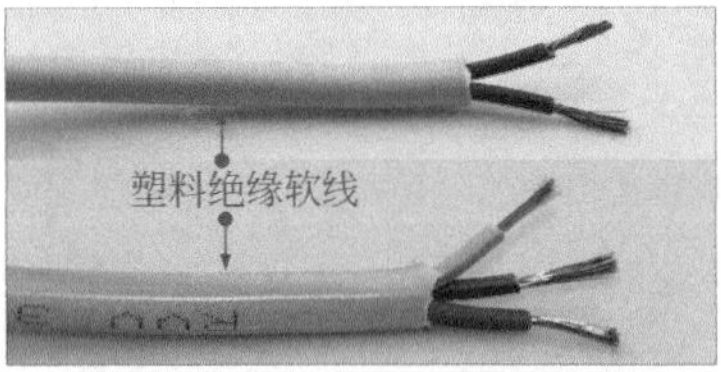
塑料绝缘软线

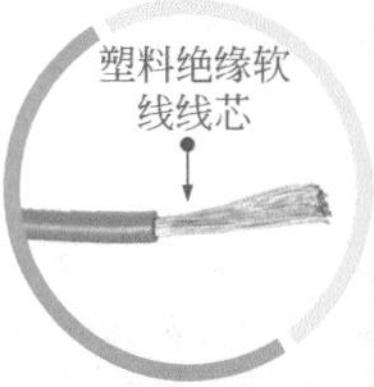
塑料绝缘软
线线芯

塑料绝缘软线本身较为柔软，线芯较多，耐弯曲性较强，多作为电源软接线使用。

该类导线的型号一般以字母“R”开头(R表示软线)。其中，“RVV”，即铜芯塑料绝缘护套软线在家装中应用最多

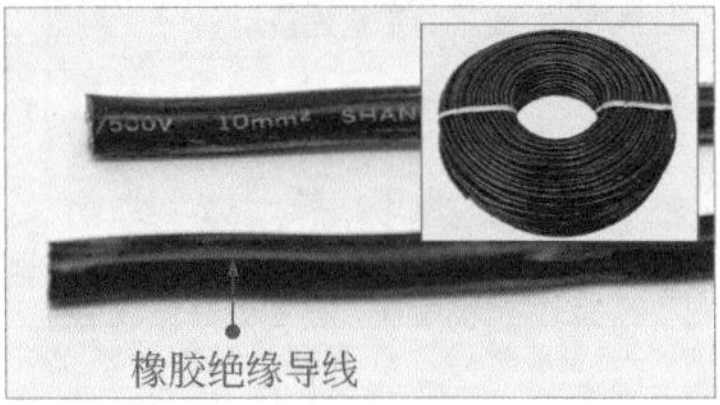
橡胶绝缘导线

橡胶绝缘导线线芯

橡胶绝缘导线主要是由天然丁苯橡胶绝缘层和导线线芯构成的。常见的橡胶绝缘导线大多是较粗的导线，在家庭电气施工中常用于照明装置的固定敷设、移动电气设备的连接等

在家庭电气施工操作中，导线是最基础的供电部分，导线的质量、参数直接影响着室内的供电，了解导线的规格和标识参数十分重要。

图 5-2　绝缘导线的参数标识和规格

如图 5-2 所示，导线的类型可以从规格标识中了解。

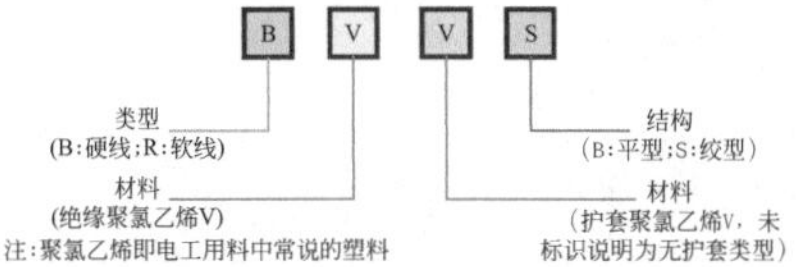
B
V
V
S
类型
(B:硬线;R:软线)
材料
(绝缘聚氯乙烯V)
注:聚氯乙烯即电工用料中常说的塑料
结构
(B:平型;S:绞型)
材料
(护套聚氯乙烯V，未标识说明为无护套类型)

(a)导线材料标准产品型号的标识方法

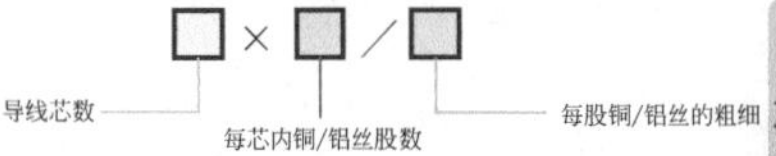
导线芯数
每芯内铜/铝丝股数
每股铜/铝丝的粗细

(b)导线材料标准产品规格标识方法

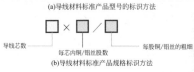

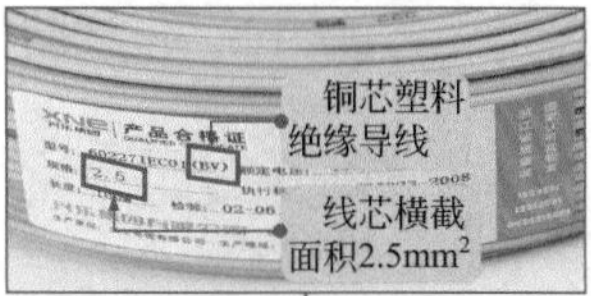
铜芯塑料
绝缘导线
线芯横截
面积2.5mm²

导线的规格可从导线说明标签上标明。

BV2.5：表示铜芯塑料绝缘硬导线，线芯横截面积为2.5mm^2。

BVR1.5：表示铜芯塑料绝缘软导线，线芯横截面积为1.5mm^2。

BVV2×2.5：表示铜芯塑料绝缘护套硬导线，有2个线芯，线芯横截面积为2.5mm^2

常用绝缘导线的标识含义见表 5-1 所列。

表5-1 绝缘导线型号中的标识含义

型号	名称	用途
BV(BLV)	铜芯（铝芯）聚氯乙烯绝缘导线	适用于各种交流、直流电气装置，电工仪器、仪表、电信设备、动力及照明线路固定敷设使用
BVR	铜芯聚氯乙烯绝缘软导线	
BVV（BLVV）	铜芯（铝芯）聚氯乙烯绝缘护套圆形导线	
BVVB（BLVVB）	铜芯（铝芯）聚氯乙烯绝缘护套扁形导线	聚氯乙烯绝缘导线适用于各种交流、直流电气装置，电工仪器、仪表，电信设备，动力及照明线路固定敷设使用，用于各种交流电器、直流电器、家用电器、小型 电动工具、动力及照明装置的连接
RV	铜芯聚氯乙烯绝缘软线	
RVB	铜芯聚氯乙烯绝缘平行软线	
RVS	铜芯聚氯乙烯绝缘绞形软线	
RVV	铜芯聚氯乙烯绝缘护套圆形软线	
RVVB	铜芯聚氯乙烯绝缘护套平行软线	
BX（BLX）	铜芯（铝芯）橡胶导线	用于交流 500 V 及以下或直流 1000 V 及以下的电气设备及照明装置，用于固定敷设，尤其适用于户外
BXR	铜芯橡皮软线	
BXF（BLXF）	铜芯（铝芯）氯丁橡胶导线	
AV（AV-105）	铜芯（铜芯耐热 105℃）聚氯乙烯绝缘安装导线	适用于交流额定电压 300/500 V 及以下的电器、仪表和电子设备及自动化装置
AVR（AVR-105）	铜芯（铜芯耐热 105℃）聚氯乙烯绝缘软导线	
AVRB	铜芯聚氯乙烯安装平形软导线	
AVRS	铜芯聚氯乙烯安装绞形软导线	
AVVR	铜芯聚氯乙烯绝缘聚氯乙烯护套安装软导线	
AVP（AVP-105）	铜芯（铜芯耐热 105℃）聚氯乙烯绝缘屏蔽导线	适用于 300/500 V 及以下的电器、仪表、电子设备及自动化装置
RVP（RVP-105）	铜芯（铜芯耐热 105℃）聚氯乙烯绝缘屏蔽软导线	
RVVP	铜芯聚氯乙烯绝缘屏蔽聚氯乙烯护套软导线	
RVVP1	铜芯聚氯乙烯绝缘缠绕屏蔽聚氯乙烯护套软导线	

❷ 家庭电气施工中绝缘导线规格的计算

在家庭电气施工操作中，应根据使用环境的不同，选用合适横截面积的导线，否则，横截面积过大，将增加有色金属的消耗量；若横截面积过小，则线路在运行过程中，不仅会产生过大的电压损失，还会使导线接头处因过热而引起断路的故障。

图 5-3　绝缘导线规格的计算

如图 5-3 所示，在选用强电线材的横截面积时，可按其允许电压的损失来计算。

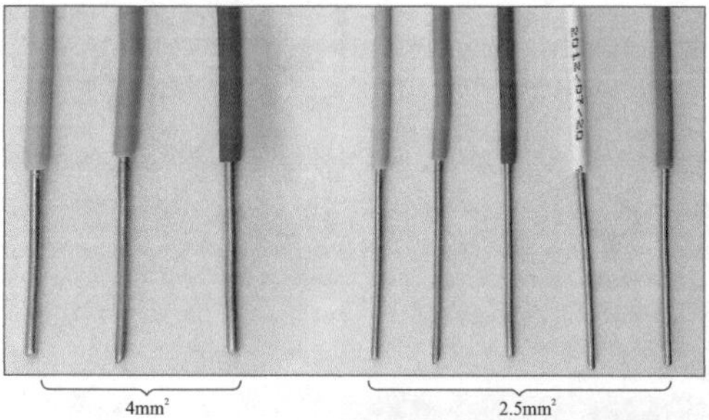

电流通过导线会产生电压损失，各种用电设备都规定了允许电压损失范围。一般规定，端电压与额定电压不得相差±5%，按允许电压损失选择导线横截面积可按下式计算：

$$S=\frac{PL}{\gamma \Delta U_r U_N^2}\times 100$$

式中，S表示导线的横截面积，mm^2；P表示通过线路的有功功率，kW；L表示线路的长度；γ表示导线材料电导率，铜导线为$58\times10^{-6}(1/\Omega\cdot m)$、铝导线为$35\times10^{-6}(1/\Omega\cdot m)$；$\Delta U_r$表示允许电压损失中的电阻分量(%)；$U_N$表示线路的额定电压，kV

5.1.2　弱电线缆

家庭电气施工操作中弱电也是十分重要的部分。其中，弱电线缆是指实现弱电设备连接、信号传输和控制的线缆，如网络线缆、电视线缆、电话线、影音线等，具有电压低、电流小、功率小等特点。

❶ 网络线缆

图 5-4 常见的网络线缆

如图 5-4 所示，网络线是从一个网络设备连接到另外一个网络设备传递信息的介质，是网络的基本构件。常见的网络线有光纤、同轴电缆和双绞线。

双绞线是由许多对线组成的数据传输线，可以分为屏蔽双绞线(STP)和非屏蔽双绞线(UTP)两种。STP双绞线内有一层金属隔离膜，在数据传输时可减少电磁干扰，稳定性较高；UTP双绞线没有金属膜，稳定性较差，价格便宜，应用十分广泛

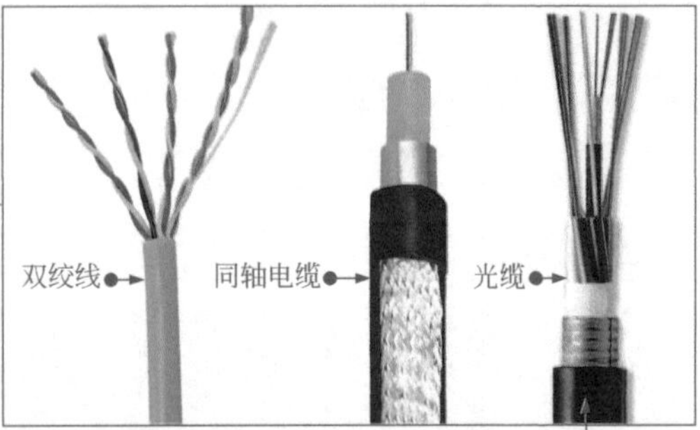

同轴电缆是由一层层的绝缘线包裹着中央铜导体的电缆线，抗干扰能力好，传输数据稳定，价格便宜

光缆由许多根细如发丝的玻璃纤维外加绝缘套组成。由于靠光波传送，因此抗电磁干扰性极好，保密性强，速度快，传输容量大

❷ 电视线缆

图 5-5 常见的电视线缆

同轴电缆由同轴结构的内外导体构成，内导体是单股实心导线，外导体为金属丝网，内外导体之间充有高频绝缘介质，外面包有塑料护套。绝缘介质使内、外导体绝缘且保持轴心重合。

用于传输电视信号同轴电缆的一般型号为SYV75-X（X代表绝缘外径，单位mm，数字越大，线径越粗），常见的有75-3、75-5、75-7、75-9几种。其中，普通用户电视线缆选用SYV75-5型，对视频信号可以无中继传输300~500m

如图 5-5 所示，电视线缆又称馈线，大多采用同轴电缆。该线缆频率损失、图像失真和图像衰减幅度较小，能很好地完成视频信号的传送。

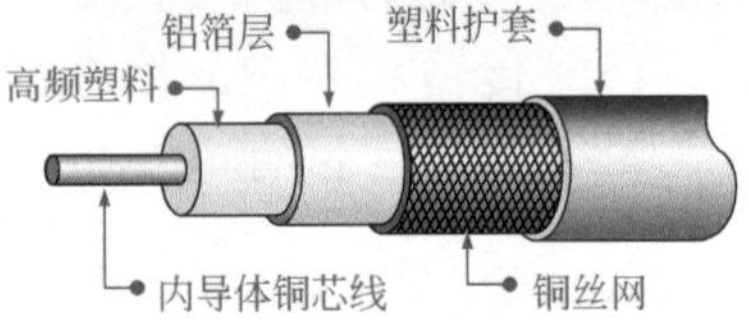

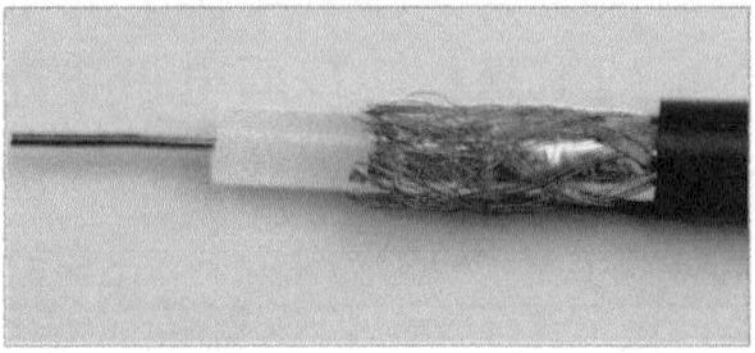

③ 电话线

图 5-6　常见的电话线

如图 5-6 所示，电话线是家用电话座机和传真机的线材，主要由铜芯和绝缘外层构成。常见有 2 芯、4 芯电话线。

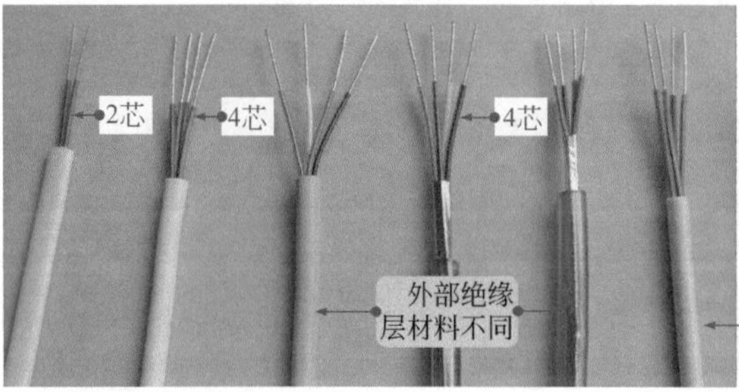

一般情况下，家装电话线采用2芯电话线即可。若要安装可视电话或智能电话、连接传真机或电脑拨号上网等，最好选用4线芯的电话线，以满足正常的工作需要

④ 影音线

图 5-7　常见的影音线

如图 5-7 所示，影音线主要包括音频线和视频线两种。

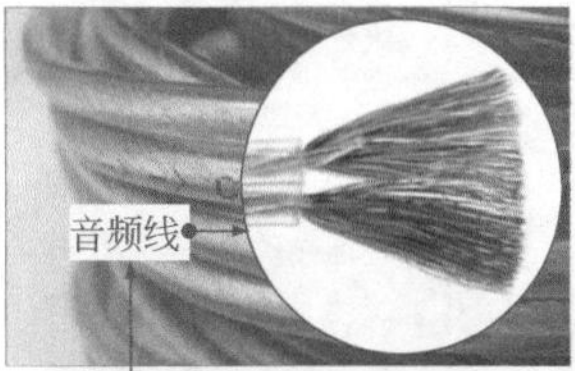

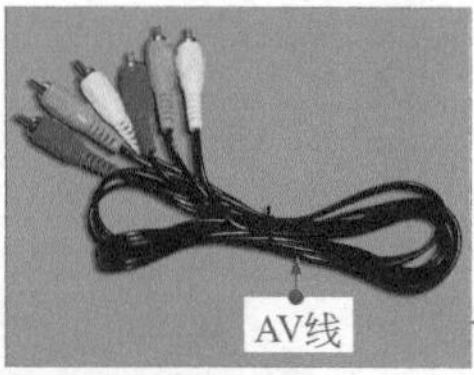

音频线是用来连接音源设备和功率放大器(功放)的线材，可根据音源设备的功率选用线芯数不同的音频线。一般情况下，微小型音箱(功率为5～10W)选用50芯音频线；小型多媒体音箱(功率为10～30W)选用100芯音频线；标准音箱(功率为30～300W)选用200芯音频线；具有低音功能的高级音箱(功率为100～1000W)选用300芯音频线

视频线主要用来传输视频信号，连接媒体播放设备及显示设备，根据接口的类型不同，可以分为AV线、S端子线、VGA线、DVI线及HDMI线等

5.2 常用的电气部件

5.2.1 电能表

电能表是一种电能计量仪表，主要用于测算或计量电路中电源输出或用电设备（负载）所消耗的电能。

图 5-8 家庭电气施工中的电能表

如图 5-8 所示，电能表种类多样，不同的结构原理，不同的应用目的，不同的使用环境，电度表的功能特点也不相同。在家庭电气施工中，常用的电能表多为单相电能表，目前以电子预付费式单相电能表最为普遍。

电子预付费式单相电能表

普通电子式单相电能表

图 5-9　电能表的接线关系

如图 5-9 所示，单相电度表共有 4 个接线桩头，从左到右按 1、2、3、4 编号。接线时，号码 1、3 接进线，2、4 接出线。

电能表用以测算和计量家庭的用电情况，不仅便于家庭合理计算用电量，而且为地区整体核算并制定用电规划提供重要依据。

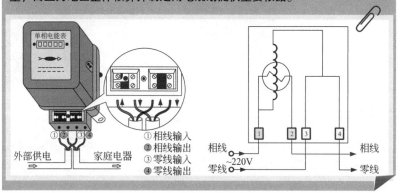

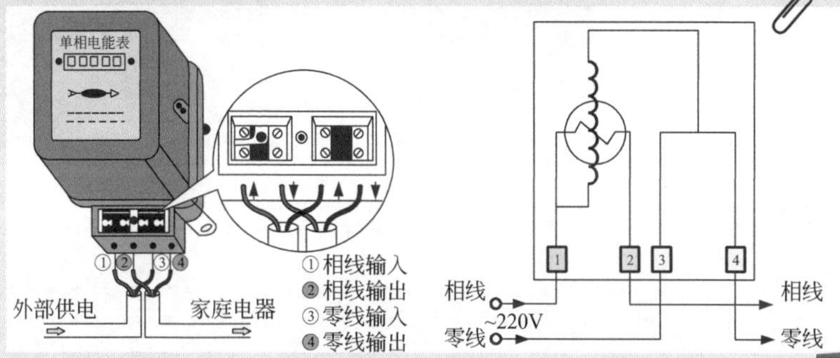

5.2.2　漏电保护器

图 5-10　家庭电气施工中的漏电保护器

如图 5-10 所示，漏电保护器实际上是一种具有漏电保护功能的断路器，也称带漏电保护功能的断路器，是配电（照明）等线路中的基本组成部件，具有漏电、触电、过载、短路的保护功能，对防止触电伤亡事故的发生、避免因漏电而引起的火灾事故具有明显的效果。

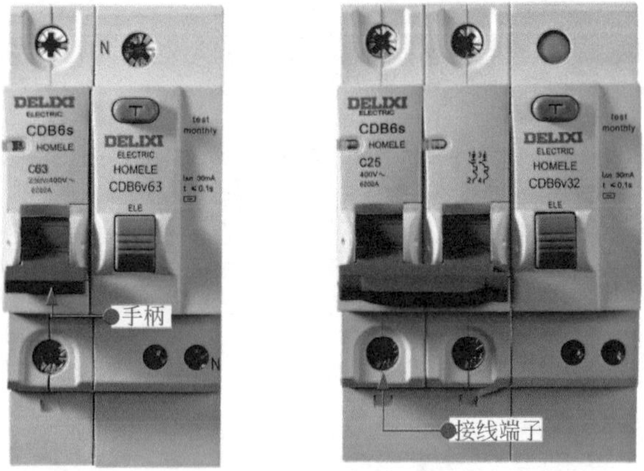

图 5-11 漏电保护器的保护功能示意图

如图 5–11 所示，漏电保护器检测元件的输出端与漏电脱扣器相连接。被保护电路工作正常、没有发生漏电的情况下，通过零序电流互感器的电流向量和等于零，这样漏电检测装置的输出端无输出，漏电保护器不动作，系统保持正常供电。

当被保护电路发生漏电或有人触电时，由于漏电电流使供电电流大于返回电流，通过漏电检测装置的两路电流向量和不等于零，在漏电保护器的铁芯中出现了交变磁通。在交变磁通的作用下，检测元件的输出端就有感应电流产生，当达到额定值时，脱扣器驱动断路器自动跳闸，切断故障电路，从而实现保护。

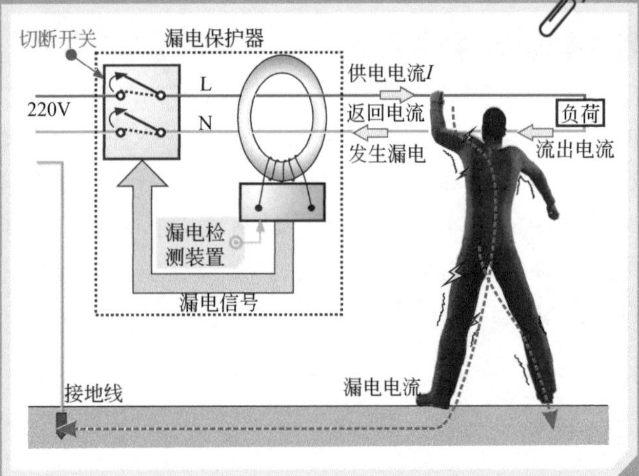

5.2.3 空气断路器

图 5-12 家庭电气施工中的空气断路器

如图 5-12 所示，空气断路器又称自动空气开关，俗称空开，是一种既可以通过手动控制，也可自动控制的低压开关，主要用于接通或切断供电线路。

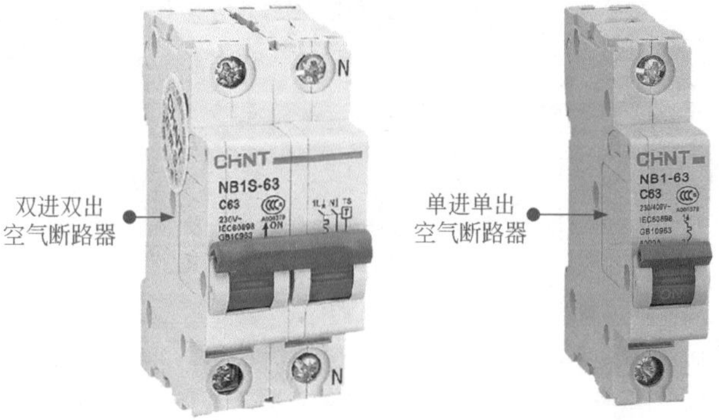

图 5-13 空气断路器的参数标识

如图 5-13 所示，空气断路器的类型、规格参数标识在空气断路器的外壳上。

DZ47：型号标识。

DZ47
- 设计序号
- 类型：W-万能式断路器；WX-万能式限流型断路器；Z-塑料外壳式断路器；ZX-塑料外壳式限流断路器；ZL-漏电保护式断路器；SL-快速断路器；M-灭磁断路器（开关）
- 产品：D-断路器

C16：应用场合及额定电流标识，C表示照明保护型（D表示动力保护型），16表示在规定条件下，断路器内脱口器处所允许长期流过的工作电流为16A。

230V/400V：额定电压标识，表示额定电压为230～400V。

50Hz/60Hz：额定频率标识，表示额定频率为50～60Hz。

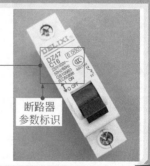

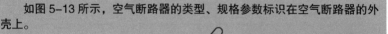

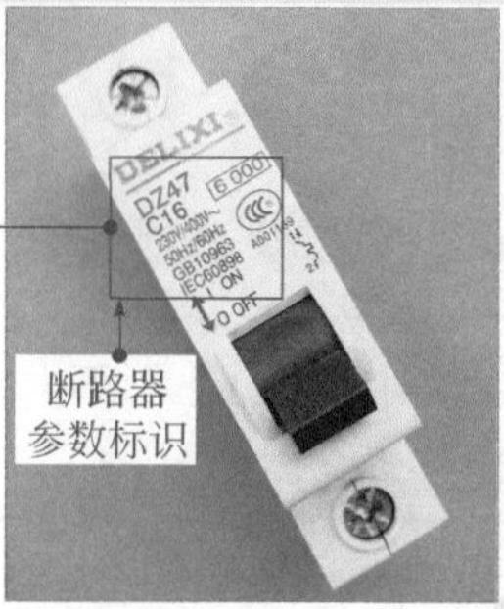

5.2.4 控制开关

图 5-14 家庭电气施工中常用的控制开关

如图 5-14 所示，家庭电气施工中常用的控制开关主要是指用于照明线路中的灯控开关。

根据功能的不同，可以分为控制开关和功能开关两种；根据控制开关内部结构的不同，可以分为单开关和多开关两种。

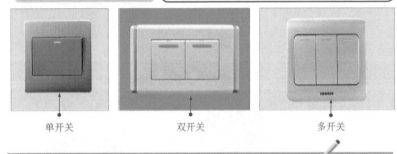

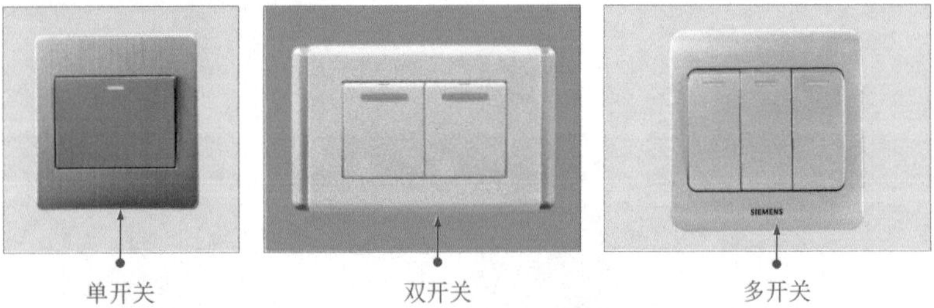

5.2.5 插座

插座是为一些电器产品或设备提供电源或信号的连接部件，在家装电工中常用到的插座主要可分为强电插座和弱电插座两大类。

❶ 强电插座

图 5-15 家庭电气施工中常用的强电插座

如图 5-15 所示，强电插座通常是指电源插座，主要是为用电设备提供交流 220V 的市电电压。

三孔电源插座　五孔电源插座　五孔带开关电源插座　多孔插座

❷ 弱电插座

图 5-16　家庭电气施工中常用的弱电插座

如图 5-16 所示，弱电插座通常是指网络插座、有线电视插座、电话插座和音响插座，功能较为专一，专门用于连接特定的设备，不可以与其他插座混合使用。

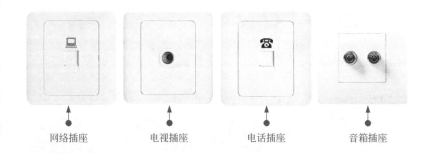

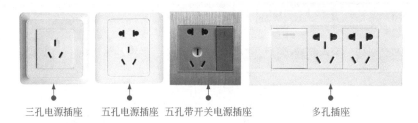

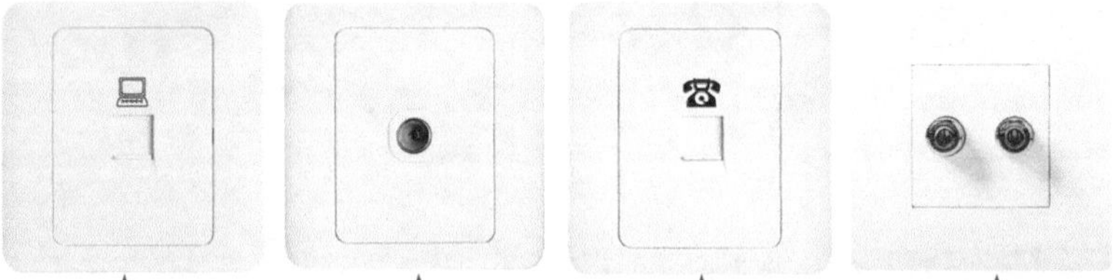

网络插座　电视插座　电话插座　音箱插座

5.3 电气线材的加工连接

5.3.1 绝缘层的剥削

绝缘层的剥削是指将导线最外层的绝缘层去除，露出中心的导电线芯，以便与另一根导线或接线端子连接。

❶ 硬导线绝缘层的剥削

图 5-17 硬导线绝缘层的剥削方法

图 5-17 为硬导线绝缘层的剥削方法。

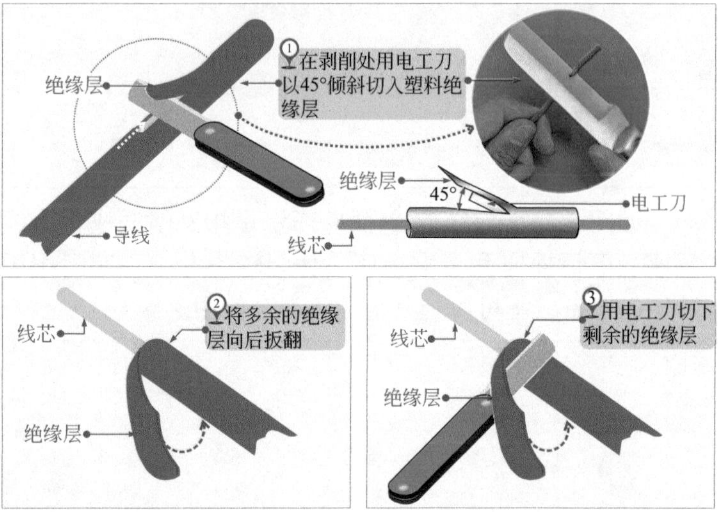

图 5-18 导线绝缘层的其他剥削方法

如图 5-18 所示，线径较小的绝缘导线（线径小于 2.25mm）可借助钢丝钳刀口力量去除绝缘层；线径稍大的绝缘导线除可借助电工刀外，还可借助剥线钳剥削绝缘层。

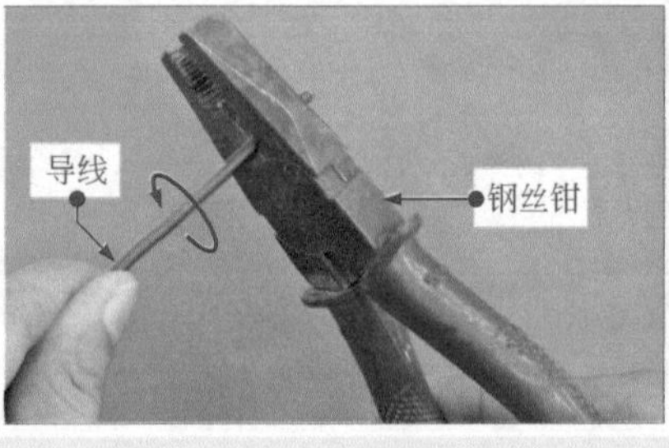

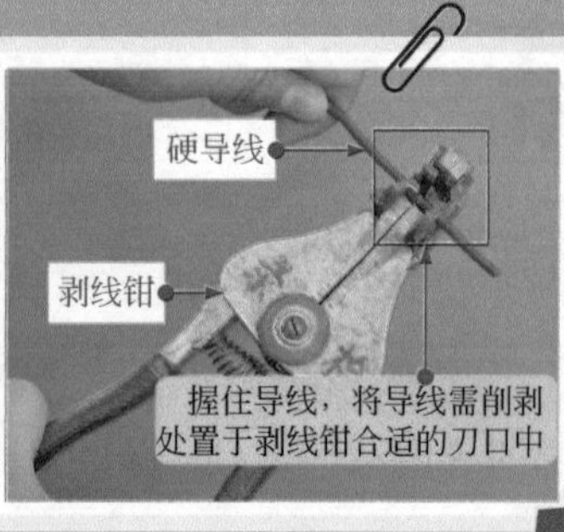

图 5-19 硬导线的封端处理

如图 5-19 所示，硬导线绝缘层的剥削完成后，若需要与接线端子连接，还需进行封端处理，即将去除绝缘层的线芯部分加工成特定的形状，以便连接。

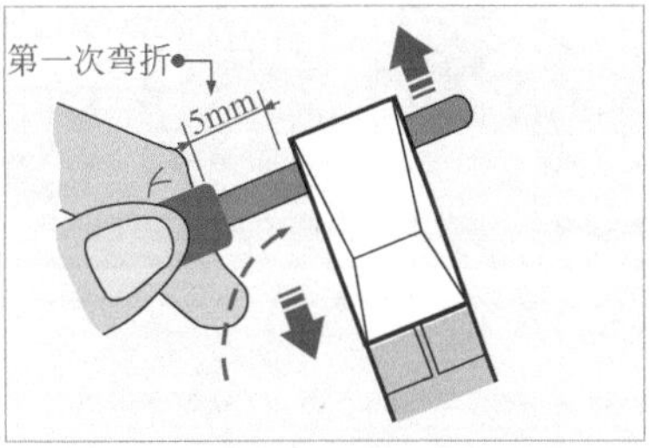

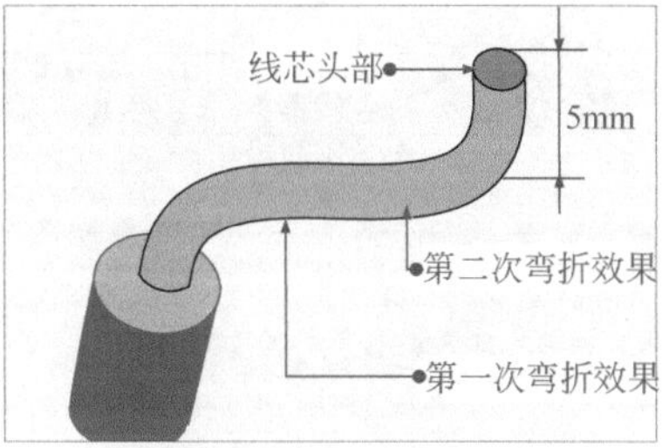

①用左手握住导线的一端，右手持钢丝钳在距绝缘层5mm处将硬导线线芯弯成直角，注意不要损伤线芯

②用钢丝钳在距线芯头部5mm处将线芯头部弯折成直角，弯折方向与之前弯折的方向相反

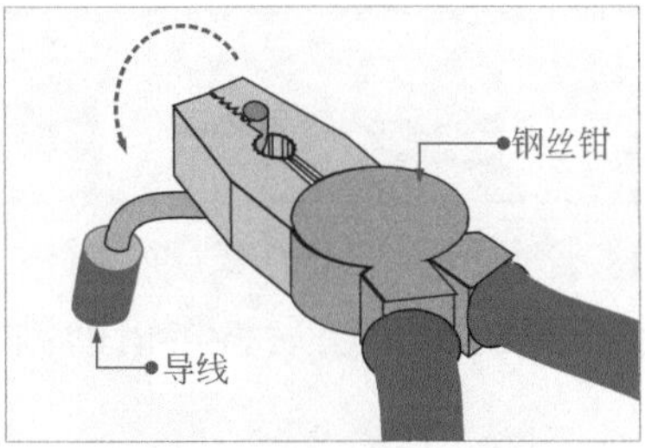

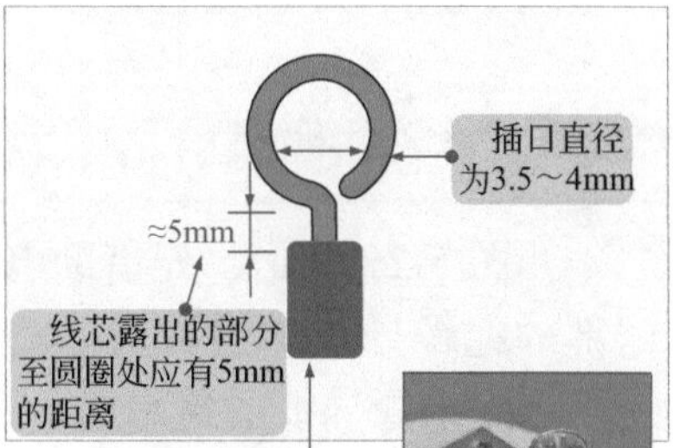

③使用钢丝钳钳住线芯头部弯曲的部分朝最初弯曲的方向扭动，使线芯弯曲成圆形

④加工形成圆圈形状，将多余的线芯剪掉

图 5-20 导线封端合格与不合格情况

硬导线封端操作中，应当注意连接环弯压质量，若尺寸不规范或弯压不规范，都会影响接线质量，在实际操作过程中，若出现不合规范的封端时，需要剪掉，重新加工，如图 5-20 所示。

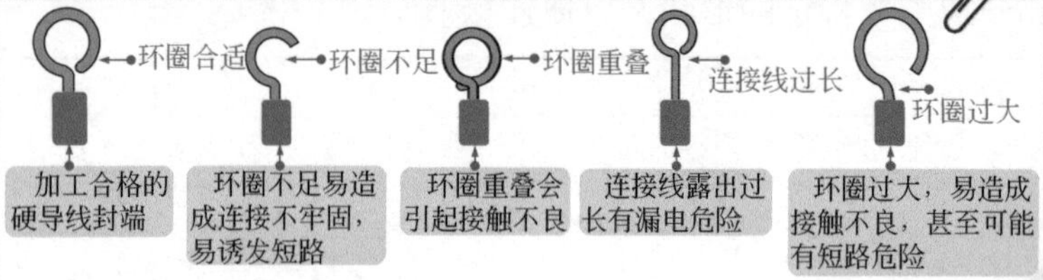
环圈合适
环圈不足
环圈重叠
连接线过长
环圈过大
加工合格的硬导线封端
环圈不足易造成连接不牢固，易诱发短路
环圈重叠会引起接触不良
连接线露出过长有漏电危险
环圈过大，易造成接触不良，甚至可能有短路危险

❷ 软导线绝缘层的剥削

家庭电气施工操作中常见的软导线多为护套绝缘导线。该类线缆加工时，需要先将护套层剥削，再剥削里层导线的绝缘层。

图 5-21 软导线绝缘层的剥削

如图 5-21 所示，先借助电工刀剖开导线的护套层，露出内部的绝缘导线，然后切掉一定长度的护套层后，再借助剥线钳剥除绝缘导线的绝缘层。

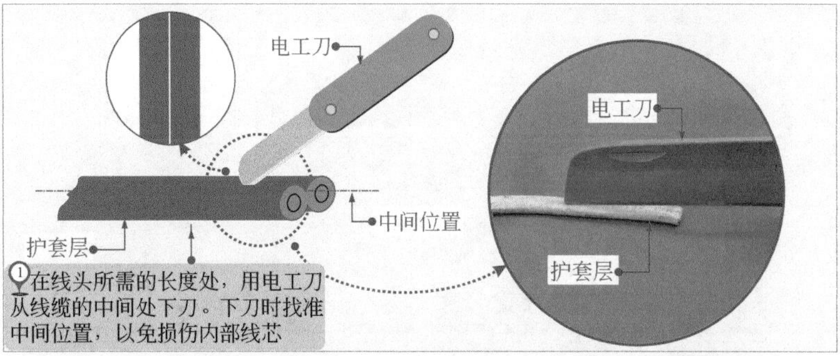
电工刀
电工刀
中间位置
护套层
护套层
①在线头所需的长度处，用电工刀从线缆的中间处下刀。下刀时找准中间位置，以免损伤内部线芯

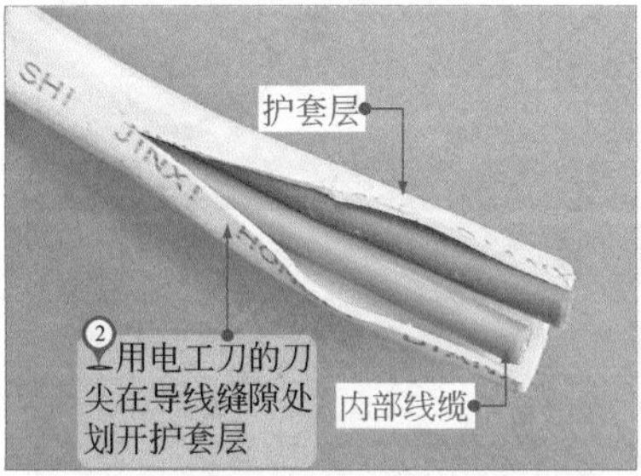
护套层
②用电工刀的刀尖在导线缝隙处划开护套层
内部线缆

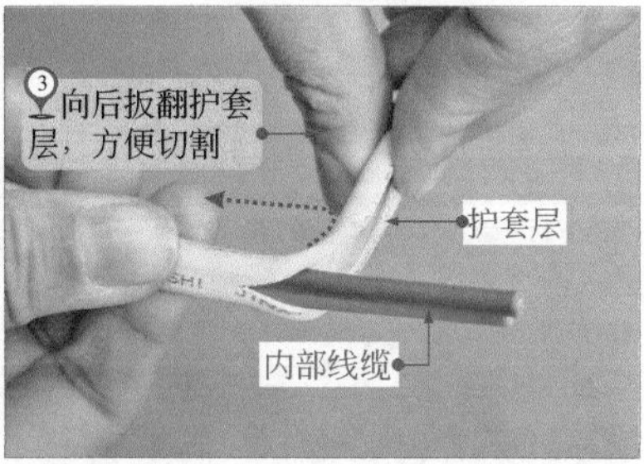
③向后扳翻护套层，方便切割
护套层
内部线缆

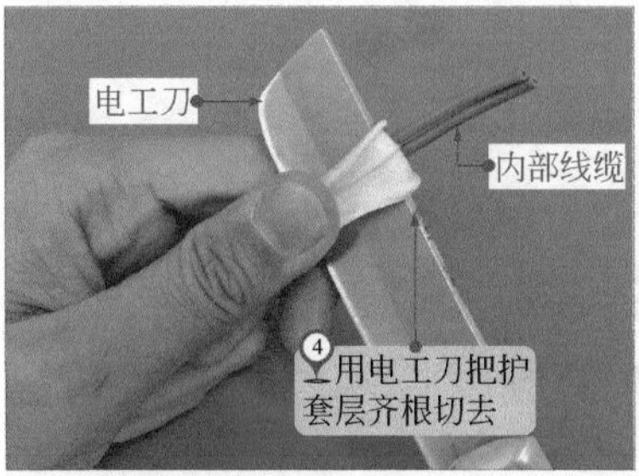
电工刀
内部线缆
④用电工刀把护套层齐根切去

使用电工刀剥削塑料护套线缆护套层时，切忌从线缆的一侧下刀，否则会导致内部的线缆损坏。

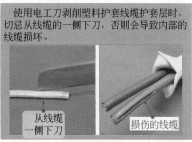

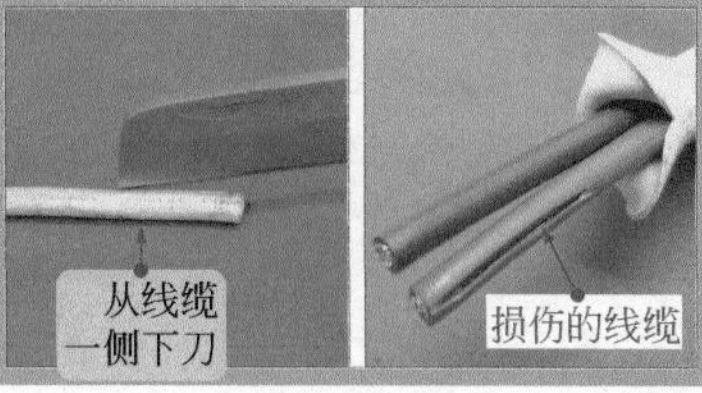
从线缆一侧下刀
损伤的线缆

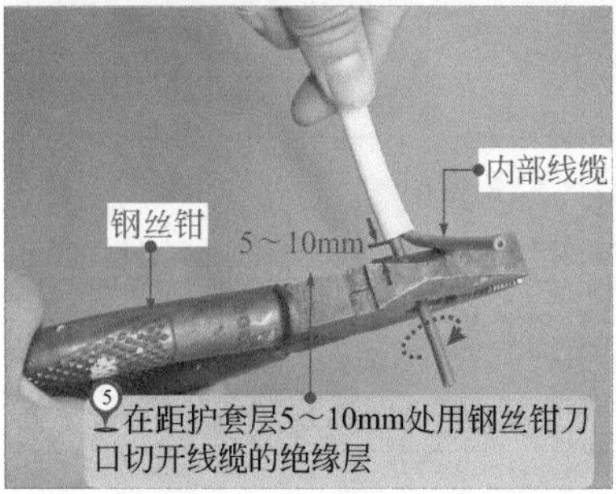
内部线缆
钢丝钳
5～10mm
⑤在距护套层5～10mm处用钢丝钳刀口切开线缆的绝缘层

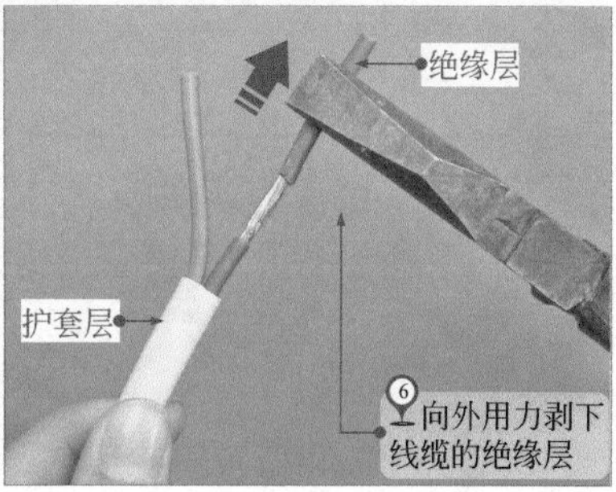
绝缘层
护套层
⑥向外用力剥下线缆的绝缘层

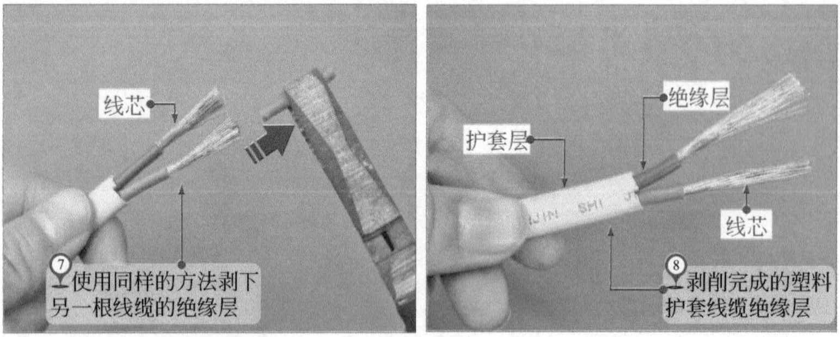
线芯
⑦使用同样的方法剥下另一根线缆的绝缘层
绝缘层
护套层
线芯
⑧剥削完成的塑料护套线缆绝缘层

图 5-22 使用剥线钳剥削内部线缆

塑料护套线缆的绝缘层也可采用剥线钳剥削，剥削方法与塑料软导线绝缘层的剥削方法相同，如图 5-22 所示。

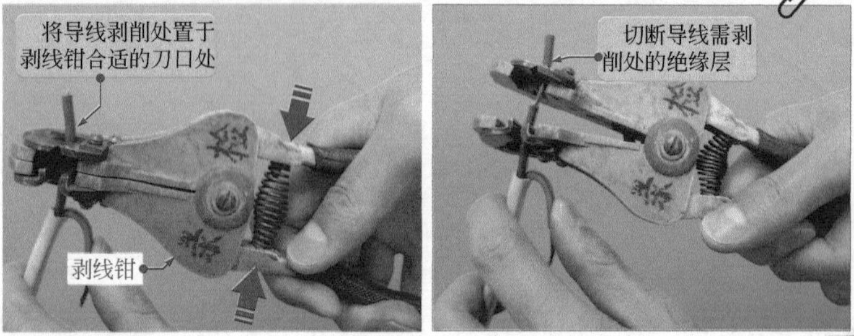
将导线剥削处置于剥线钳合适的刀口处
剥线钳
切断导线需剥削处的绝缘层

5.3.2 导线的连接

在家庭电气线缆连接操作中，导线的种类不同、应用环境不同，所采用的连接方式也不同。目前，常用的导线连接方式主要有并头连接、X 形连接、T 形连接、线夹连接器连接等。

❶ 导线的并头连接

并头连接是指将需要连接的导线线芯部分并排摆放，然后用其中一根导线线芯绕接在其余线芯上的一种连接方法。在家庭电气施工操作中，照明控制开关中零线的连接、电源插座内同相导线的连接等多采用并头连接。

图 5-23　两根塑料硬导线的并头连接

图 5-23 为两根塑料硬导线的并头连接方法。

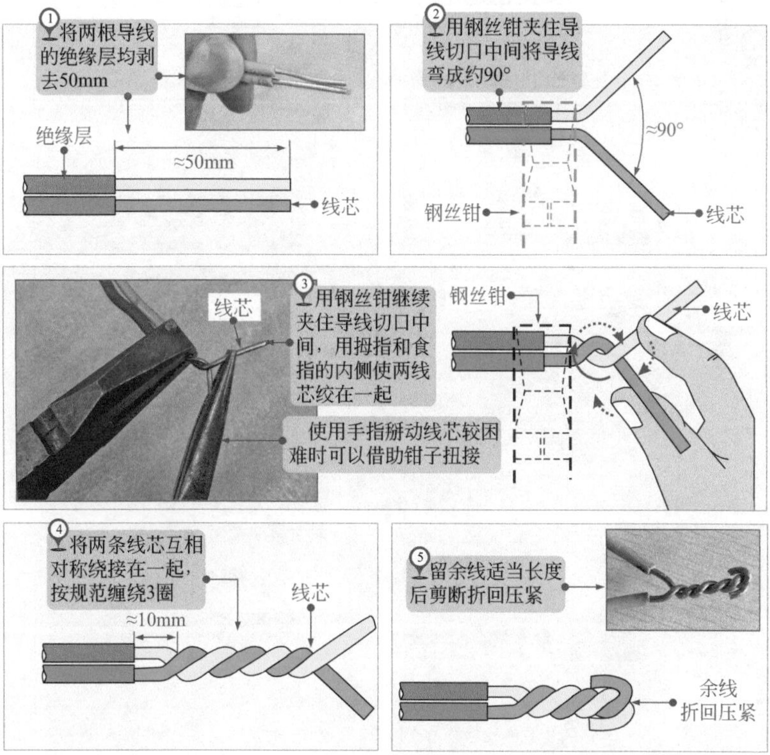

①将两根导线的绝缘层均剥去50mm
绝缘层
≈50mm
线芯
②用钢丝钳夹住导线切口中间将导线弯成约90°
≈90°
钢丝钳
线芯
线芯
③用钢丝钳继续夹住导线切口中间，用拇指和食指的内侧使两线芯绞在一起
钢丝钳
线芯
使用手指掰动线芯较困难时可以借助钳子扭接
④将两条线芯互相对称绕接在一起，按规范缠绕3圈
≈10mm
线芯
⑤留余线适当长度后剪断折回压紧
余线折回压紧

图 5-24 三根及以上塑料硬导线的并头连接

如图 5-24 所示，三根及以上导线并头连接时，将连接导线绝缘层并齐合拢，在距离绝缘层约 15mm 处，将其中的一根线芯（绕线线芯剥除绝缘层长度是被缠绕线芯的 3 倍以上）缠绕其他线芯至少 5 圈后剪断，把其他线芯的余头并齐折回压紧在缠绕线上。

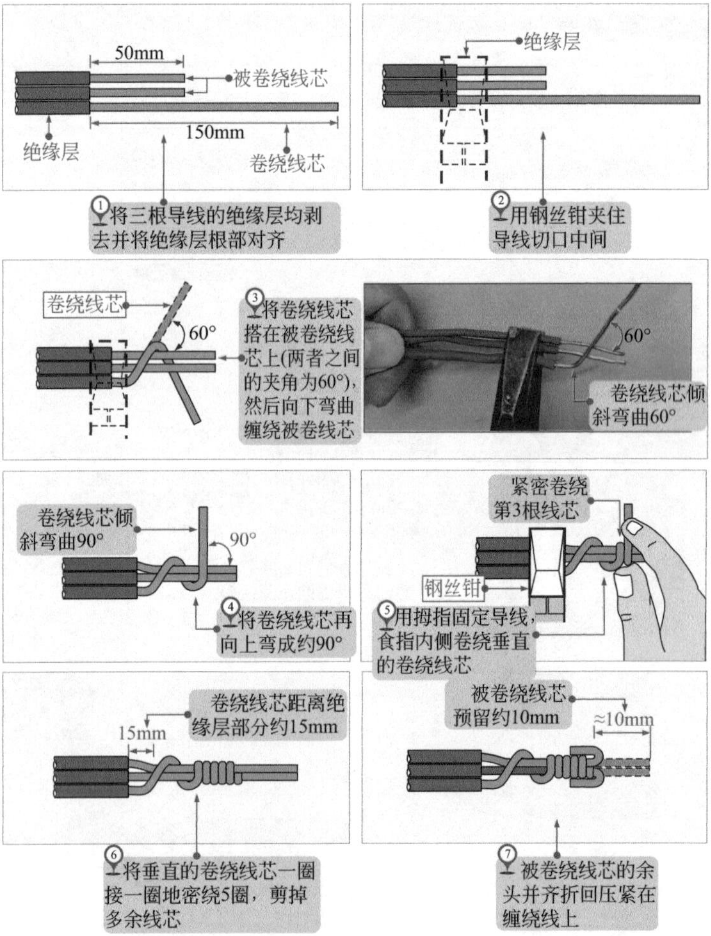

图 5-25　三根导线并头连接的实际效果

如图 5-25 所示，《建筑电气工程施工质量验收规范》(GB 50303-2015) 中规定，导线连接时，铜与铜连接，在室外或者高温且潮湿的室内连接时，搭接面要搪锡，在干燥的室内可不搪锡。所有接头相互缠绕必须在 5 圈以上，保证连接紧密，连接后接头处需要进行绝缘处理。

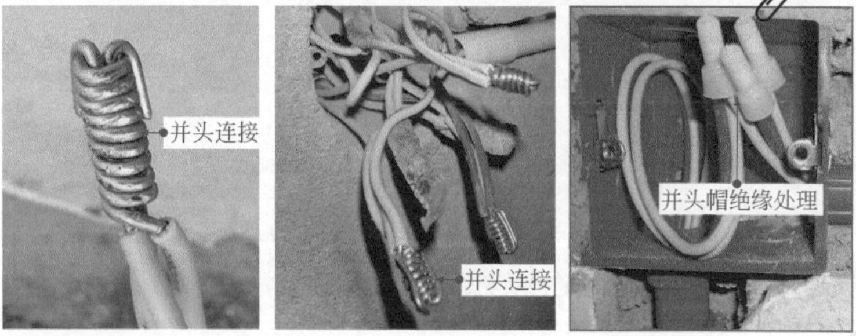
并头连接
并头连接
并头帽绝缘处理

❷ 导线的X形连接

图 5-26　导线的 X 形连接

如图 5-26 所示，连接两根横截面积较小的单股铜芯硬导线可采用 X 形连接（绞接）方法。

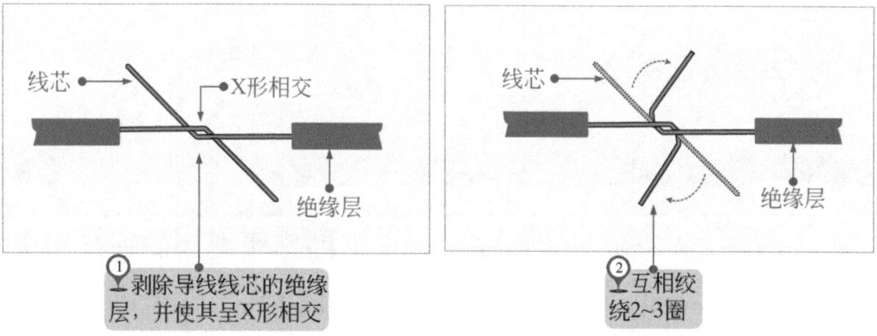
线芯
X形相交
绝缘层
①剥除导线线芯的绝缘层，并使其呈X形相交
线芯
绝缘层
②互相绞绕2~3圈

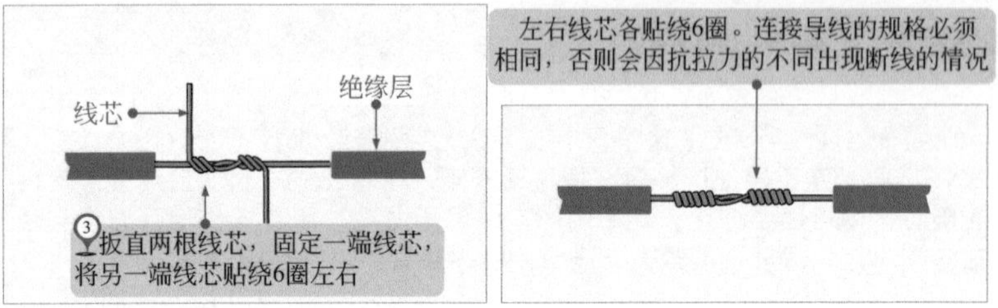
线芯
绝缘层
③扳直两根线芯，固定一端线芯，将另一端线芯贴绕6圈左右
左右线芯各贴绕6圈。连接导线的规格必须相同，否则会因抗拉力的不同出现断线的情况

③ 导线的T形连接

图 5-27 导线的 T 形连接

如图 5-27 所示，将一根塑料硬导线作为支路与一根主路塑料硬导线连接时，通常采用 T 形连接方法。

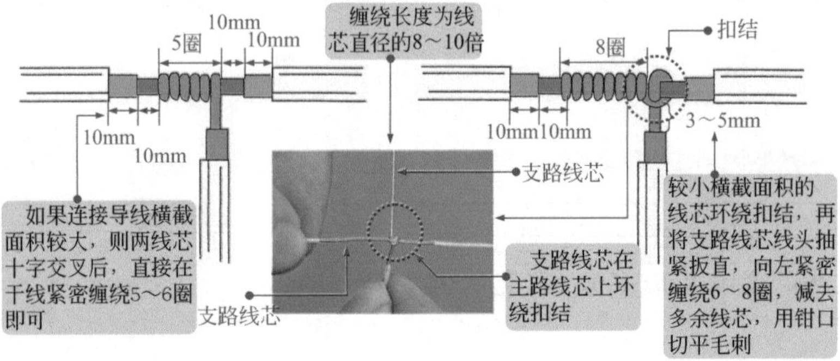
10mm
5圈
10mm
10mm
10mm
如果连接导线横截面积较大，则两线芯十字交叉后，直接在干线紧密缠绕5～6圈即可
缠绕长度为线芯直径的8～10倍
支路线芯
支路线芯
支路线芯在主路线芯上环绕扣结
8圈
扣结
3～5mm
10mm10mm
较小横截面积的线芯环绕扣结，再将支路线芯线头抽紧扳直，向左紧密缠绕6～8圈，减去多余线芯，用钳口切平毛刺

④ 导线的线夹连接

图 5-28 导线的线夹连接

如图 5-28 所示，线夹连接是指借助导线专用的连接线夹连接导线。目前，在家庭电气施工操作中常用线夹连接硬导线，操作简单，安装牢固可靠。

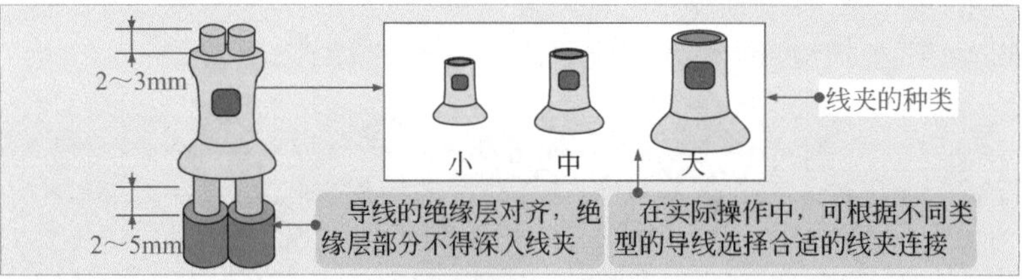
2～3mm
2～5mm
小
中
大
线夹的种类
导线的绝缘层对齐，绝缘层部分不得深入线夹
在实际操作中，可根据不同类型的导线选择合适的线夹连接

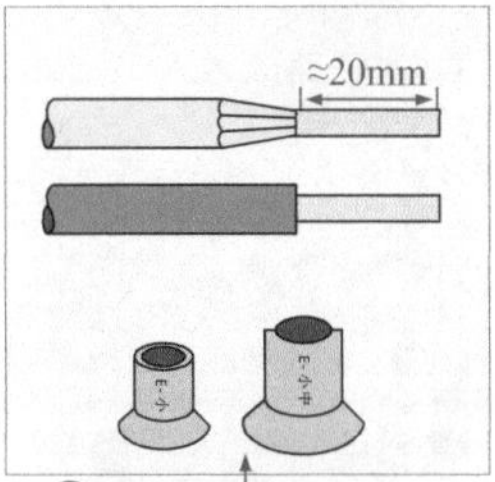

①剥去硬导线的绝缘层约20mm，根据导线直径选择线夹型号

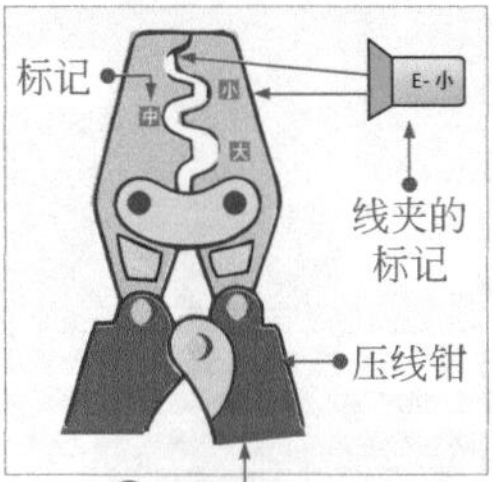
标记
E-小
线夹的标记
压线钳

②根据硬导线线径，选择压线钳压接的位置

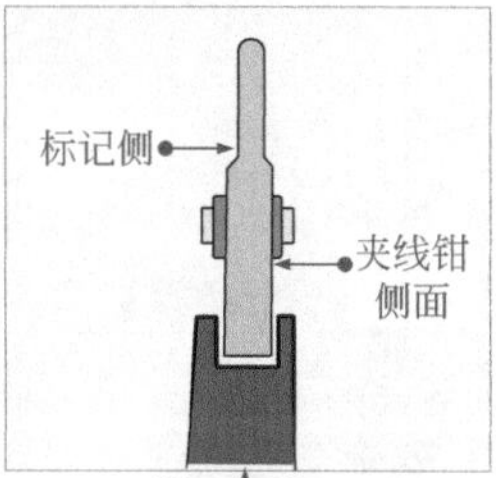
标记侧
夹线钳侧面

③确认线夹放入的位置

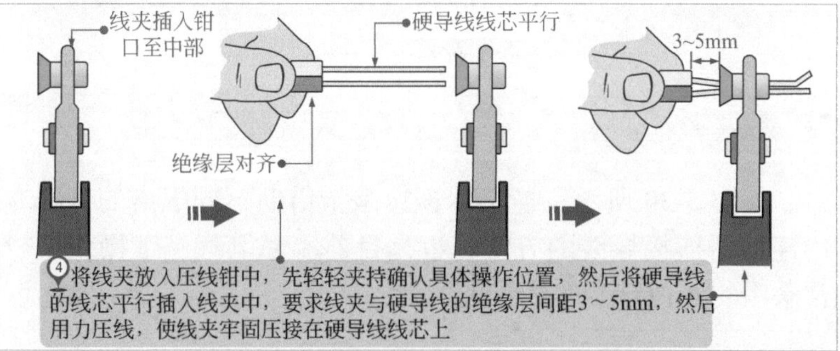
线夹插入钳口至中部
硬导线线芯平行
3~5mm
绝缘层对齐

④将线夹放入压线钳中，先轻轻夹持确认具体操作位置，然后将硬导线的线芯平行插入线夹中，要求线夹与硬导线的绝缘层间距3～5mm，然后用力压线，使线夹牢固压接在硬导线线芯上

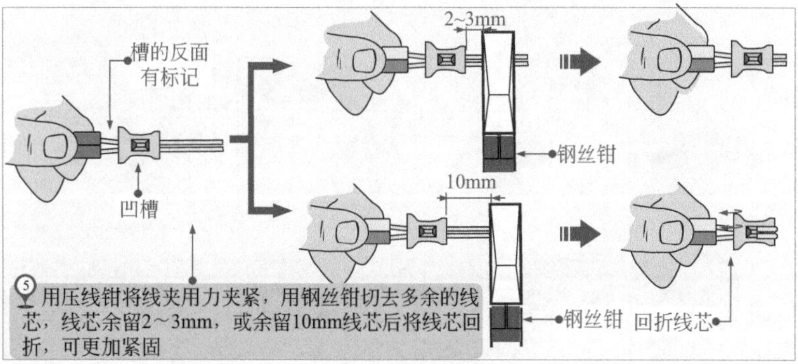
槽的反面有标记
凹槽
2~3mm
钢丝钳
10mm
钢丝钳
回折线芯

⑤用压线钳将线夹用力夹紧，用钢丝钳切去多余的线芯，线芯余留2～3mm，或余留10mm线芯后将线芯回折，可更加紧固

图 5-29 不合格线夹的连接情况

如图 5-29 所示，在实际的导线连接操作过程中，只有各个操作步骤规范才能保证线头的连接质量。若连接时线夹连接不规范、不合格，则需要剪掉线夹重新连接，以免因连接不良出现导线接触不良、漏电等情况。

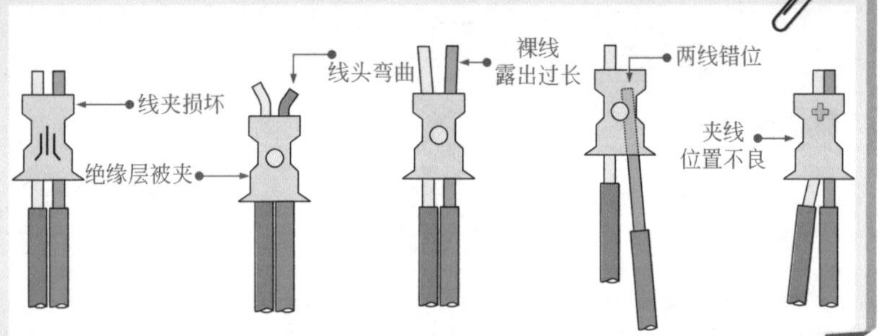

5 导线的连接器连接

图 5-30 导线的连接器连接

如图 5-30 所示，连接器连接是指借助不同规格的导线专用连接器连接导线的方法，也是目前家庭电气施工操作中较常采用的一种导线连接方法。

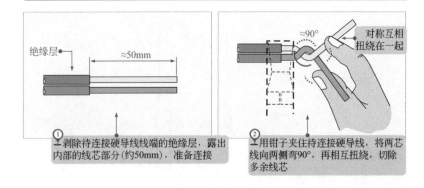

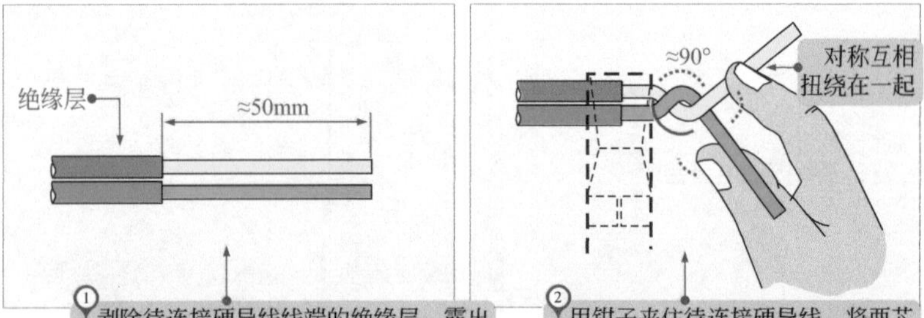

① 剥除待连接硬导线线端的绝缘层，露出内部的线芯部分(约50mm)，准备连接

② 用钳子夹住待连接硬导线，将两芯线向两侧弯90°，再相互扭绕，切除多余线芯

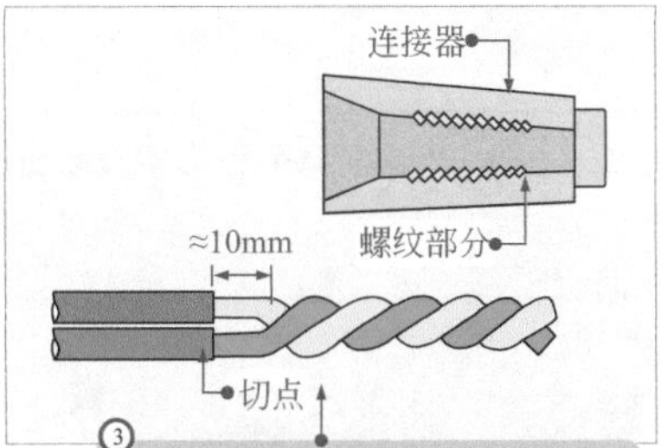

③ 扭接好的线芯长度应小于连接器的长度，将多余的线芯剪掉

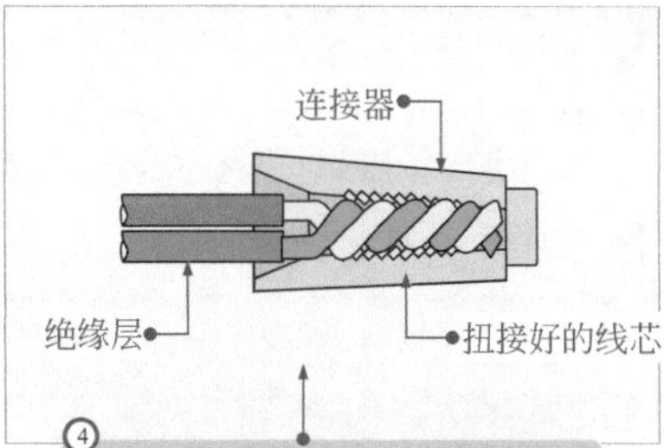

④ 将处理好的绞线旋入连接器内，使连接器内的螺纹方向与绞线的绞接方向一致，确保无线芯露出连接器

图 5-31　不合格连接器的连接情况

使用连接器连接硬导线时，连接完成后，必须检查硬导线与连接器内螺纹是否扣合，若导线连接不合格，则需要剪断线芯，重新连接。

例如，使用连接器连接导线线芯部分不能裸露太多、线芯绕向与连接器内部螺纹方向必须一致等，避免影响电气连接性能。图 5-31 为不合格连接器的连接情况。

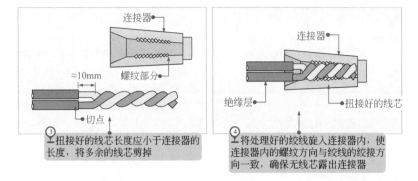

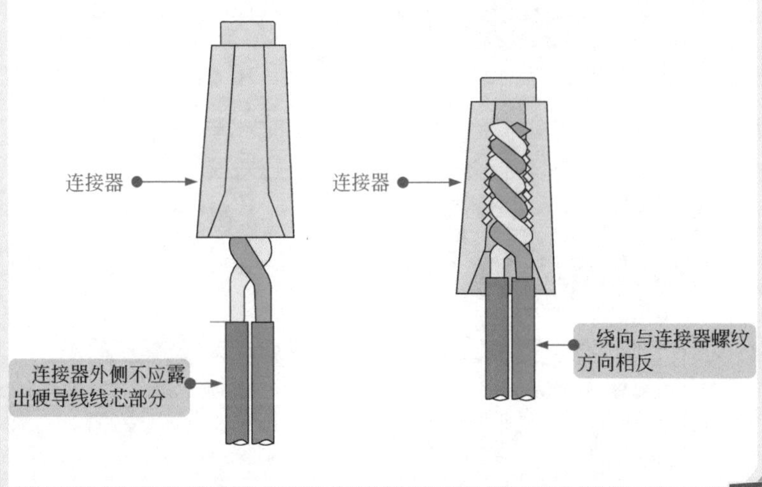

⑥ 多股线芯软导线的连接

多股线芯软导线连接一般采用缠绕式连接和 T 形连接两种方法。

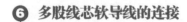

图 5-32 多股线芯软导线的缠绕式连接

如图 5-32 所示，连接两根多股塑料软导线可采用简单的缠线式对接方法。

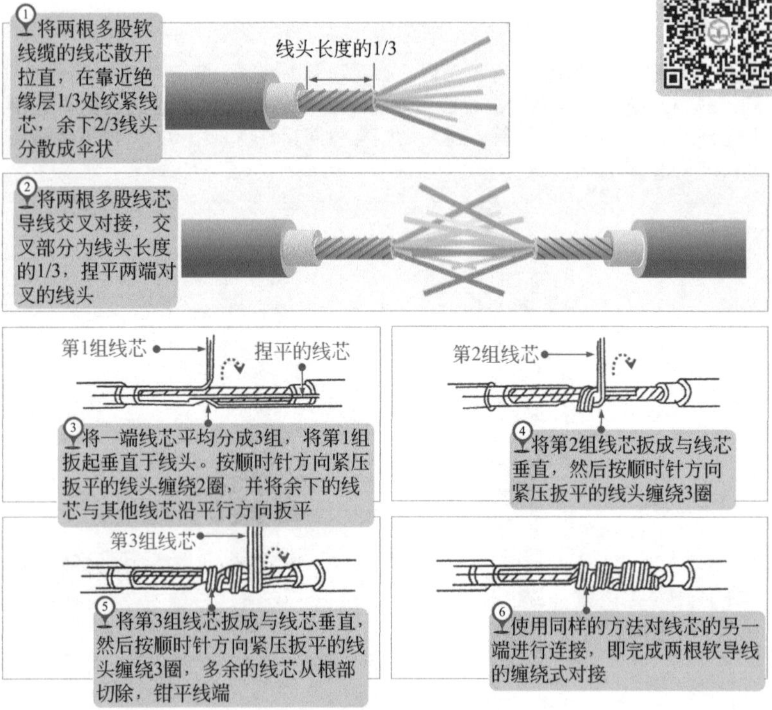

①将两根多股软线缆的线芯散开拉直，在靠近绝缘层1/3处绞紧线芯，余下2/3线头分散成伞状
线头长度的1/3
②将两根多股线芯导线交叉对接，交叉部分为线头长度的1/3，捏平两端对叉的线头
第1组线芯
捏平的线芯
③将一端线芯平均分成3组，将第1组扳起垂直于线头。按顺时针方向紧压扳平的线头缠绕2圈，并将余下的线芯与其他线芯沿平行方向扳平
第2组线芯
④将第2组线芯扳成与线芯垂直，然后按顺时针方向紧压扳平的线头缠绕3圈
第3组线芯
⑤将第3组线芯扳成与线芯垂直，然后按顺时针方向紧压扳平的线头缠绕3圈，多余的线芯从根部切除，钳平线端
⑥使用同样的方法对线芯的另一端进行连接，即完成两根软导线的缠绕式对接

图 5-33　多股线芯软导线的 T 形连接

如图 5-33 所示，当连接一根支路软导线（多股线芯）与一根主路软导线（多股线芯）时，通常采用缠绕式 T 形连接方法。

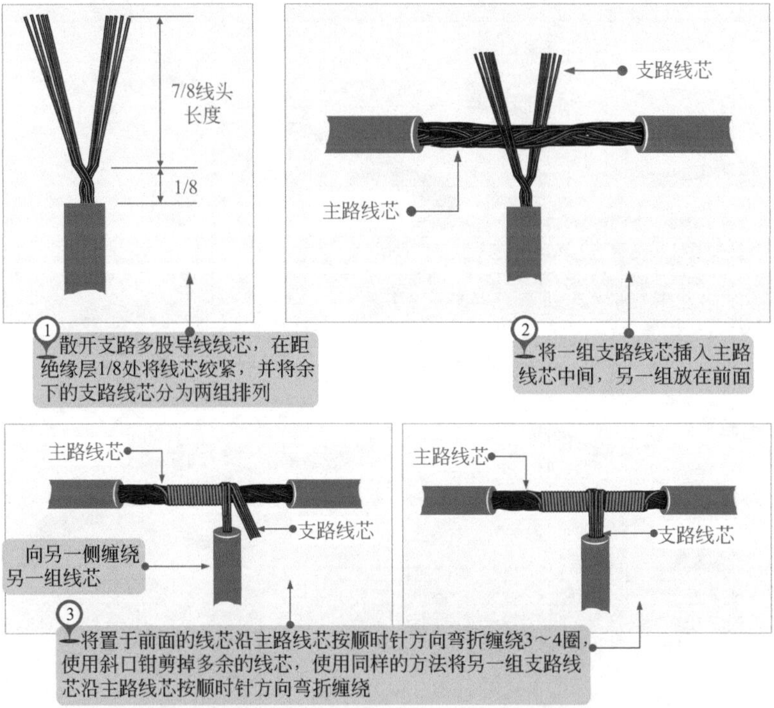
7/8线头
长度
1/8
支路线芯
主路线芯
①散开支路多股导线线芯，在距绝缘层1/8处将线芯绞紧，并将余下的支路线芯分为两组排列
②将一组支路线芯插入主路线芯中间，另一组放在前面
主路线芯
支路线芯
向另一侧缠绕另一组线芯
主路线芯
支路线芯
③将置于前面的线芯沿主路线芯按顺时针方向弯折缠绕3～4圈，使用斜口钳剪掉多余的线芯，使用同样的方法将另一组支路线芯沿主路线芯按顺时针方向弯折缠绕

5.3.3　绝缘层的恢复

导线连接或绝缘层遭到破坏后，必须恢复绝缘性能才可正常使用，且恢复后，强度应不低于原有绝缘层。在家庭电气施工操作中，线缆绝缘层恢复方法主要有两种：一是使用热收缩管恢复绝缘层；另一种是使用绝缘材料包缠法恢复绝缘层。

❶ 使用热收缩管恢复导线绝缘层

图 5-34 使用热收缩管恢复导线绝缘层

图 5-34 为使用热收缩管恢复导线绝缘层的方法。

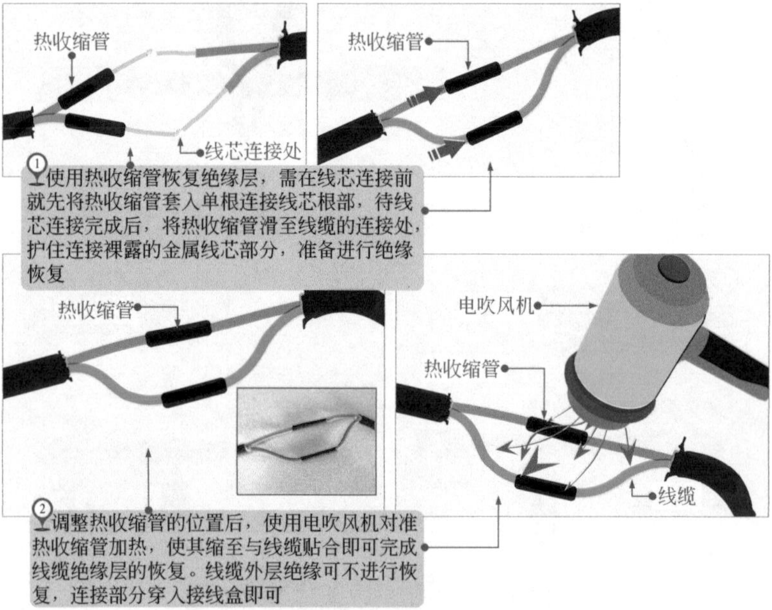
热收缩管
线芯连接处
热收缩管
①使用热收缩管恢复绝缘层，需在线芯连接前就先将热收缩管套入单根连接线芯根部，待线芯连接完成后，将热收缩管滑至线缆的连接处，护住连接裸露的金属线芯部分，准备进行绝缘恢复
热收缩管
电吹风机
热收缩管
线缆
②调整热收缩管的位置后，使用电吹风机对准热收缩管加热，使其缩至与线缆贴合即可完成线缆绝缘层的恢复。线缆外层绝缘可不进行恢复，连接部分穿入接线盒即可

❷ 使用包缠法恢复绝缘层

图 5-35 使用包缠法恢复导线绝缘层

如图 5-35 所示，包缠法是指使用绝缘材料（黄蜡带、涤纶膜带、胶带）缠绕线缆线芯，起到绝缘作用，恢复绝缘功能。

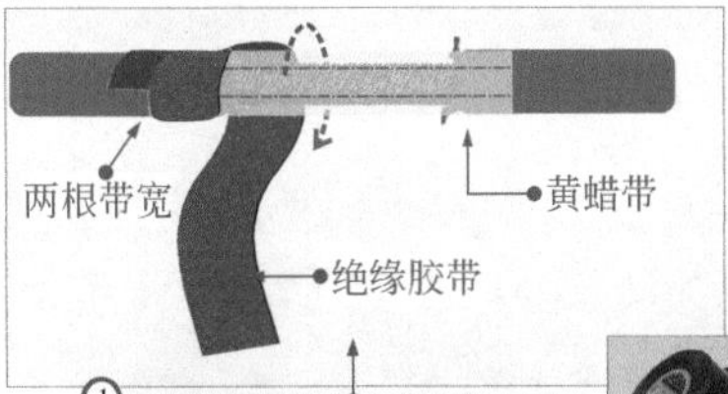

①包缠时，需要从完整绝缘层上开始包缠。一般从距连接点两根带宽的绝缘层位置包裹，沿干线继续包缠至另一端

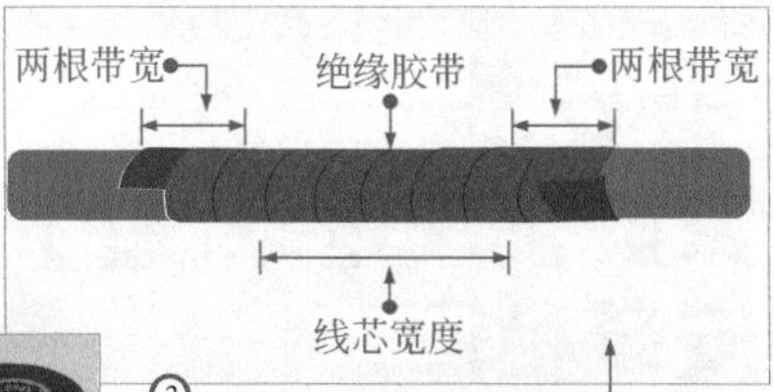

②缠绕时，每圈的绝缘胶带应覆盖到前一圈胶带一半的位置上，包至另一端时也需同样包入完整绝缘层上两根带宽的距离

图 5-36　T 字分支点绝缘层的恢复

图 5-36 为 T 字分支点绝缘层的恢复。

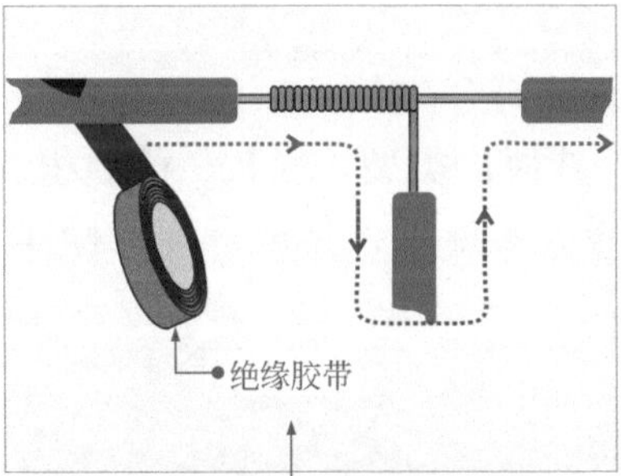

①按虚线标识，在离分支点两根带宽处，以与导线倾斜55°、每层压1/2带宽的方式开始缠绕

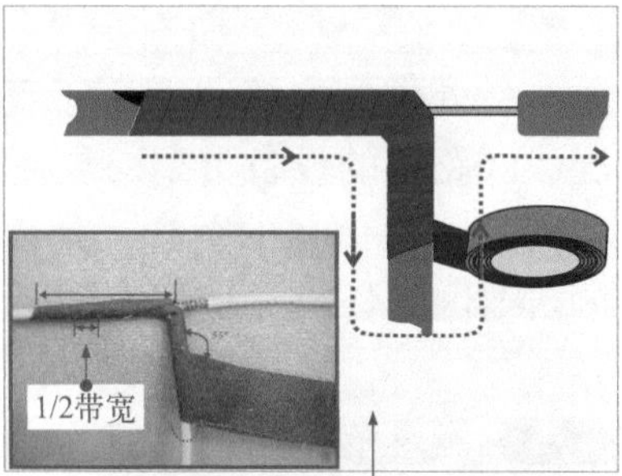

②当胶带包至分支点处时，应紧贴线芯沿支路包裹，超出连接处两个带宽后向回包裹

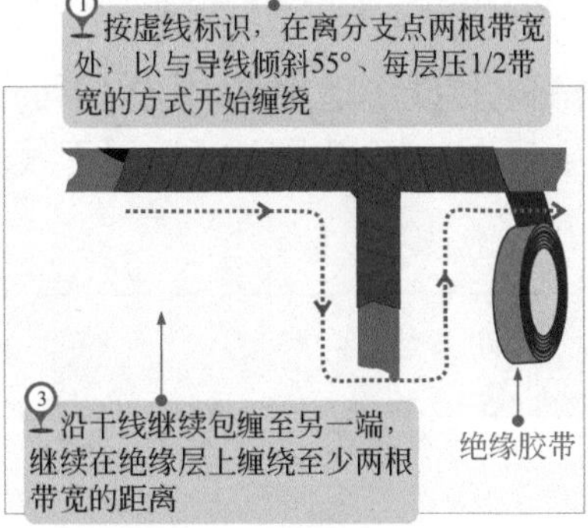

③沿干线继续包缠至另一端，继续在绝缘层上缠绕至少两根带宽的距离

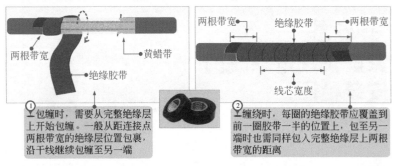

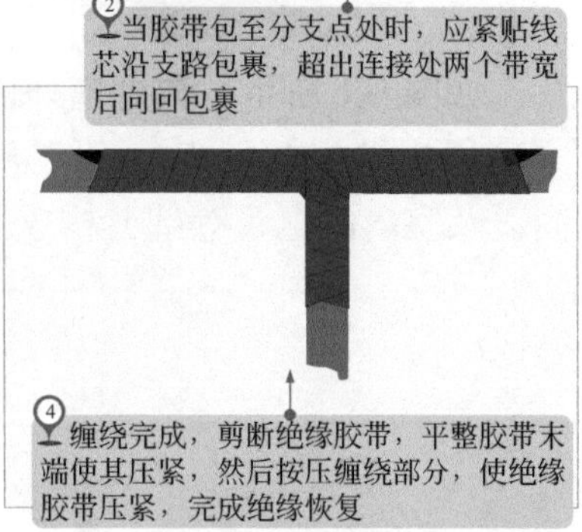

④缠绕完成，剪断绝缘胶带，平整胶带末端使其压紧，然后按压缠绕部分，使绝缘胶带压紧，完成绝缘恢复

第6章 家庭供配电系统的安装检测

6.1 家庭供配电系统施工图的识读

6.1.1 室外供配电接线图的识读

室外供配电接线图用于直观体现住宅楼的供配电分布情况，线路中的设备类型、规格，线路的类型、根数、截面积、敷设方式等信息的图样，是指导家装电工人员进行施工操作的重要图纸资料。

图 6-1 典型室外供配电接线图的结构和标识信息

如图 6-1 所示，典型室外供配电接线图适用于六层以下的家庭用户供配电系统，该线路主要由低压配电室、楼层配线间以及室内配电盘等部分构成。

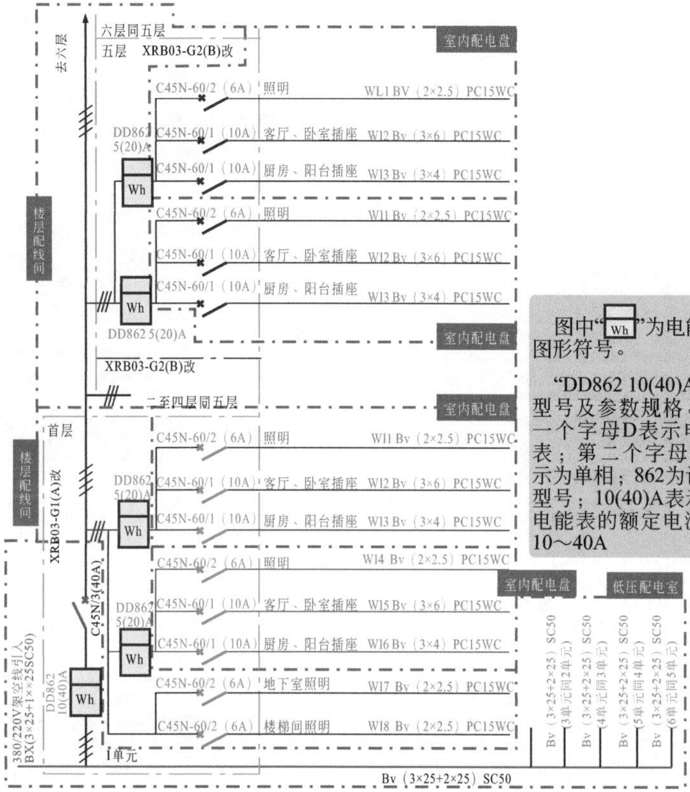

图中“Wh”为电能表图形符号。

“DD862 10(40)A”为型号及参数规格。第一个字母D表示电能表；第二个字母D表示为单相；862为设计型号；10(40)A表示该电能表的额定电流为10～40A

图 6-2　典型室外供配电接线图的识读

图 6-2 为典型室外供配电接线图的识读方法。

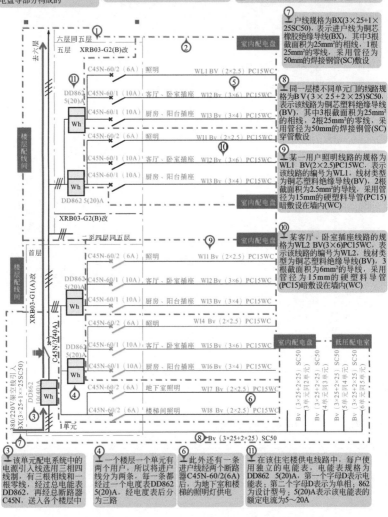

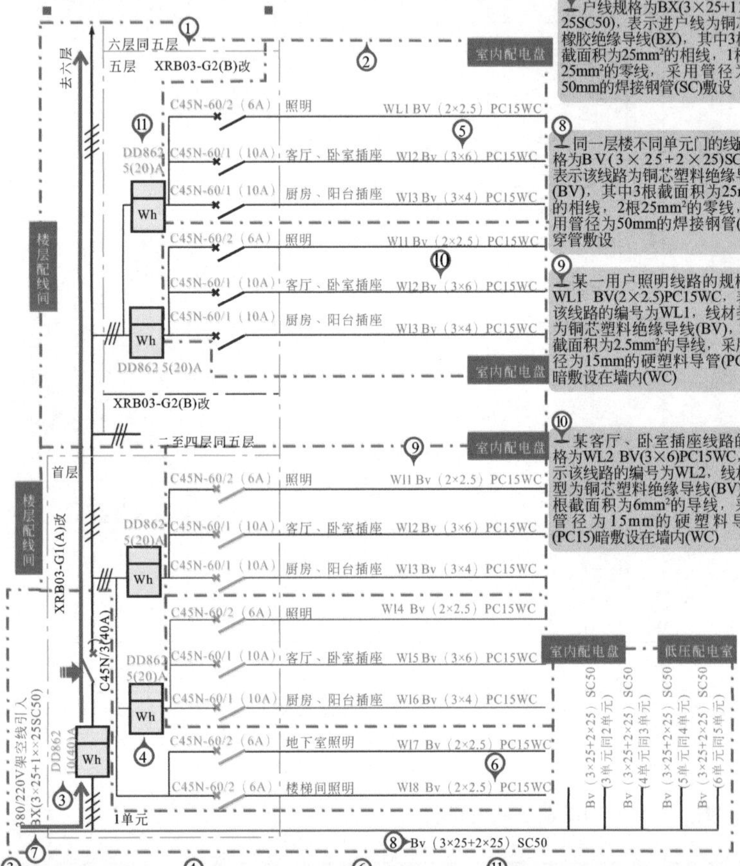

①典型住宅楼供配电线路适用于六层楼以下的供配电系统，该线路主要是由低压配电室、楼层配线间及室内配电盘等部分构成的

②该住宅楼供配电线路主要由进户线、电度表、总断路器C45N/3(40A)、断路器C45N-60/1(10A)和C45N-60/2(6A)、供电线等组成了住宅楼供配电的核心元件

⑤一路经断路器C45N-60/2(6A)为照明灯供电。另外两路分别经断路器C45N-60/1(10A)后，为客厅、卧室、厨房和阳台的插座供电

⑦户线规格为BX(3×25+1×25SC50)，表示进户线为铜芯橡胶绝缘导线(BX)，其中3根截面积为25mm²的相线，1根25mm²的零线，采用管径为50mm的焊接钢管(SC)敷设

⑧同一层楼不同单元门的线路规格为BV(3×25+2×25)SC50，表示该线路为铜芯塑料绝缘导线(BV)，其中3根截面积为25mm²的相线，2根25mm²的零线，采用管径为50mm的焊接钢管(SC)穿管敷设

⑨某一用户照明线路的规格为WL1 BV(2×2.5)PC15WC，表示该线路的编号为WL1，线材类型为铜芯塑料绝缘导线(BV)，2根截面积为2.5mm²的导线，采用管径为15mm的硬塑料导管(PC15)暗敷设在墙内(WC)

⑩某客厅、卧室插座线路的规格为WL2 BV(3×6)PC15WC，表示该线路的编号为WL2，线材类型为铜芯塑料绝缘导线(BV)，3根截面积为6mm²的导线，采用管径为15mm的硬塑料导管(PC15)暗敷设在墙内(WC)

③该单元配电系统中的电源引入线选用三相四线制，有三根相线和一根零线，经过总电能表DD862，再经总断路器C45N，送入各个楼层中

④一个楼层一个单元有两个用户，所以将进户线分为两条，每一条都经过一个电度表DD862 5(20)A，经电度表后分为三路

⑥此外还有一条进户线经两个断路器C45N-60/2(6A)后，为地下室和楼梯的照明灯供电

⑪在该住宅楼供电线路中，每户使用独立的电能表，电能表规格为DD862 5(20)A，第一个字母D表示电能表；第二个字母D表示为单相；862为设计型号；5(20)A表示该电能表的额定电流为5～20A

6.1.2 室内供配电接线图的识读

室内供配电接线图用于直观体现家庭住户室内的供配电分布情况，线路中设备的类型、规格，线路的类型、根数、截面积、敷设方式等信息的图样，是指导家装电工人员进行家装施工操作的重要图纸资料。

图 6-3 典型室内供配电接线图的识读

图 6-3 为典型室内供配电接线图的识读方法。

① 图中“Wh”为电能表图形符号。

“DD862 5(20)A”为型号及参数规格。第一个字母D表示电能表；第二个字母D表示为单相；862为设计型号；5(20)A表示该电能表的额定电流为5～20A

② 图中“—×—/—”为断路器(不带漏电保护)的图形符号。

“S263-C32”为型号及参数规格，表示该断路器的额定电流为32A。“S261-C16” 为型号及参数规格，表示该断路器的额定电流为16A

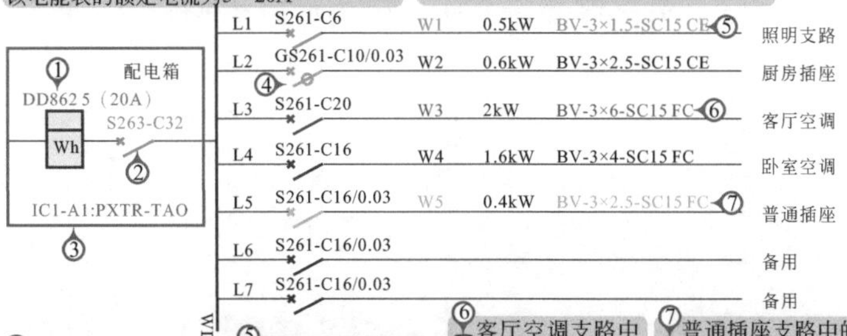

③ 图中“□”为配电箱图形符号。

④ 图中“—×—⊘—”为带漏电保护断路器的图形符号。

“GS261-C16/0.03”为型号及参数规格，表示该断路器的额定电流为16A，漏电电流为0.03A

⑤ 照明支路中的线路标识为W1BV-3×1.5-SC15CE，表示该线路编号为W1，线材类型为铜芯塑料绝缘导线(BV)，3根截面积为1.5mm^{2}的导线，采用管径为15mm的焊接钢管(SC)沿吊顶或顶板面敷设(CE)

⑥ 客厅空调支路中的线路标识为W3 BV-3×6-SC15 FC，表示该线路编号为W3，线材类型为铜芯塑料绝缘导线(BV)，3根截面积为6mm^{2}的导线，采用管径为15mm的焊接钢管(SC)暗敷设在地板或地面下(FC)

⑦ 普通插座支路中的线路标识为W5 BV-3×2.5-SC15 FC，表示该线路编号为W5，线材类型为铜芯塑料绝缘导线(BV)，3根截面积为2.5mm^{2}的导线，采用管径为15mm的焊接钢管(SC)暗敷设在地板或地面下(FC)

L1支路经不带漏电保护的断路器(S261-C16)为照明供电；
L2支路经带漏电保护的断路器(GS261-C16)为厨房插座供电；
L3支路经不带漏电保护的断路器(S261-C16)为客厅空调供电

L4支路经不带漏电保护的断路器(GS261-C16)提供卧室空调的供电；
L5支路经不带漏电保护的断路器(S261-C16)提供普通插座的供电；
L6和L7支路分别经不带漏电保护的断路器(S261-C16)提供备用供电；
另外，为确保安全，电度表和各种断路器都安装在配电箱中

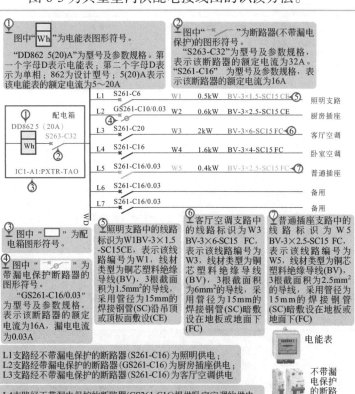

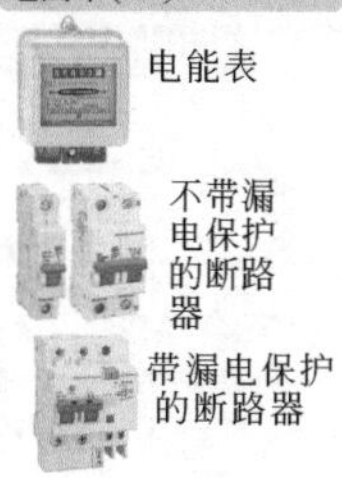

6.1.3 家庭供配电施工布线图的识读

家庭供配电线路的施工布线图是指导家装电工进行施工布线的重要图样。该类图样中详细标识出了线路中照明灯具的数量、规格、安装方式，控制开关的类型、插座的类型等。

图 6-4 典型家庭供配电施工布线图的识读

图 6-4 为典型家庭供配电施工布线图的识读。

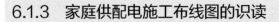

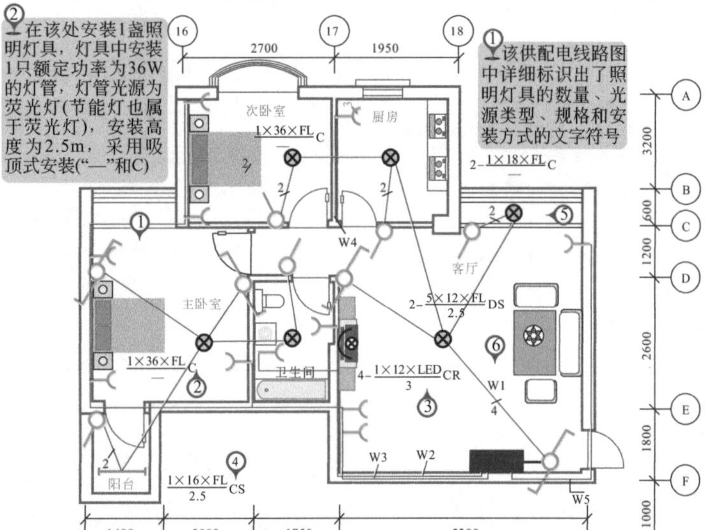

⑥结合图形符号和文字符号的识读，可以了解到该供配电线路的施工布线图所表达的基本内容。

照明线路W1用于控制室内照明灯具，其中：客厅中安装2盏吊灯，每个吊灯中包含5只12W的灯泡，由两只一位双控开关控制；客厅阳台上和小卧室各安装一盏18W节能灯，分别由一只一位单控开关控制；大卧室安装一盏36W节能灯，由两只一位双控开关控制；大卧室阳台安装一盏16W的荧光灯灯管，由一只一位单控开关控制。W2为卫生间插座线路；W3为主、次卧室普通插座线路；W4为厨房插座线路；W5为客厅空调专用线路

③该处安装4盏相同类型的照明灯具，每盏灯具中安装1只额定功率为12W的灯泡，灯管光源为发光二极管(LED)，安装高度为3m，采用吊顶内安装(CR)

④该处安装1盏照明灯具，灯具中安装1只额定功率为16W的灯泡，灯管光源为荧光灯，安装高度为2.5m，采用链吊式安装(CS)

⑤该处安装2盏相同类型的照明灯具，每盏灯具中安装1只额定功率为18W的灯泡，灯管光源为荧光灯(节能灯)，采用吸顶式安装("—"和C)

6.2 家庭供配电线路的敷设

6.2.1 家庭供配电线路的明敷操作

家庭供配电线路的明敷是将穿好线路的线槽按照敷设标准安装在室内墙体表面，如沿着墙壁、天花板、桁架、柱子等。这种敷设操作一般是在土建抹灰后或房子装修完成后，需要增设电气线路、更改电气线路或维修电气线路替换暗敷线路时采用的一种敷设方式。

图 6-5　家庭供配电线路明敷操作的规范

如图 6-5 所示，电气线路明敷操作相对简单，对线路的走向、线槽间距、高度和线槽固定点间距有一定要求。

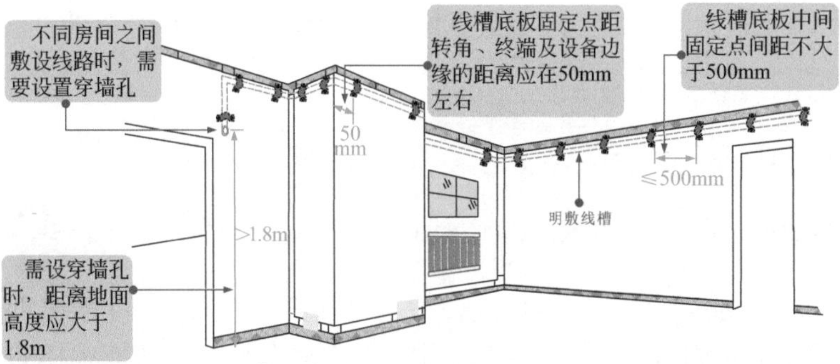

按照基本的敷设步骤，实际操作包括定位划线、选择线槽和附件、加工线槽、钻孔安装固线槽、敷设线缆、安装附件等环节。

1 定位划线

图 6-6 家庭供配电线路明敷定位划线示意图

如图 6-6 所示，定位划线是指根据室内电气线路布线图或根据增设线路的实际需求，规划好布线的位置，并借助尺子画出线缆走线的路径和开关、灯具、插座的固定点，在固定中心划出“×”标记。

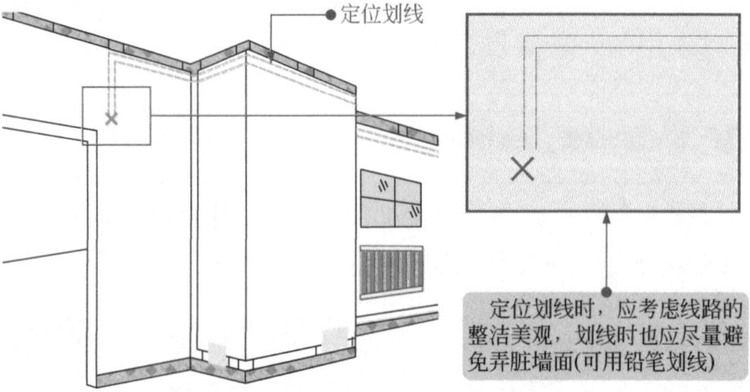
定位划线
定位划线时，应考虑线路的整洁美观，划线时也应尽量避免弄脏墙面(可用铅笔划线)

2 选择线槽和附件

图 6-7 家庭供配电线路明敷线槽及附件的选用

如图 6-7 所示，室内线缆采用明敷方式敷设时，主要借助线槽及附件实现走线，起到固定、防护作用，并保证整体布线美观。

目前，家装明敷中采用的线槽多为 PVC 塑料线槽。选配时，应根据规划线路路径选择相应长度、宽度的线槽，并选配相关的附件，如角弯、分支三通、阳转角、阴转角和直转角等。附件的类型和数量根据实际敷设时的需求进行选用

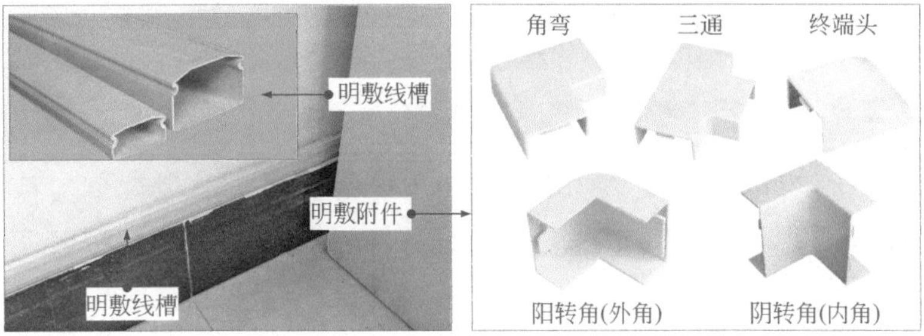
明敷线槽
明敷附件
明敷线槽
角弯
三通
终端头
阳转角(外角)
阴转角(内角)

❸ 加工线槽

图 6-8 家庭供配电线路明敷线槽及附件的选用

如图 6-8 所示，塑料线槽选择好后，需要根据定位划线位置剪裁线槽长度，并对连接处、转角、分路等位置进行加工，使得线路符合安装走向。

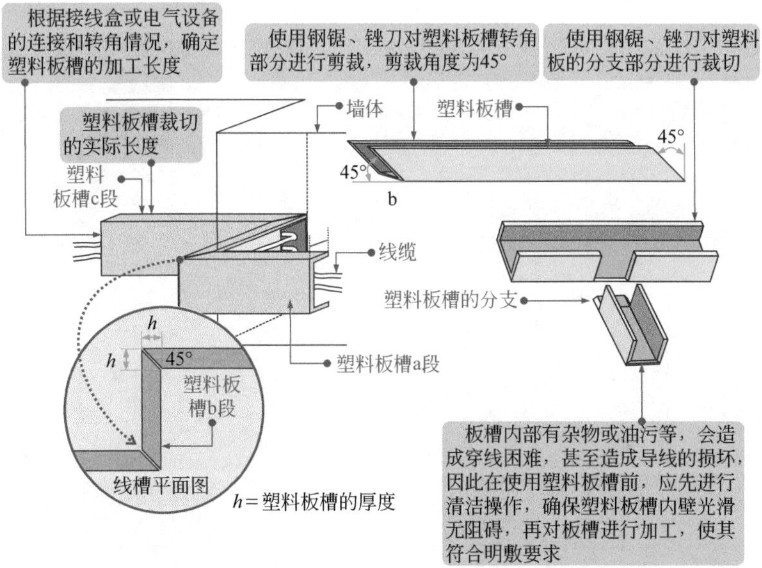
根据接线盒或电气设备的连接和转角情况，确定塑料板槽的加工长度
使用钢锯、锉刀对塑料板槽转角部分进行剪裁，剪裁角度为45°
使用钢锯、锉刀对塑料板的分支部分进行裁切
墙体
塑料板槽
塑料板槽裁切的实际长度
塑料板槽c段
45°
45°
b
线缆
塑料板槽的分支
h
h
45°
塑料板槽b段
塑料板槽a段
线槽平面图
h=塑料板槽的厚度
板槽内部有杂物或油污等，会造成穿线困难，甚至造成导线的损坏，因此在使用塑料板槽前，应先进行清洁操作，确保塑料板槽内壁光滑无阻碍，再对板槽进行加工，使其符合明敷要求

4 钻孔安装和固定线槽

图 6-9 线槽的安装和固定

如图 6-9 所示，塑料线槽加工完成后，将其放到划线位置，借助电钻在固定位置钻孔，并在钻孔处安装固定螺钉实现固定。

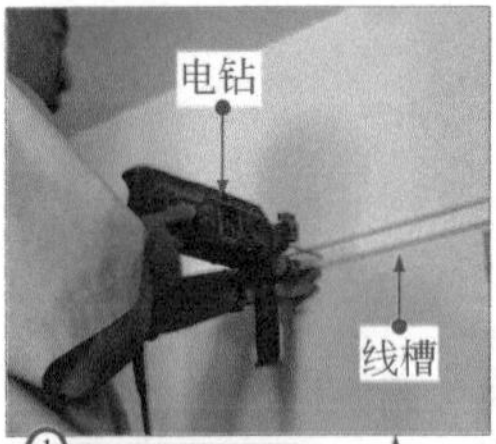

①使用电钻在塑料线槽需要固定的位置钻孔

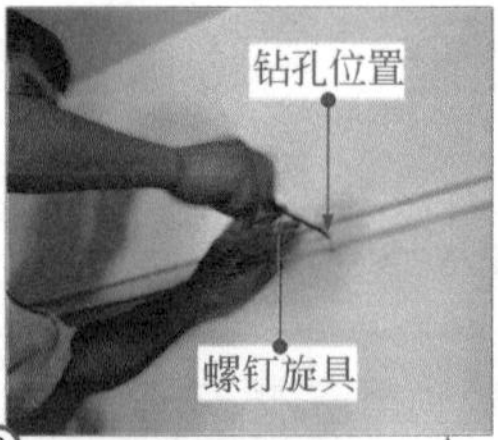

②使用螺钉旋具在钻孔位置拧入固定螺钉，固定线槽

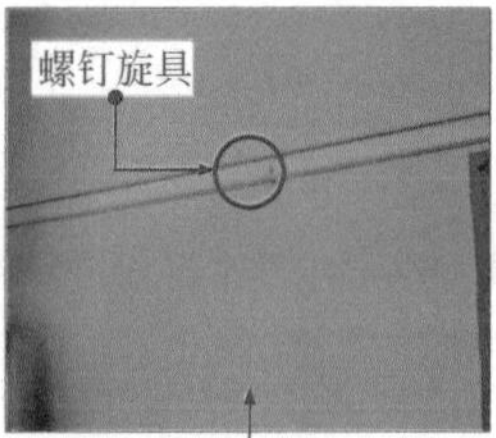

③采用同样的方法，在线槽不同位置拧入固定螺钉，确认线槽固定牢固

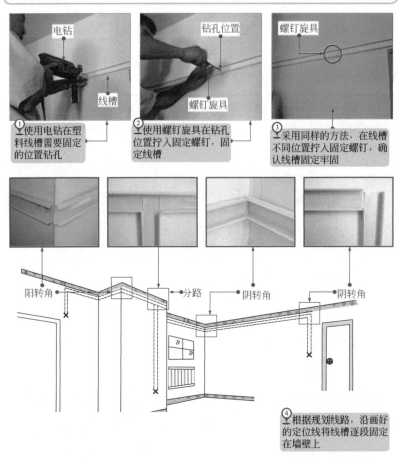

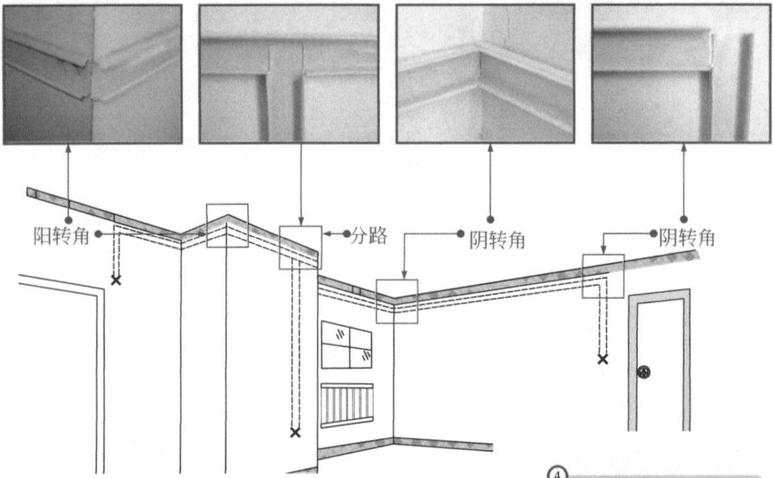

④根据规划线路，沿画好的定位线将线槽逐段固定在墙壁上

5 敷设线材

图 6-10　在线槽中敷设线材

如图 6-10 所示，塑料线槽固定完成后，将线缆沿线槽内壁逐段敷设。在敷设完成的位置扣好线槽盖板即可。

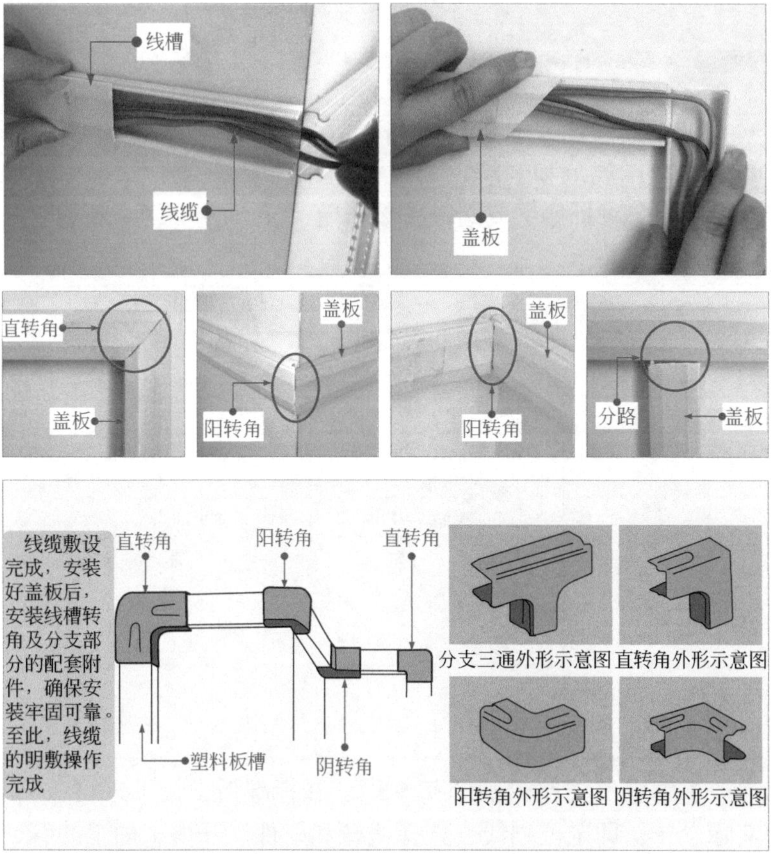

在明敷操作时，线缆在线槽内部不能出现接头，如果导线的长度不够，则将不够的导线拉出，重新使用足够长的导线敷设。

6.2.2 家庭供配电线路的暗敷操作

室内线缆的暗敷是指将室内线路埋设在墙内、顶棚内或地板下的敷设方式，也是目前普遍采用的一种敷设方式。线缆暗敷通常在土建抹灰之前操作。

图 6-11 家庭供配电线路暗敷操作规范

如图 6-11 所示，电气线路暗敷操作前，需要先了解暗敷的基本操作规范和要求，如线槽的距离要求，强、弱电的距离要求，各种插座的安装高度要求等。

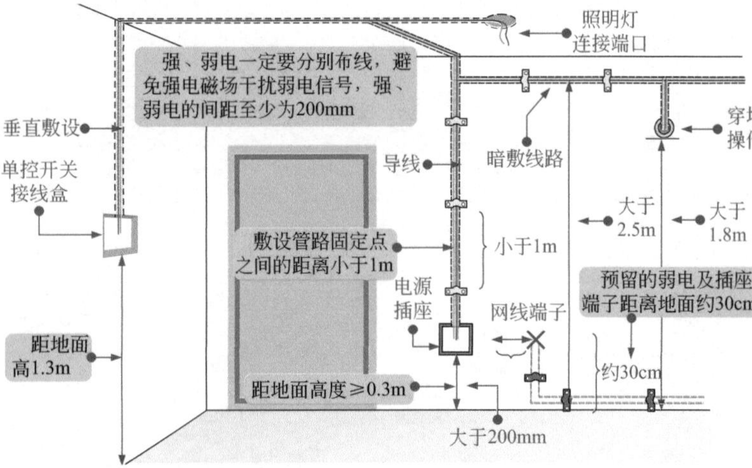

了解电气线路暗敷的基本规范和标准后，接下来可进行实际操作，即定位划线、选择线管和附件、开槽、加工线管、线管和接线盒的安装固定、穿线等环节。

1 定位划线

图6-12　家庭供配电线路暗敷时的划线操作

如图6-12所示，定位划线是指根据室内电气线路布线图或施工图规划好布线的位置，确定线缆的敷设路径，并在墙壁或地面、屋顶上画出线缆的敷设路径和开关、灯具、插座的固定点，在固定中心划出“×”标记。

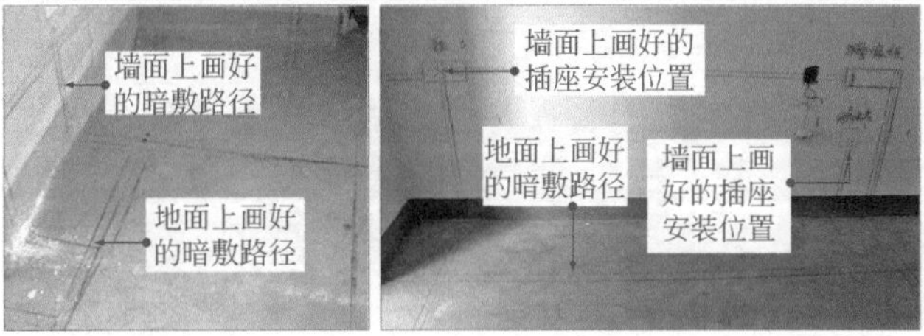

2 选择线管和附件

图6-13　家庭供配电线路暗敷时所用的线管和附件

如图6-13所示，采用暗敷方式敷设时，主要借助线管及附件实现走线。目前，家装暗敷中采用的线管多为阻燃PVC线管。

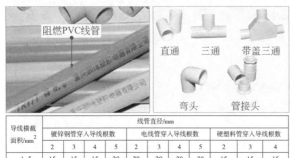

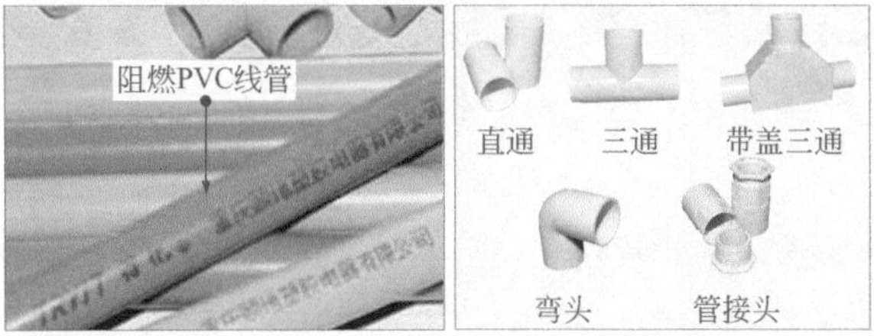

导线横截面积/mm^2	线管直径/mm										
	镀锌钢管穿入导线根数				电线管穿入导线根数				硬塑料管穿入导线根数		
	2	3	4	5	2	3	4	5	2	3	4
1.5	15	15	15	20	20	20	20	20	15	15	15
2.5	15	15	20	20	20	20	25	20	15	15	20
4	15	20	20	20	20	20	25	20	15	20	25
6	20	20	20	25	20	25	25	25	20	20	25
10	20	25	25	32	25	32	32	32	25	25	32
16	25	25	32	32	32	32	40	40	25	32	32
25	32	32	40	40	32	40	—	—	32	40	40

应根据线管的管径、质量、长度、使用环境等参数进行选择，应符合室内线路暗敷操作的要求。线管管径的要求：管内绝缘导线或电缆的总横截面积(包括绝缘层)不应超过线管横截面积的40%

③ 开槽

图 6-14 家庭供配电线路暗敷时的开槽方法

如图 6-14 所示，开槽是室内线缆暗敷操作中的重要环节。一般可借助切割机、锤子及冲击钻等在划好的敷设路径线路上进行开槽操作。

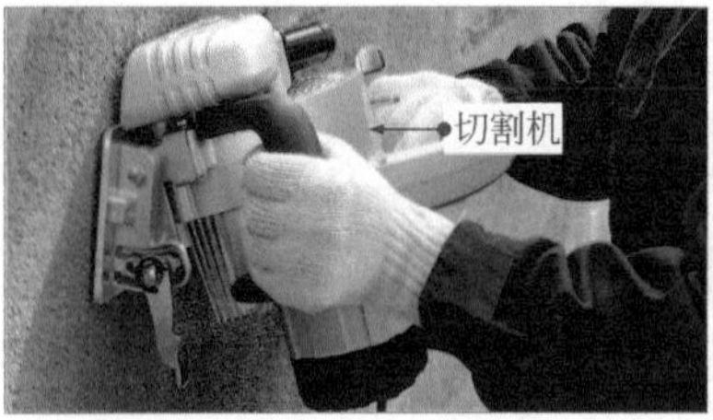

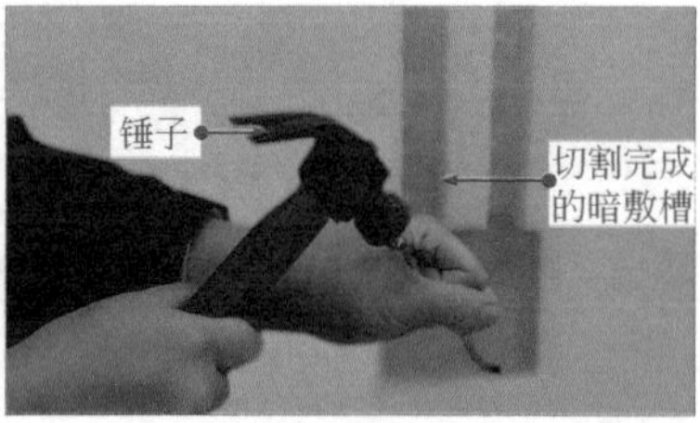

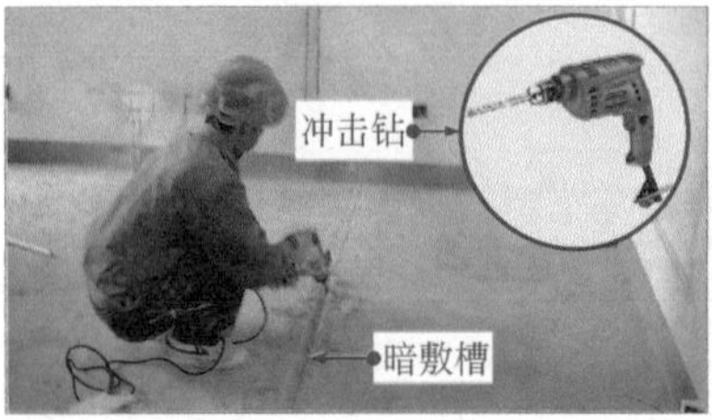

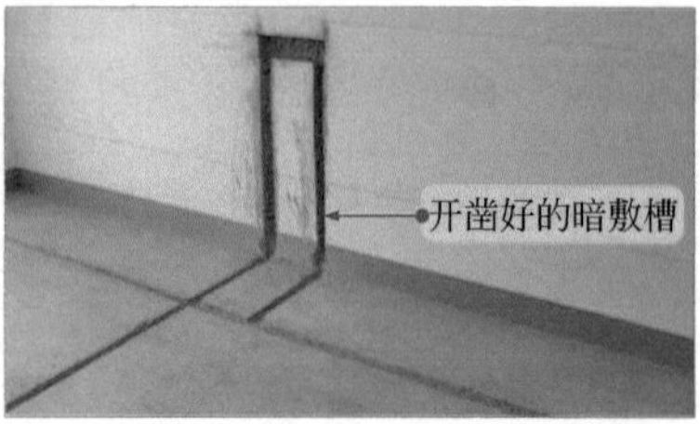

④ 加工线管

图 6-15 家庭供配电线路暗敷时线管的加工方法

如图 6-15 所示，根据开槽的位置、长度等加工线管，为布管和埋盒操作做好准备。线管的加工操作主要包括线管的清洁、裁切及弯曲等操作。

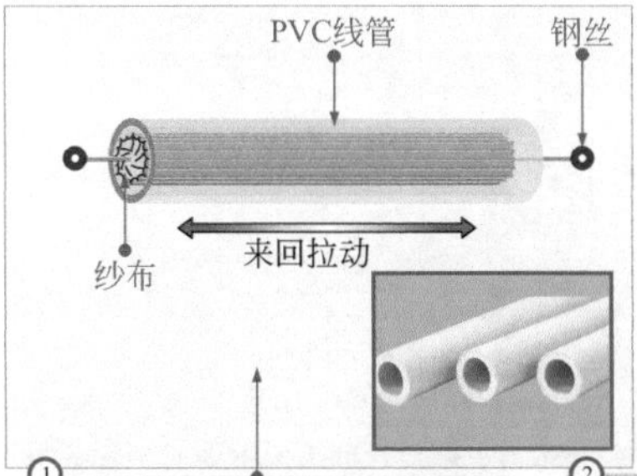

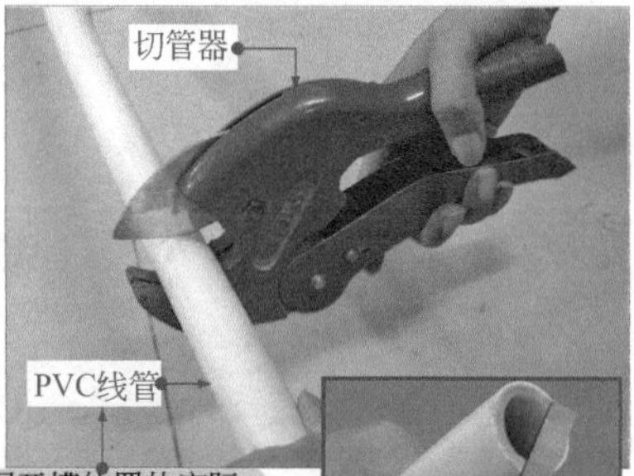

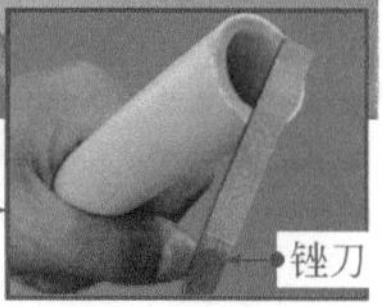

① 使用PVC线管前，应先去除内部的灰尘、杂物及积水，方便导线的敷设，可用绑着纱布的钢丝来回拉动，将管内的水分或灰尘擦净，也可以使用压缩空气吹入塑料线管内进行清洁

② 根据开槽位置的实际长度，确定线管长度，使用钢锯裁切塑料线管。使用锉刀处理塑料线管的裁切面，使线管的切割面平整、光滑

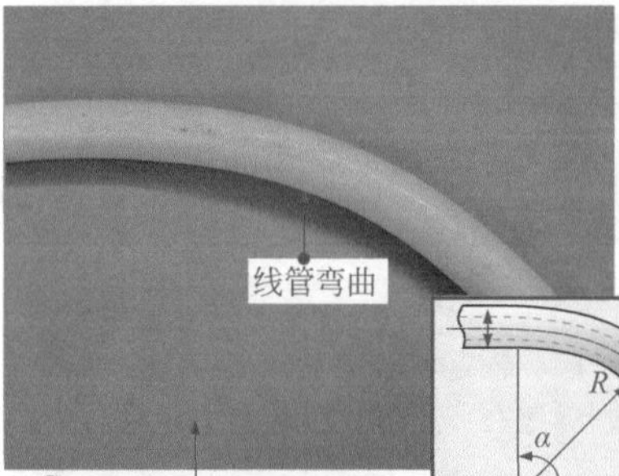

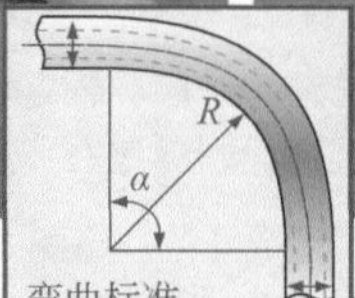

弯曲标准

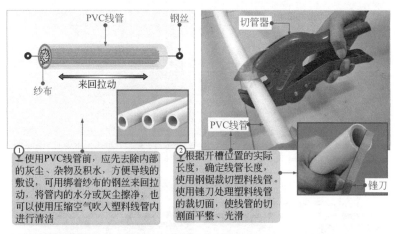

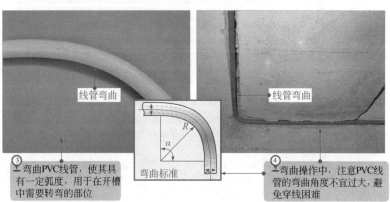

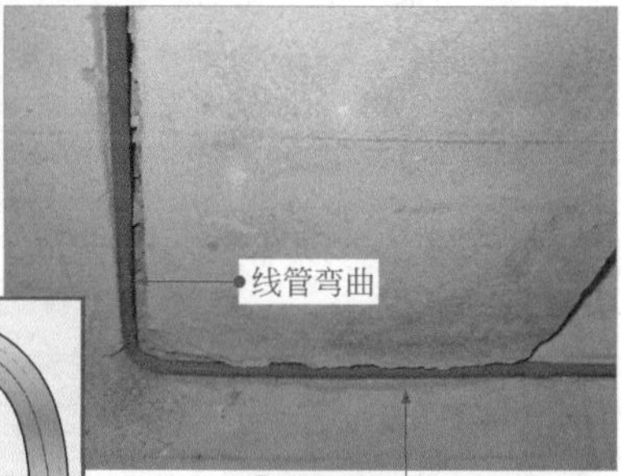

③ 弯曲PVC线管，使其具有一定弧度，用于在开槽中需要转弯的部位

④ 弯曲操作中，注意PVC线管的弯曲角度不宜过大，避免穿线困难

5 线管和接线盒的安装固定

图 6-16　家庭供配电线路暗敷时线管和接线盒的安装固定

如图 6-16 所示，线管加工完成后，进行布管及接线盒的安装固定，即将线管和接线盒敷设到开凿好的暗敷槽中，使用固定件安装固定。

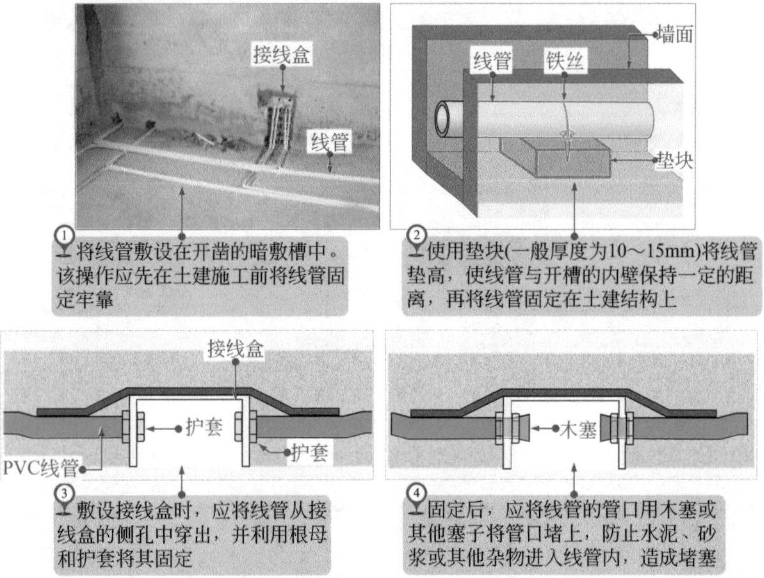
接线盒
线管
墙面
线管
铁丝
垫块
①将线管敷设在开凿的暗敷槽中。该操作应先在土建施工前将线管固定牢靠
②使用垫块(一般厚度为10～15mm)将线管垫高，使线管与开槽的内壁保持一定的距离，再将线管固定在土建结构上
接线盒
护套
护套
PVC线管
木塞
③敷设接线盒时，应将线管从接线盒的侧孔中穿出，并利用根母和护套将其固定
④固定后，应将线管的管口用木塞或其他塞子将管口堵上，防止水泥、砂浆或其他杂物进入线管内，造成堵塞

图 6-17　线管和接线盒的敷设效果

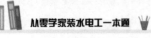

如图 6–17 所示，线管和接线盒的敷设、固定和安装操作应遵循基本的操作规范，线管应横平竖直规则排列，圆弧过渡应符合穿线要求。

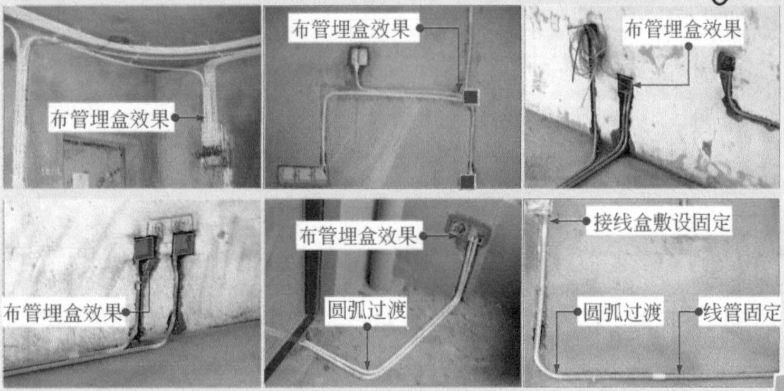

6 穿线

图 6-18　家庭供配电线路暗敷时的穿线操作

如图 6-18 所示，穿线必须在暗敷线管完成后进行。实施穿线操作可借助穿管弹簧、钢丝等，将线缆从线管一端引至接线盒中。

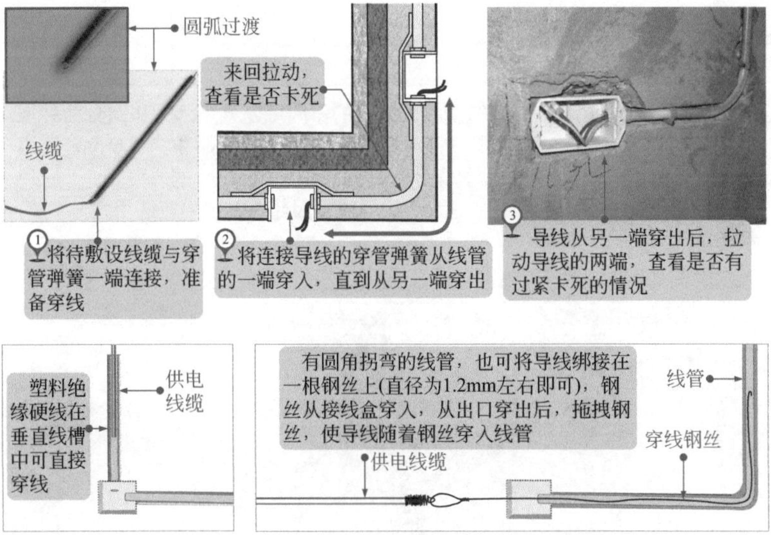
圆弧过渡
线缆
来回拉动，
查看是否卡死
①将待敷设线缆与穿管弹簧一端连接，准备穿线
②将连接导线的穿管弹簧从线管的一端穿入，直到从另一端穿出
③导线从另一端穿出后，拉动导线的两端，查看是否有过紧卡死的情况
塑料绝缘硬线在垂直线槽中可直接穿线
供电线缆
有圆角拐弯的线管，也可将导线绑接在一根钢丝上(直径为1.2mm左右即可)，钢丝从接线盒穿入，从出口穿出后，拖拽钢丝，使导线随着钢丝穿入线管
线管
穿线钢丝
供电线缆

图 6-19　室内线缆暗敷时穿线后需要预留接线长度

如图 6-19 所示，穿线到线管另一端引入接线盒，此时要预留足够长度的线缆，应满足下一个阶段与插座、开关、照明灯具等部件的接线操作。

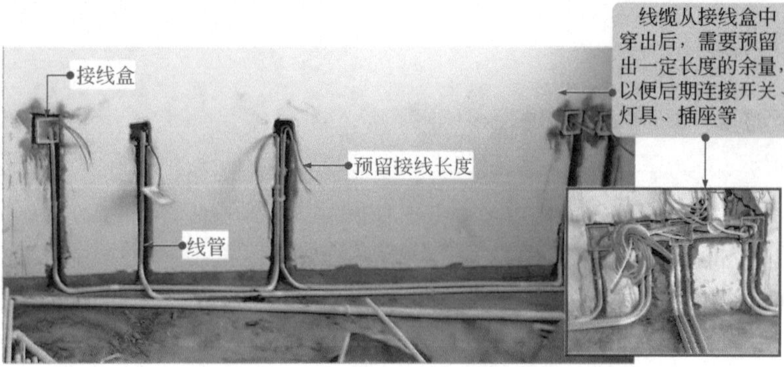
接线盒
预留接线长度
线管
线缆从接线盒中穿出后，需要预留出一定长度的余量，以便后期连接开关、灯具、插座等

图 6-20 PVC 线管的不同规格

如图 6-20 所示，PVC 线管根据直径的不同可以分为六分和四分两种规格。其中，四分规格的 PVC 线管最多可以穿 3 条横截面积为 1.5mm² 的照明线；六分 PVC 线管可以同时穿 3 根横截面积为 2.5mm² 的导线。

目前，照明线路多使用 2.5mm² 的导线，因此在家装中应选用六分 PVC 线管。

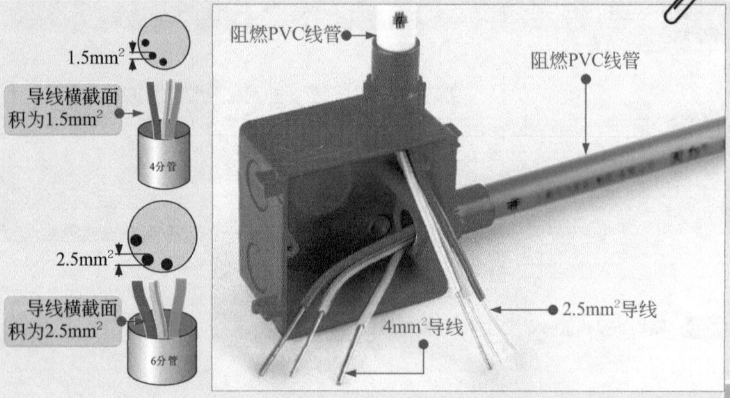
1.5mm²
导线横截面积为1.5mm²
4分管
2.5mm²
导线横截面积为2.5mm²
6分管
阻燃PVC线管
阻燃PVC线管
2.5mm²导线
4mm²导线

图 6-21　室内线缆暗敷后的抹灰操作

如图 6-21 所示，管内穿线完成后，暗敷操作基本完成，验证线管布置无误，线缆可自由拉动后，将凿墙孔和开槽抹灰恢复。至此，室内线缆的暗敷操作完成。

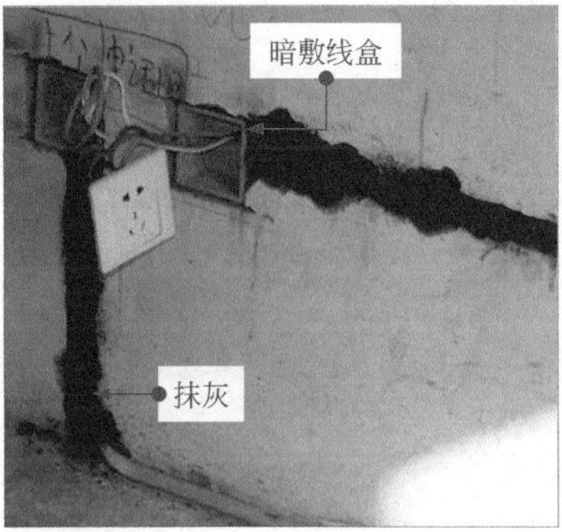

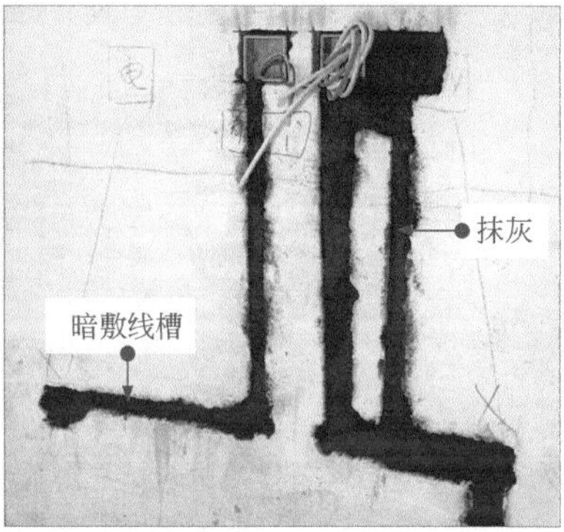

6.3 家庭供配电设备的安装

6.3.1 配电箱的安装

配电箱是单元住户用于计量和控制家庭住宅中各个支路的配电设备，可将住宅中的用电分配成不同的去路，并分路计量用电量，主要目的是为了便于用电管理、日常使用和电力维护等。

图 6-22　配电箱的安装方式

如图 6-22 所示，根据预留位置及敷设导线的不同，配电箱主要有两种安装方式，即暗装和明装。

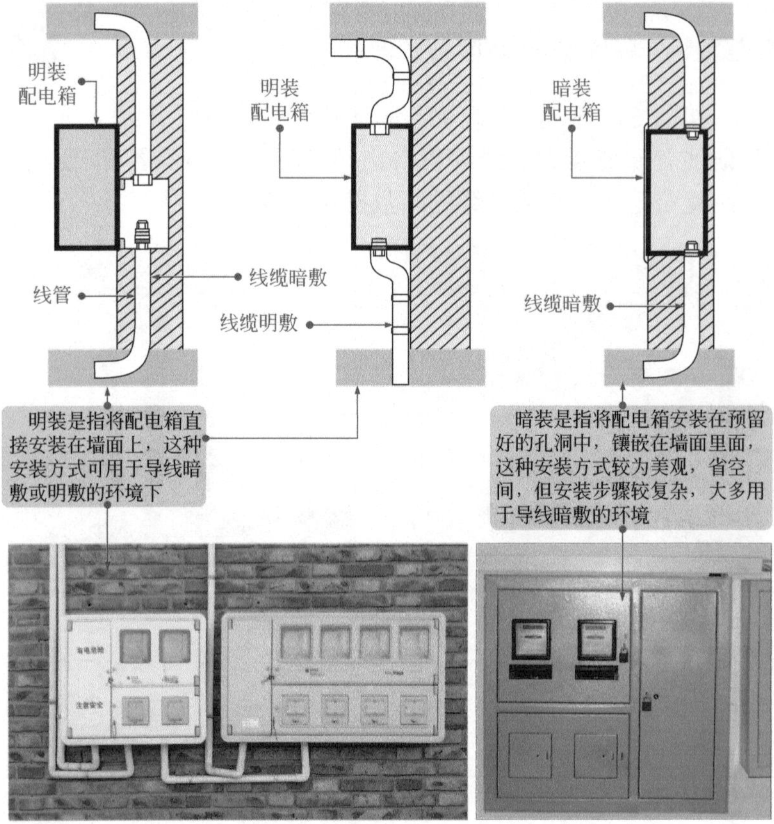
明装
配电箱
线管
线缆暗敷
明装
配电箱
线缆明敷
暗装
配电箱
线缆暗敷
明装是指将配电箱直接安装在墙面上，这种安装方式可用于导线暗敷或明敷的环境下
暗装是指将配电箱安装在预留好的孔洞中，镶嵌在墙面里面，这种安装方式较为美观，省空间，但安装步骤较复杂，大多用于导线暗敷的环境
有电危险
注意安全

图 6-23 配电箱的结构形式

如图 6-23 所示，配电箱内部由总断路器、电能表和分支断路器构成，电能表的数量由分支数决定，且配电箱中，每个电能表与一个分支断路器构成一组分支，每个分支的接线方式均相同。

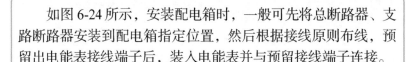

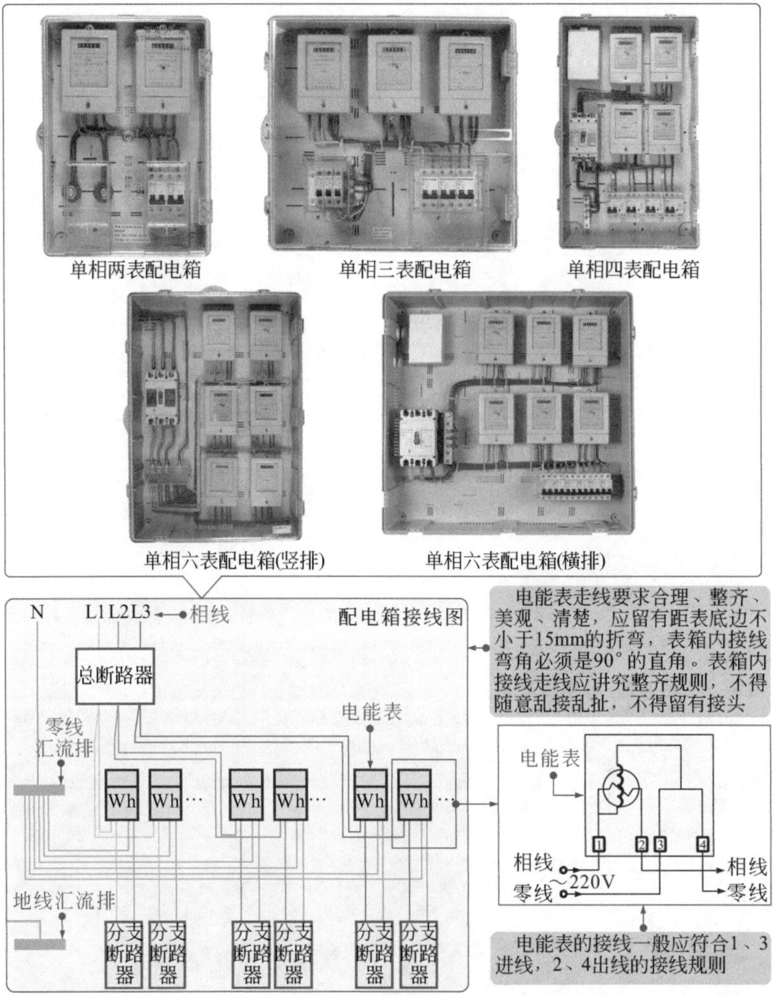

图 6-24　配电箱的安装方法

如图 6-24 所示，安装配电箱时，一般可先将总断路器、支路断路器安装到配电箱指定位置，然后根据接线原则布线，预留出电能表接线端子后，装入电能表并与预留接线端子连接。

①将配电箱内总断路器和支路断路器安装到箱体固定板上，然后按照电能表引入线和引出线接线规则布线

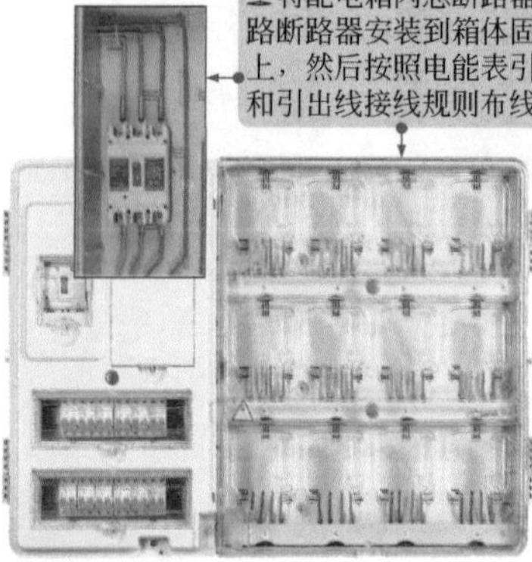

②根据负载用电量，均衡分配三相供电引入线，每相搭配一根零线构成交流220V供电线路接入电能表

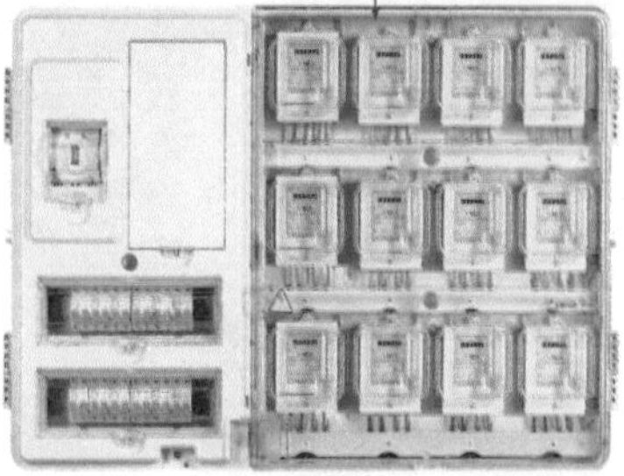

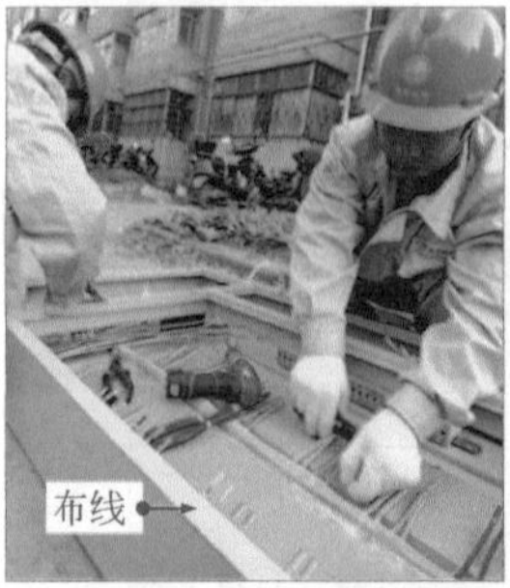

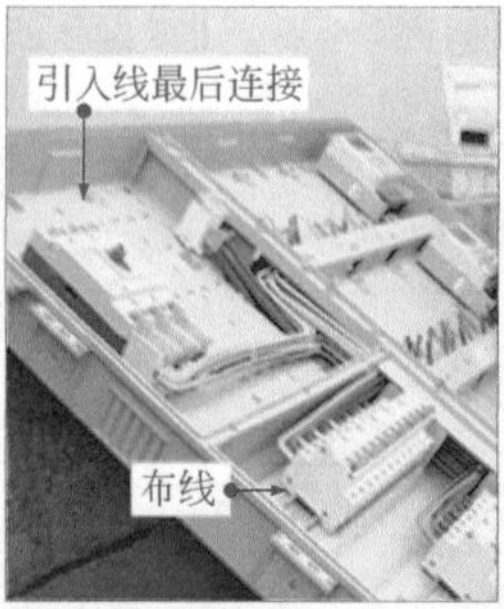

在配电箱的安装连接过程中应注意以下几点：

◆将电度表的输入相线和零线与楼道的相线和零线接线端连接。连接时，将接线端上的固定螺钉拧松，再将相线、零线、接地线的线头弯成U形，连接到相应的接线端上，拧紧螺钉。

◆配电箱与进户线接线柱连接时应先连接地线和零线，再连接相线。同时应注意，在线路连接时，不要触及到接线柱的触片及导线的裸露处，避免触电。

◆将进户线送入的或建筑物设定的供配电专用接地线固定在配电箱的外壳上

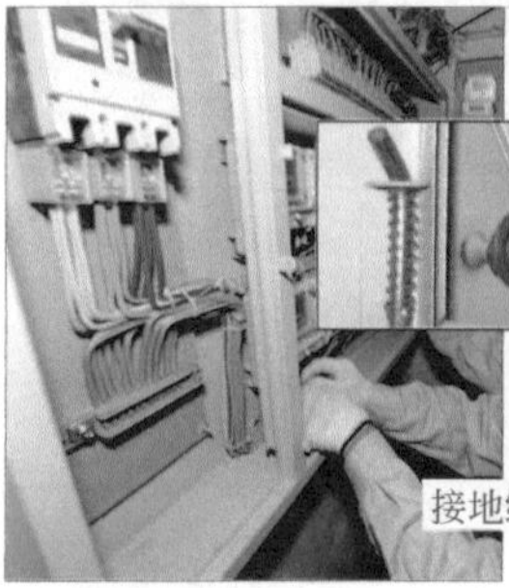

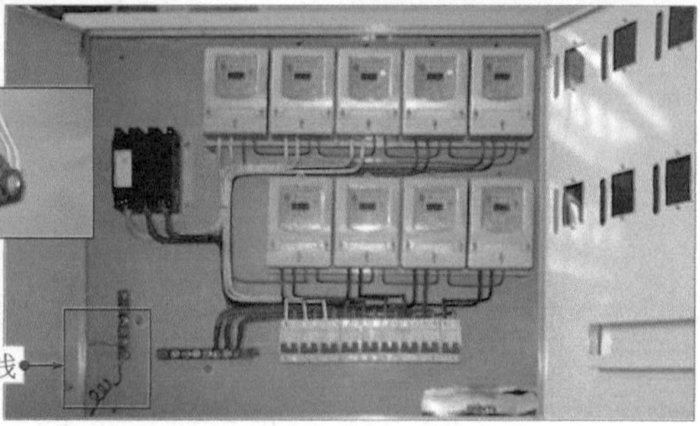

6.3.2　配电盘的安装

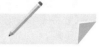

安装配电盘首先需要明确其基本安装规范，然后按照安装流程，先将配电盘整体安装在对应的槽内（采用嵌入式安装），再安装对应的支路断路器，最后将配电箱送来的线缆与配电盘中的断路器连接，完成配电盘的安装。

❶ 配电盘外壳的安装

图 6-25　配电盘外壳的安装方法

如图 6-25 所示，将室外线缆送到室内配电盘处，将配电盘外壳放置到预先设计好的安装槽中固定。

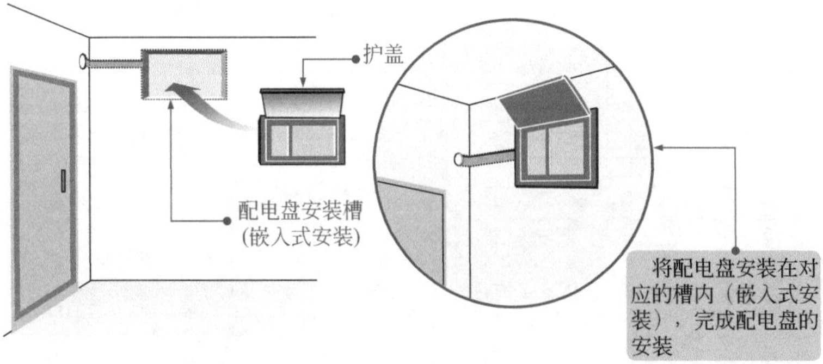
护盖
配电盘安装槽
(嵌入式安装)
将配电盘安装在对应的槽内（嵌入式安装），完成配电盘的安装

❷ 配电盘内断路器的安装

图 6-26　配电盘内断路器的安装方法

如图 6-26 所示，配电盘内集中安装室内总断路器和各支路断路器，需要将选配好的断路器固定在配电盘箱体内。

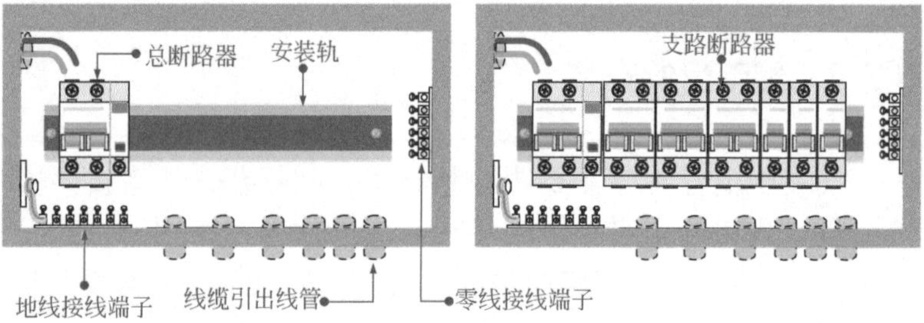
总断路器
安装轨
支路断路器
地线接线端子
线缆引出线管
零线接线端子

③ 配电盘内的接线操作

图 6-27 配电盘内的接线

如图 6-27 所示，断路器固定完成后，将引入的线缆与断路器连接，并选择合适规格的供电线缆从断路器出线端引出，最后引出接地线，分配到室内各分支线路中。

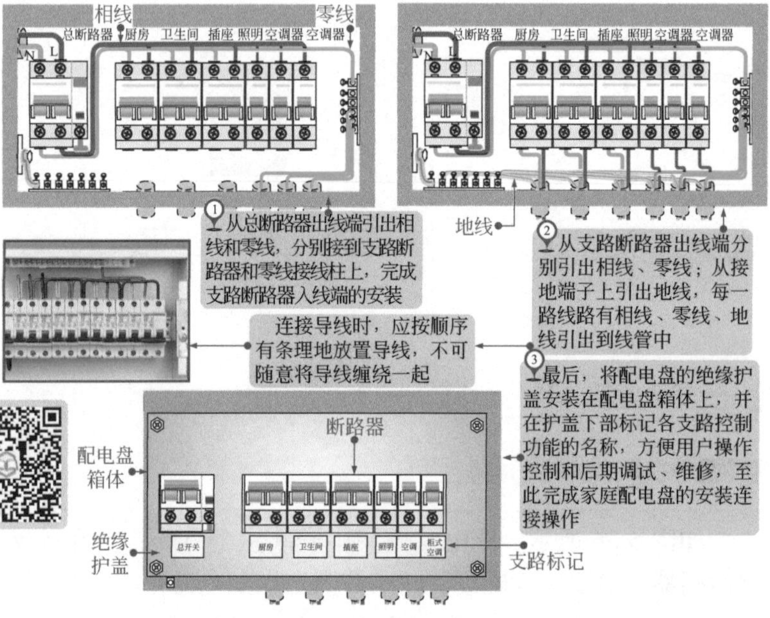
相线
零线
总断路器
厨房
卫生间
插座
照明
空调器
空调器
N
L
①从总断路器出线端引出相线和零线，分别接到支路断路器和零线接线柱上，完成支路断路器入线端的安装
地线
②从支路断路器出线端分别引出相线、零线；从接地端子上引出地线，每一路线路有相线、零线、地线引出到线管中
连接导线时，应按顺序有条理地放置导线，不可随意将导线缠绕一起
③最后，将配电盘的绝缘护盖安装在配电盘箱体上，并在护盖下部标记各支路控制功能的名称，方便用户操作控制和后期调试、维修，至此完成家庭配电盘的安装连接操作
断路器
配电盘箱体
绝缘护盖
总开关
厨房
卫生间
插座
照明
空调
柜式空调
支路标记

图 6-28　配电盘接线图

如图 6-28 所示，配电盘安装必须严格按照规划设计进行分支分配连接，支路分配可参考供配电盘接线图进行。

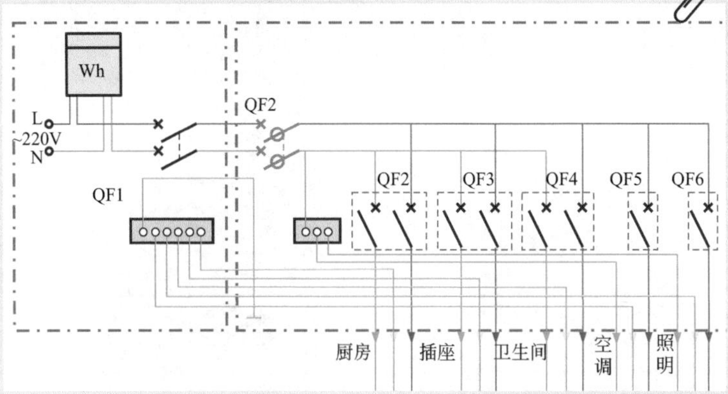

6.3.3　电源插座的安装

在家装操作中，用到的电源插座类型较多，通常有三孔电源插座、五孔电源插座、功能电源插座及组合电源插座等。不同类型电源插座的安装方法基本相似。下面以常见的五孔电源插座的安装为例进行介绍。

图 6-29　五孔电源插座的结构和接线特点

如图 6-29 所示，五孔电源插座是两孔电源插座和三孔电源插座的组合，面板上面为平行设置的两个孔，用于为采用两孔插头电源线的电气设备供电；下面为一个三孔电源插座，用于为采用三孔插头电源线的电气设备供电。

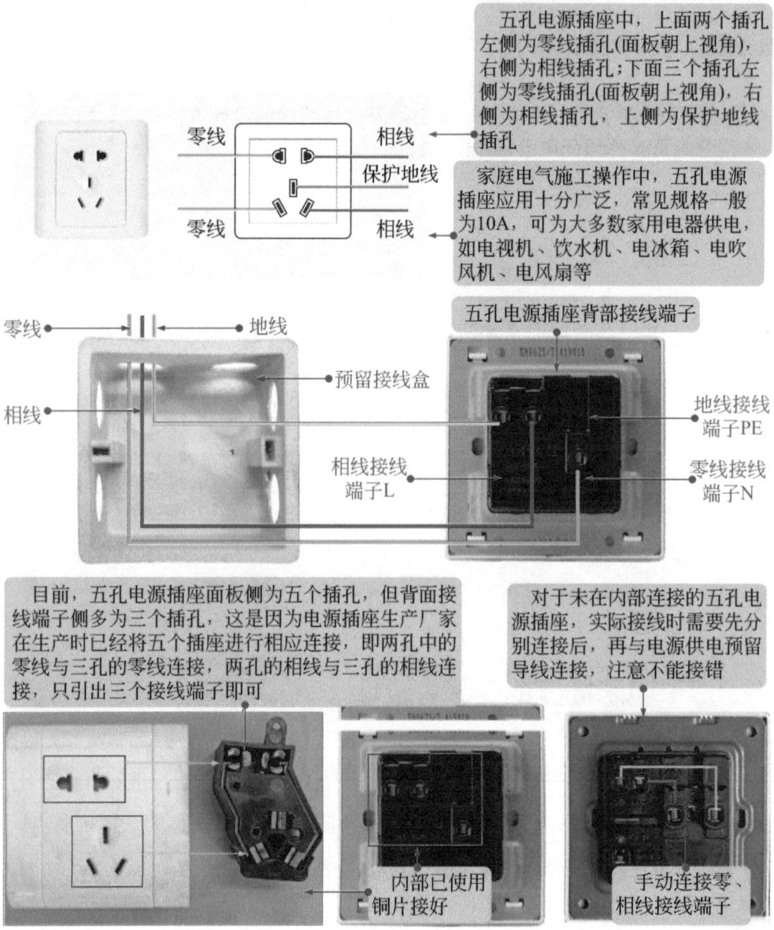
五孔电源插座中，上面两个插孔左侧为零线插孔(面板朝上视角)，右侧为相线插孔；下面三个插孔左侧为零线插孔(面板朝上视角)，右侧为相线插孔，上侧为保护地线插孔
零线
相线
保护地线
零线
相线
家庭电气施工操作中，五孔电源插座应用十分广泛，常见规格一般为10A，可为大多数家用电器供电，如电视机、饮水机、电冰箱、电吹风机、电风扇等
零线
地线
五孔电源插座背部接线端子
预留接线盒
相线
地线接线端子PE
相线接线端子L
零线接线端子N
目前，五孔电源插座面板侧为五个插孔，但背面接线端子侧多为三个插孔，这是因为电源插座生产厂家在生产时已经将五个插座进行相应连接，即两孔中的零线与三孔的零线连接，两孔的相线与三孔的相线连接，只引出三个接线端子即可
对于未在内部连接的五孔电源插座，实际接线时需要先分别连接后，再与电源供电预留导线连接，注意不能接错
内部已使用铜片接好
手动连接零、相线接线端子

图 6-30 五孔电源插座的安装方法

如图 6-30 所示，首先区分待安装五孔电源插座接线端子的类型，确保供电线路在断电状态下，将预留接线盒中的相线、零线、保护地线连接到五孔电源插座相应标识的接线端子（L、N、PE）内，并用螺钉旋具拧紧固定螺钉。

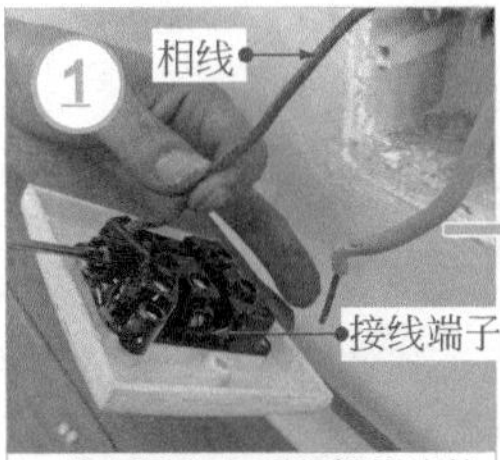

将电源供电预留相线连接到L接线端子。

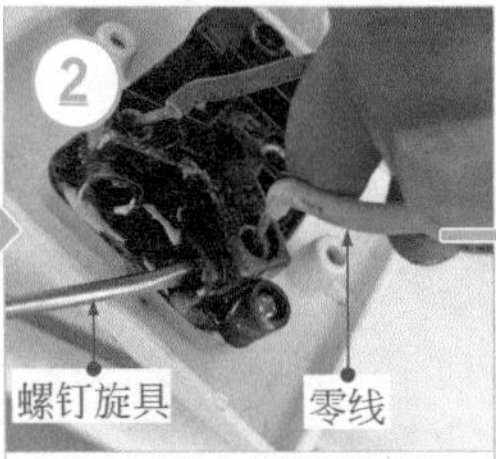

将电源供电零线连接到N接线端子。

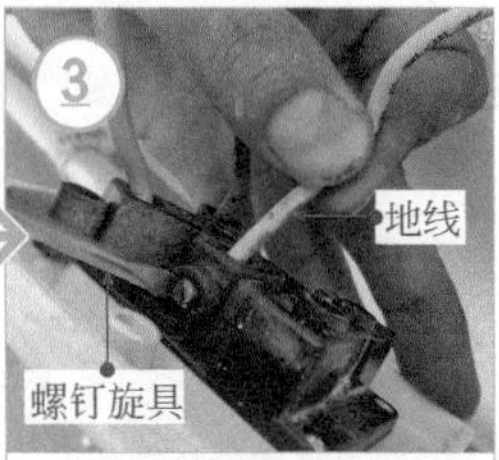

将电源供电预留地线连接到E接线端子。

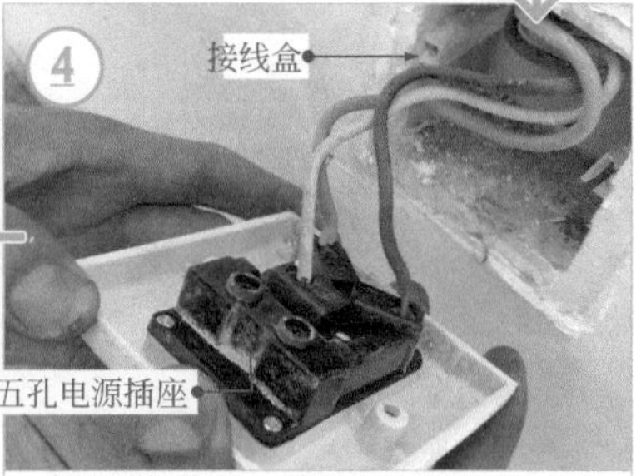

使用螺钉旋具分别紧固三个接线端子固定螺钉。

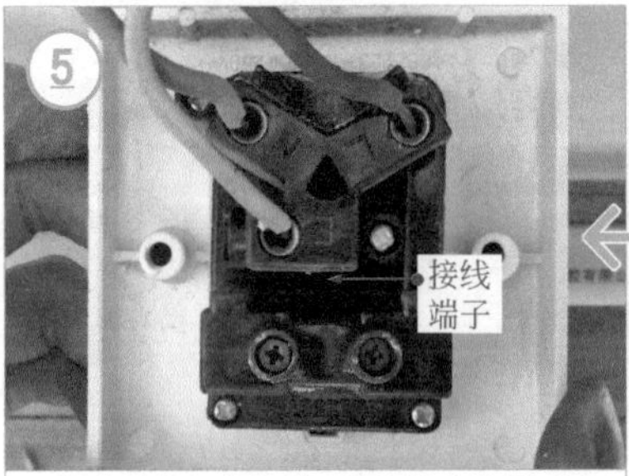

检查导线与接线端子之间的连接是否牢固，若有松动，必须重新连接。

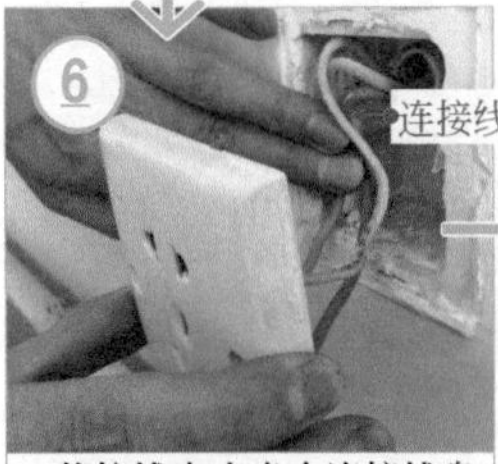

将接线盒内多余连接线盘绕在线盒内，将五孔电源插座推入接线盒中。

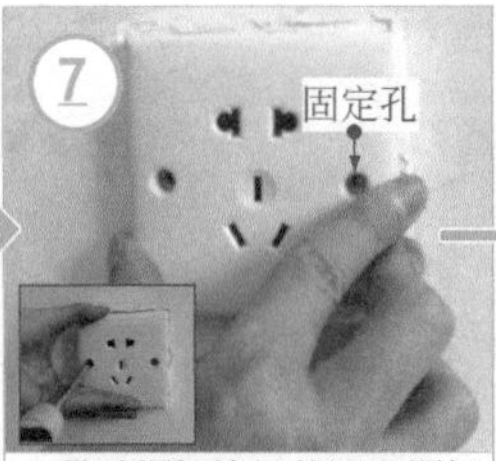

借助螺钉旋具将固定螺钉拧入插座固定孔内，使插座与接线盒固定牢固。

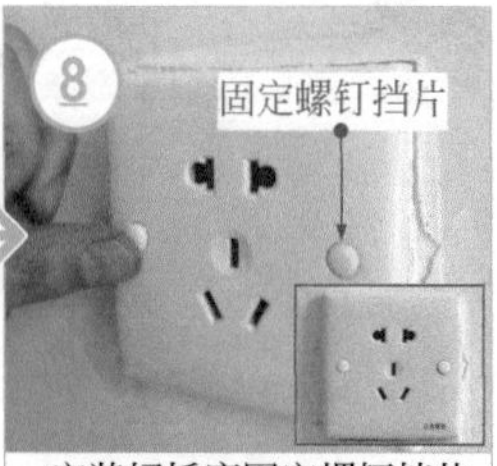

安装好插座固定螺钉挡片(有些为护板防护需安装护板)，安装完成。

图 6-31 其他类型电源插座的接线和安装方法

家庭电气供配电线路中，除上述五孔插座外，三孔电源插座、带功能开关的电源插座、组合电源插座也比较常见，其安装和接线方法如图 6-31 所示。

三孔电源插座中，上插孔为地线插孔，左侧为零线插孔(面板朝上视角)，右侧为相线插孔。电源插座背部的接线端子分别对应三个插孔。家装中三孔电源插座属于大功率电源插座，规格多为16A，主要用于连接空调器等大功率电器

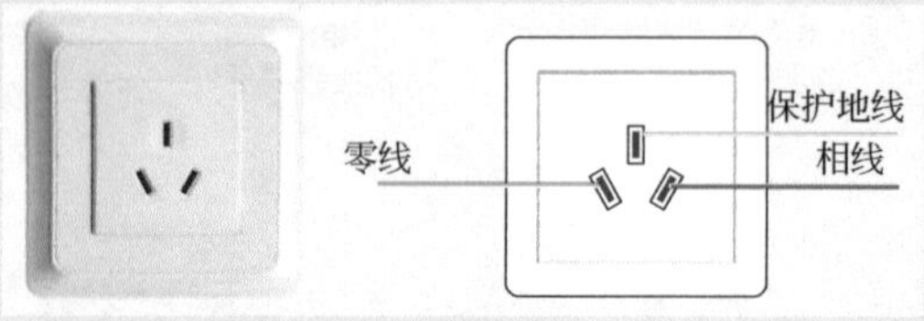

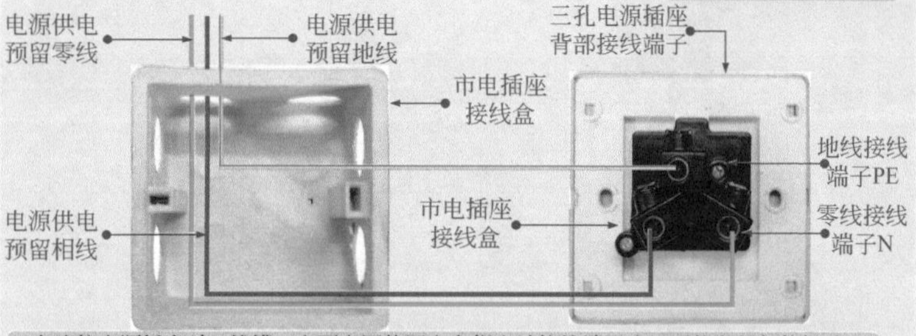

在连接电源插座时，线缆一定要牢固的固定在相应地接线端子内，不能有任何的松动，线缆与线缆的接头不能有接触的可能。为了使用安全，不能将零线和接地线互换连接，通常可根据导线的颜色区分，红色为相线，蓝色为零线，黄绿色为接地线

带开关电源插座中，需先将开关的一端(A端)的相线接线端子与插座相线接线端子连接；开关另一端(B端)的相线与电源相线连接；插座部分的地线、零线接线端子分别与电源地线、零线连接，即开关与插座串联连接，由开关控制插座通断电

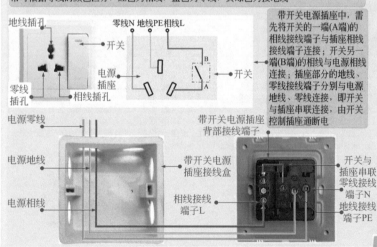

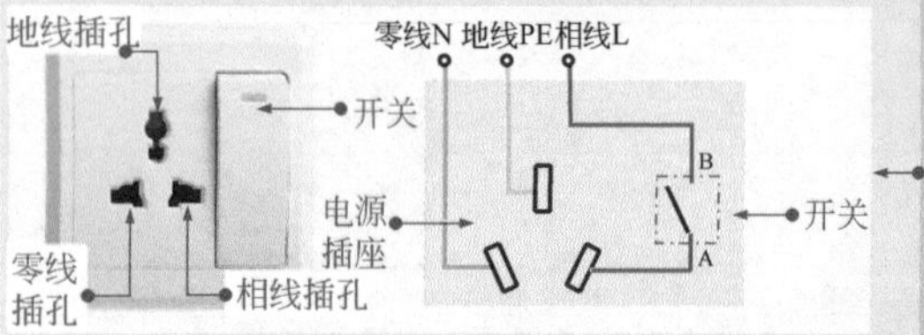

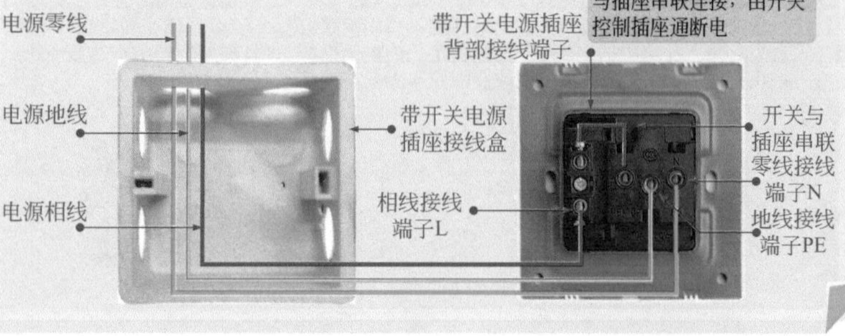

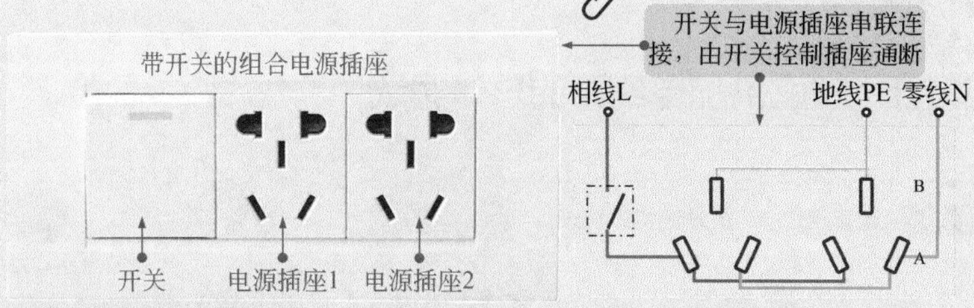
带开关的组合电源插座
开关
电源插座1
电源插座2
开关与电源插座串联连接，由开关控制插座通断
相线L
地线PE
零线N
B
A

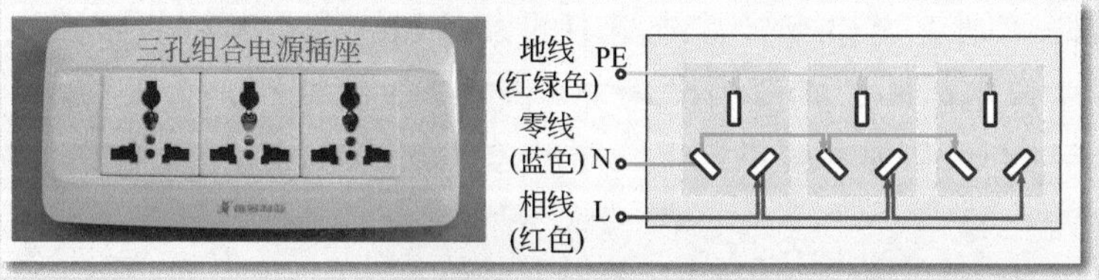
三孔组合电源插座
地线
(红绿色)
PE
零线
(蓝色)
N
相线
(红色)
L

与接线盒中
预留相线连接
与接线盒中
预留零线连接
与接线盒中
预留地线连接

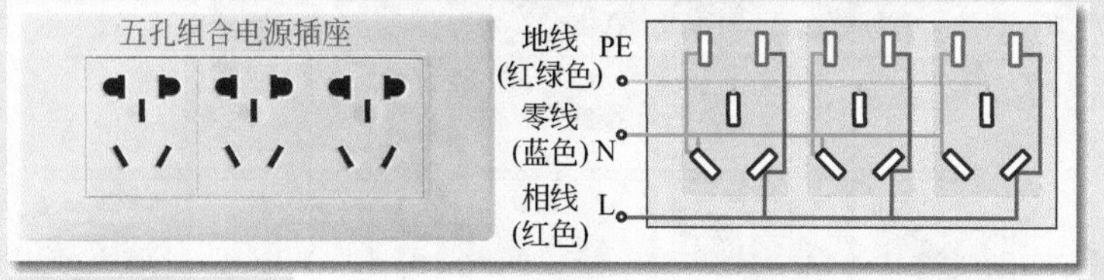
五孔组合电源插座
地线
(红绿色)
PE
零线
(蓝色)
N
相线
(红色)
L

与接线盒中
预留相线连接
与接线盒中
预留零线连接
与接线盒中
预留地线连接

6.4 家庭供配电系统的调试与检测

6.4.1 家庭供配电线路的总体调试

图 6-32 家庭供配电线路的总体调试原则

调试检测的基本原则是查同级线路，若同级线路未发生故障，则应当检查异常线路中的设备和线缆；若同级线路也发生停电故障，则应当检查为其供电的上级线路是否正常。

图 6-32 为家庭供配电线路的总体调试原则。

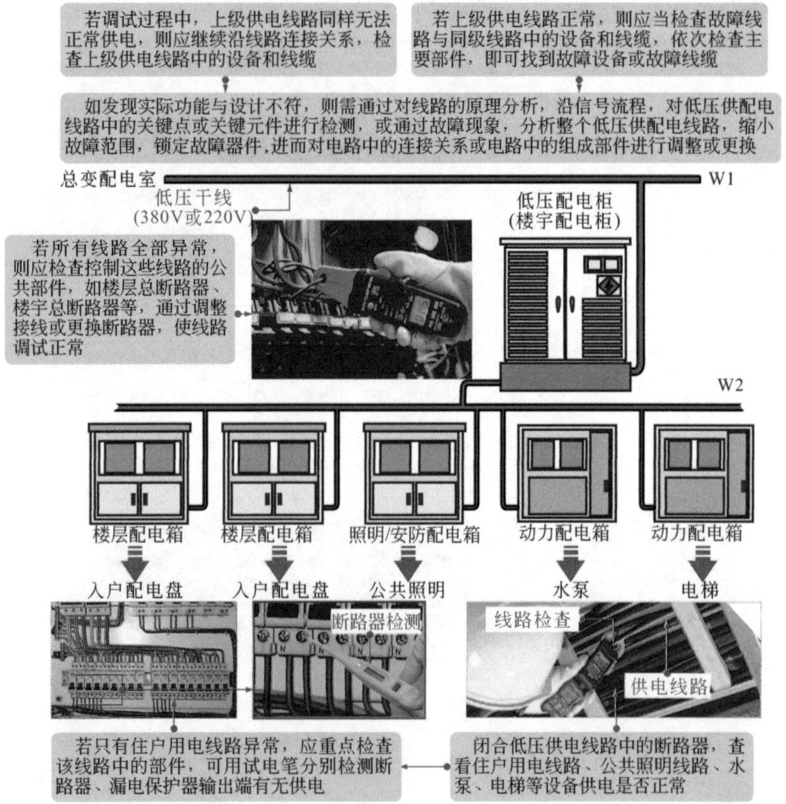
若调试过程中，上级供电线路同样无法正常供电，则应继续沿线路连接关系，检查上级供电线路中的设备和线缆
若上级供电线路正常，则应当检查故障线路与同级线路中的设备和线缆，依次检查主要部件，即可找到故障设备或故障线缆
如发现实际功能与设计不符，则需通过对线路的原理分析，沿信号流程，对低压供配电线路中的关键点或关键元件进行检测，或通过故障现象，分析整个低压供配电线路，缩小故障范围，锁定故障器件，进而对电路中的连接关系或电路中的组成部件进行调整或更换
总变配电室
W1
低压干线
(380V或220V)
低压配电柜
(楼宇配电柜)
若所有线路全部异常，则应检查控制这些线路的公共部件，如楼层总断路器、楼宇总断路器等，通过调整接线或更换断路器，使线路调试正常
W2
楼层配电箱
楼层配电箱
照明/安防配电箱
动力配电箱
动力配电箱
入户配电盘
入户配电盘
公共照明
水泵
电梯
断路器检测
线路检查
供电线路
若只有住户用电线路异常，应重点检查该线路中的部件，可用试电笔分别检测断路器、漏电保护器输出端有无供电
闭合低压供电线路中的断路器，查看住户用电线路、公共照明线路、水泵、电梯等设备供电是否正常

6.4.2　家庭供配电线路的短路检查

线路短路检查即检查供电线路中有无因接错等情况引起相线和零线短路的情况，检查前需要确保供配电线路的总开关或总断路器处于断开状态。

图 6-33　家庭供配电线路的短路检查

如图 6-33 所示，检测时，可借助万用表，先将万用表置于“×10k”欧姆挡，分别检查线路中相线与零线、相线与地线、零线与地线之间的阻值。

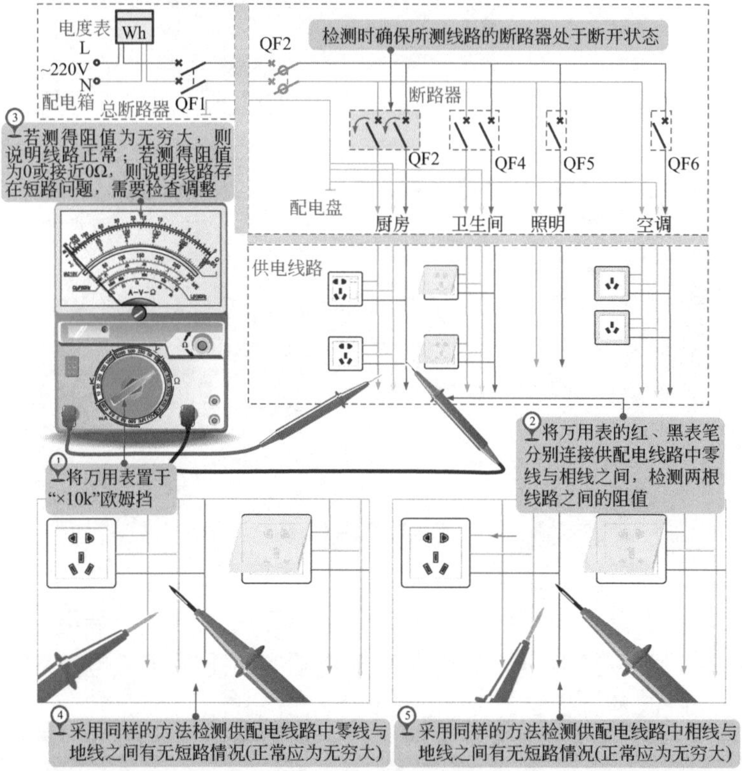
电度表
Wh
L
~220V
N
配电箱
总断路器
QF1
QF2
检测时确保所测线路的断路器处于断开状态
断路器
QF2
QF4
QF5
QF6
配电盘
厨房
卫生间
照明
空调
供电线路
③若测得阻值为无穷大，则说明线路正常；若测得阻值为0或接近0Ω，则说明线路存在短路问题，需要检查调整
①将万用表置于“×10k”欧姆挡
②将万用表的红、黑表笔分别连接供配电线路中零线与相线之间，检测两根线路之间的阻值
④采用同样的方法检测供配电线路中零线与地线之间有无短路情况(正常应为无穷大)
⑤采用同样的方法检测供配电线路中相线与地线之间有无短路情况(正常应为无穷大)

6.4.3 家庭供配电线路的绝缘性能检查

供电线路的绝缘性能也是家庭供电线路调试中的重要检测环节。检查家庭供配电线路的绝缘性能应借助专用的兆欧表。

图 6-34 家庭供配电线路的绝缘性能检查

如图 6-34 所示，借助兆欧表检测供电电路的绝缘电阻时，须确保供电线路处于断电状态。用兆欧表检测线路中相线对地绝缘阻值、零线对地绝缘阻值、相线与零线间的绝缘阻值。

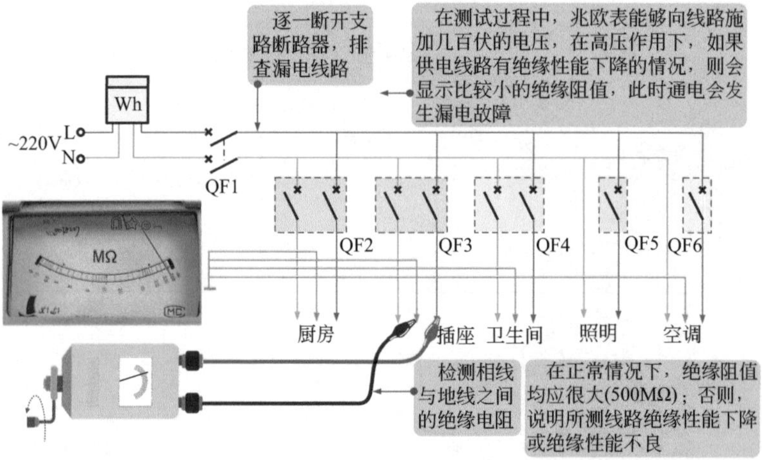
逐一断开支路断路器，排查漏电线路
在测试过程中，兆欧表能够向线路施加几百伏的电压，在高压作用下，如果供电线路有绝缘性能下降的情况，则会显示比较小的绝缘阻值，此时通电会发生漏电故障
Wh
~220V
L
N
QF1
QF2
QF3
QF4
QF5
QF6
MΩ
厨房
插座
卫生间
照明
空调
检测相线与地线之间的绝缘电阻
在正常情况下，绝缘阻值均应很大(500MΩ)；否则，说明所测线路绝缘性能下降或绝缘性能不良

6.4.4 家庭供配电线路的验电检查

验电是指检验电气线路和设备是否带电。在家装电工操作中，常用的验电方式主要有验电器（试电笔）验电和钳形表验电两种方式。

图 6-35　使用验电器检查家庭供配电线路

如图 6-35 所示，验电操作一般借助验电器进行。验电器俗称试电笔，是电工验电操作中最常用的一种工具，操作简单，能够快速检验出所测线路或设备是否带电。

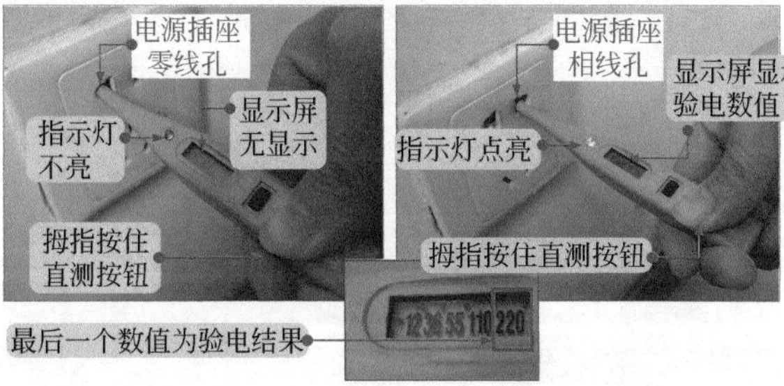
电源插座
零线孔
指示灯
不亮
显示屏
无显示
拇指按住
直测按钮
电源插座
相线孔
显示屏显示
验电数值
指示灯点亮
拇指按住直测按钮
最后一个数值为验电结果
12 36 55 110 220

图 6-36　使用钳形表检查家庭供配电线路

如图 6-36 所示，使用钳形表验电能够检测线路或设备是否有电，同时还能够直观地显示出所测带电体的电流大小。

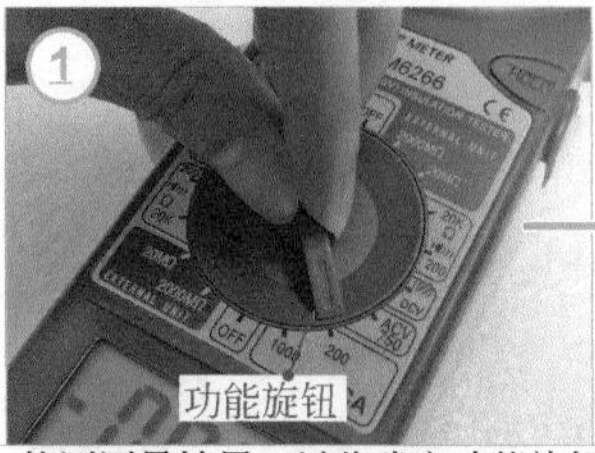
1
功能旋钮

估测测量结果，以此确定功能旋钮的位置。室内供电线路电流一般为几或几十安培，这里选择“200”交流电流挡。

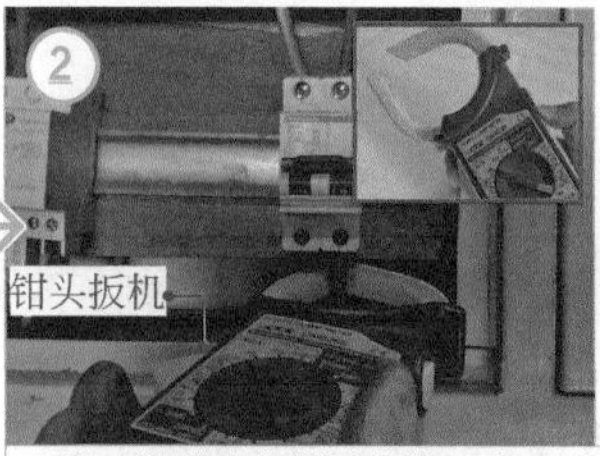
2
钳头扳机

按下钳形表的钳头扳机，打开钳形表钳头，为检测电流做好准备，同时确认锁定开关处于解锁位置。

3
供电线路

将钳头套在所测线路中的一根供电线上，检测配电箱中断路器输出侧送往室内供电线路中的电流。

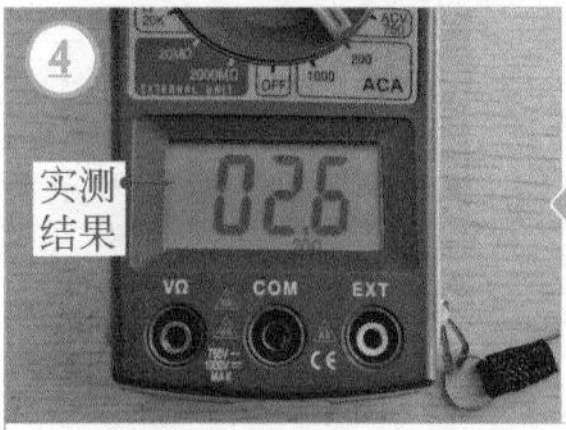

待检测数值稳定后，按下锁定开关，读取供电线路的电流数值为2.6A。

图 6-37 钳形表的测量原理

使用钳形表进行验电，即使用钳形表的电流挡检测待测线路或设备的电流时，把待测线缆或设备供电线路“穿入”钳形表的钳口中就可以完成检测，无需直接接触带电体，具有安全、可靠的特点。

钳形表检测交流电流的原理建立在电流互感器工作原理基础上，如图 6-37 所示。测量时，钳头内只能有一根导线，如果钳头中同时有多条导线，将无法得到准确的结果。

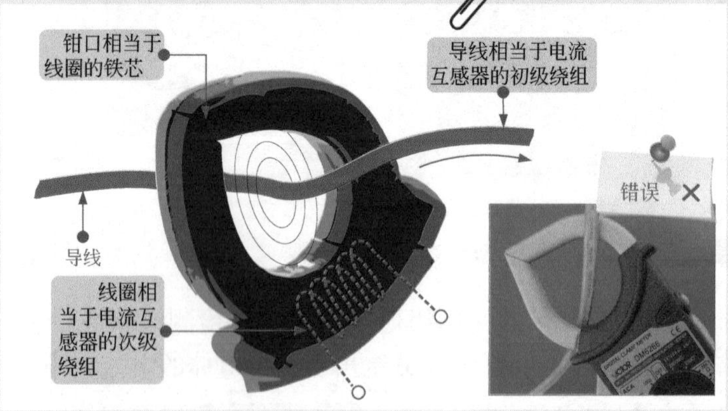
钳口相当于线圈的铁芯
导线相当于电流互感器的初级绕组
导线
线圈相当于电流互感器的次级绕组
错误 ×

6.4.5 家庭供配电线路的漏电检查与测量

漏电是指供电线路的电流回路出现异常，导致电流泄漏的一种情况。漏电危害较大，除导致漏电保护器频繁跳闸、影响线路工作外，严重时还可能引起触电事故。

图 6-38 使用钳形漏电电流表检查家庭供配电线路有无漏电情况

如图 6-38 所示，使用钳形漏电电流表检测漏电流是目前低压线路检测漏电的有效方法。

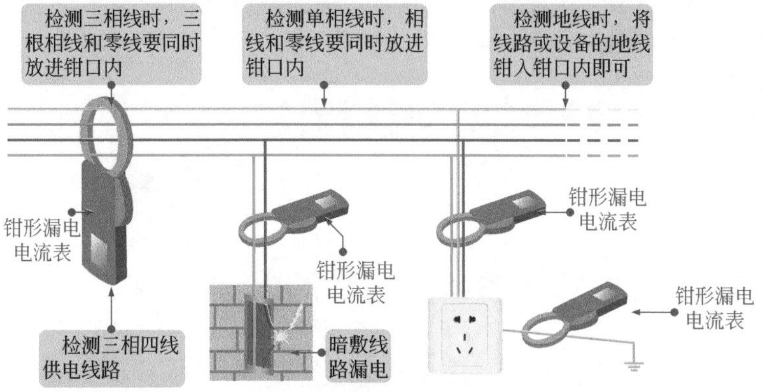

图 6-39　使用钳形漏电电流表检测漏电电流的原理

如图 6–39 所示，钳形漏电电流表是利用供电回路中相线与零线负荷电流磁通的向量和为零的原理实现测量的。在正常无漏电的情况下，使用钳形漏电电流表同时钳住相线和零线时，由于电流磁通正负抵消，此时电流应为 0。若实测有数值，则表明线路中有漏电情况。

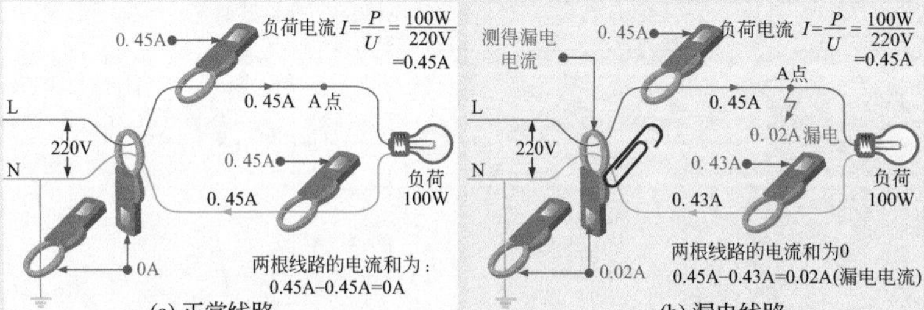

(a) 正常线路　(b) 漏电线路

供电线路有无漏电也可采用排查法来判断，即根据线路中漏电保护器的动作状态判断漏电情况。

若闭合线路，漏电保护器立刻掉闸，说明相线中存在漏电情况。怀疑相线漏电时，可将线路的支路断路器全部断开，然后逐一闭合，若某支路闭合，漏电保护器掉闸，则说明该线路存在漏电情况。

若闭合线路，漏电保护器不立刻掉闸，用一段时间后才会掉闸，多为零线中存在漏电情况。将怀疑漏电支路中用电设备的插头全部拔下，然后逐一插上插头，插到某设备引起掉闸时，说明该设备存在漏电情况。

若照明支路异常，则将全部灯具关闭，然后逐一开灯，哪盏灯开启后掉闸，则说明该灯具或线路存在漏电情况。

第7章 家庭灯控系统的安装检测

7.1 家庭灯控系统线路图的识读

7.1.1 典型两室一厅灯控线路的识读

图 7-1 典型两室一厅灯控线路的识读方法

图 7-1 为典型两室一厅灯控线路的识读方法。

②客厅吊灯EL2、EL3，客厅射灯EL4、EL5、EL6，卧室吊灯EL11分别采用一组一开双控开关SA2、SA3、SA4、SA5、SA11、SA12进行控制，当按动其中一只一开双控开关时，接通供电线路，照明灯点亮；此时，按下该线路中另一只一开双控开关时，线路断开，照明灯熄灭

①玄关射灯EL1、阳台日光灯EL12、书房顶灯EL7、厨房节能灯EL8、厕所顶灯EL9、厕所射灯EL10等分别由其供电线路中的一位单控开关SA9、SA4、SA5、SA6、SA7进行控制，闭合开关相应的照明灯点亮，断开开关相应的照明灯熄灭

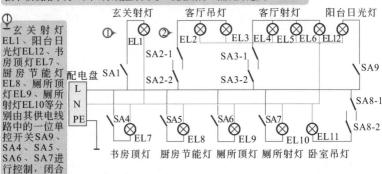

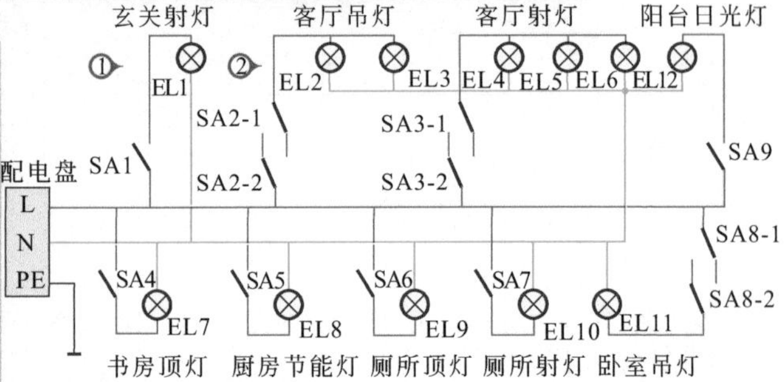

7.1.2　典型两地控制的客厅照明灯线路的识读

图 7-2　典型两地控制的客厅照明灯线路的识读

如图 7-2 所示，在家庭用户中，客厅照明控制以方便实用为主要原则，多采用两地控制结构，即采用两个一位双控开关控制一盏照明灯。

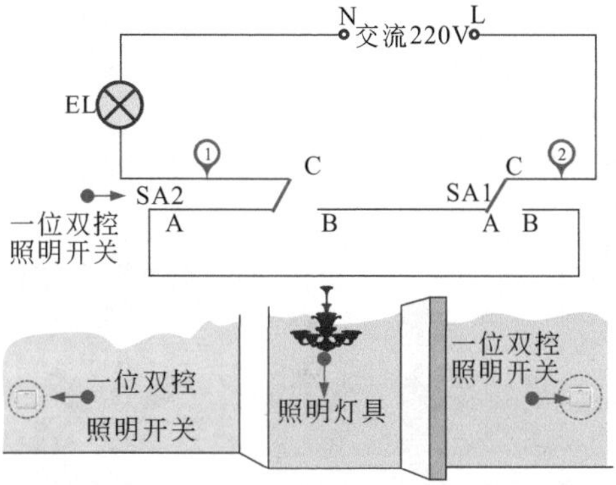

① 当开关SA1的C点与A点连接，SA2的C点与A点连接时，照明电路处于断路状态，照明灯不亮

② 当任意一个开关动作，如开关SA1，其内部触点发生改变时，C点与B点连接，照明电路形成回路，照明灯EL点亮。此时，若开关SA2同时动作，照明电路仍然无回路，照明灯EL不亮

图 7-3　其他两地控制同一盏照明灯线路

如图 7–3 所示，两地同控制一盏照明灯的电路有很多连接方法，除了上述连接方法外，还有其他的连接方式。

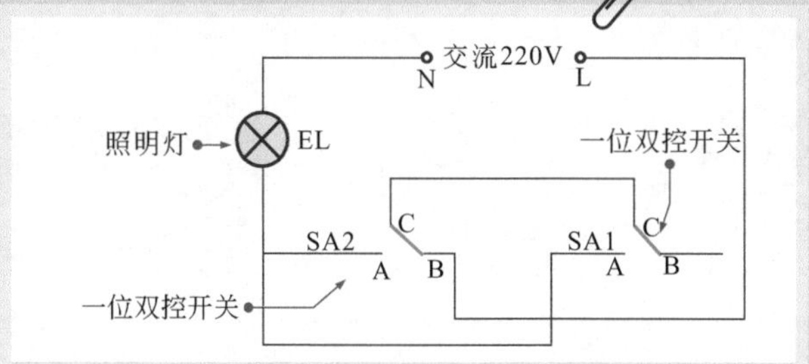

7.1.3 典型三地控制的卧室照明灯线路的识读

图 7-4 典型三地控制的卧室照明灯线路的识读方法

如图 7-4 所示，在该线路通过两只一位双控开关和一只双控联动开关的闭合与断开，可实现三地控制一盏照明灯。

该线路常用于家居卧室中对照明灯的控制，一般可在床头两边各安装一只开关，在进入房间门处安装一只，实现三处都可对卧室照明灯进行点亮和熄灭的控制

①合上线路中的断路器QF，接通交流220V电源。图中的断路器用字母“QF”标识，在电路中用于总开关及过载、短路保护

②按动双控开关SA1，触点A、C接通。图中的双控开关用字母“SA”标识，用于控制照明电路的接通和断开

③双控联动开关SA2-2的A、B触点接通。图中双控联动开关用字母“SA”标识，内部两组控制开关同时动作，用于控制照明电路的接通和断开

④双控开关SA3的触点B、A接通

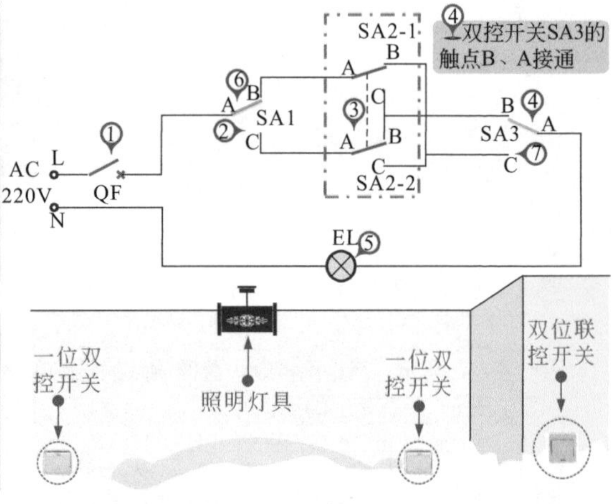

⑤电源经SA1的A、C触点、SA2-2的A、B触点、SA3的B、A触点后与照明灯EL形成回路，照明灯点亮

⑥当需要再次操作SA1熄灭照明灯时，按动双控联动开关SA1，此时SA1的A、B触点接通

⑦电源经SA1的A、B触点、SA2-2的A、B触点后，送至双控开关SA3的C触点。由于SA3的C触点与A触点为断开状态，照明灯熄灭

当需要操作 SA2 熄灭照明灯时，按动双控联动开关 SA2。按下 SA2 后，由于其联动关系，SA2–1、SA2–2 的触点 A 和 C 均接通。电源经 SA1 的 A、C 触点、SA2–2 的 A、C 触点后，送至双控开关 SA3 的 C 触点。SA3 的 C 触点与 A 触点为断开状态，照明灯熄灭。当需要操作 SA3 熄灭照明灯时，按动一位双控开关 SA3。按下 SA3 后，其触点 A 和 B 断开，切断电源，照明灯熄灭。

7.2 家庭灯控系统主要设备的安装

7.2.1 灯控开关的安装

灯控开关是家庭灯控系统中的重要组成部件。根据灯控电路控制功能不同，常用的灯控开关主要有单控开关和双控开关。

1 单控开关的安装

图 7-5　单控开关控制和接线关系示意图

如图 7-5 所示，单控开关是指具有一组控制触点的开关，多用于简单的照明控制回路中。安装单控开关就是按照正确的接线方法将预留的相线连接到控制开关的相应接线端子上，然后将控制开关安装固定在设定位置。

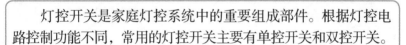

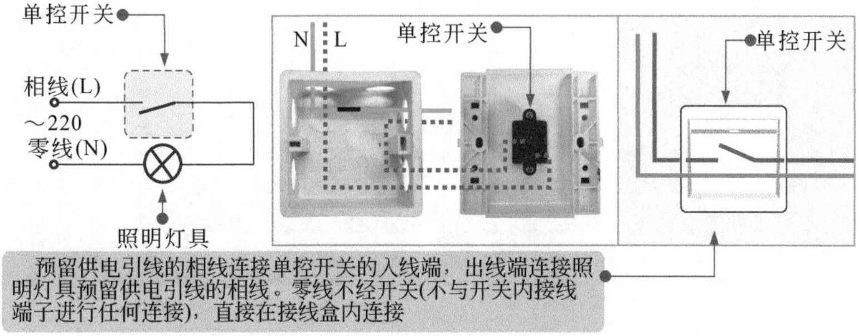
单控开关
相线(L)
～220
零线(N)
照明灯具
N
L
单控开关
单控开关
预留供电引线的相线连接单控开关的入线端，出线端连接照明灯具预留供电引线的相线。零线不经开关(不与开关内接线端子进行任何连接)，直接在接线盒内连接

图 7-6 单控开关的具体安装方法

图 7-6 为单控开关的具体安装方法。

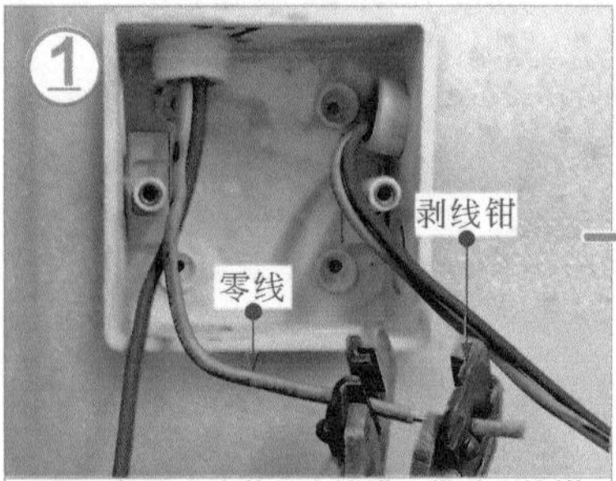

加工接线盒中的供电线缆，借助剥线钳剥除零线导线的绝缘层。

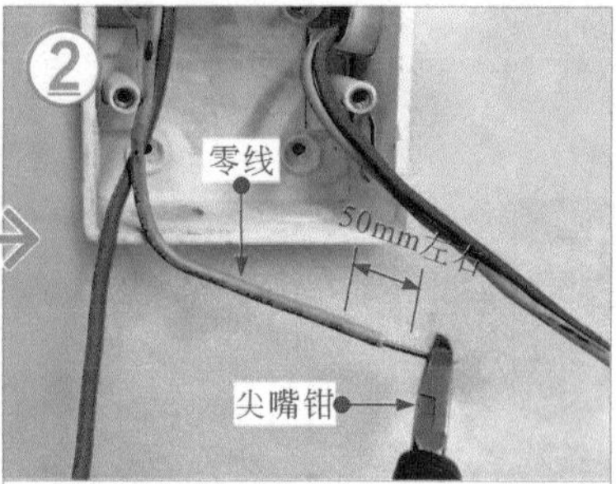

剥去绝缘层的线芯长度为50mm左右，若线芯过长时，使用偏口钳剪掉多余的线芯。

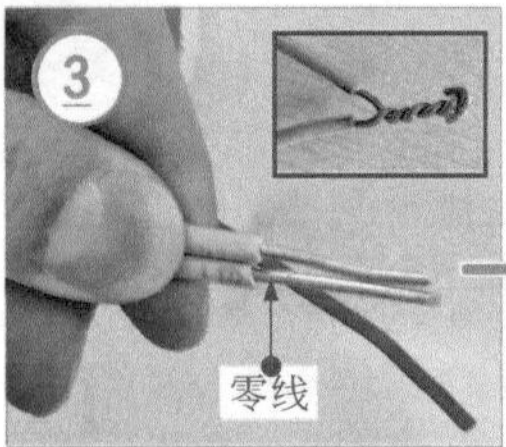

使用尖嘴钳将电源供电零线与照明灯具供电线路中的零线(蓝色)并头连接。

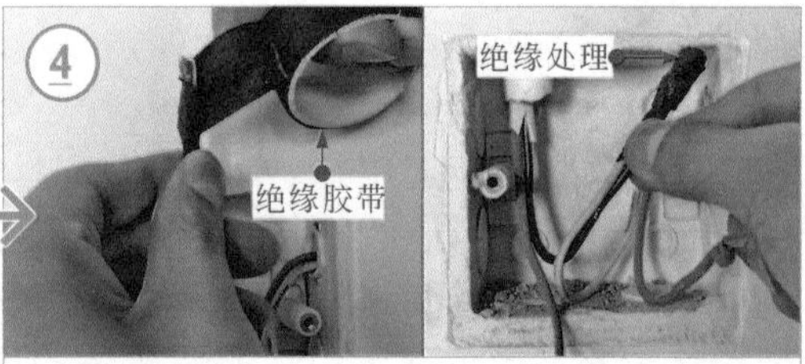

使用绝缘胶带对连接部位进行绝缘处理，不可有裸露的线芯，确保线路安全。

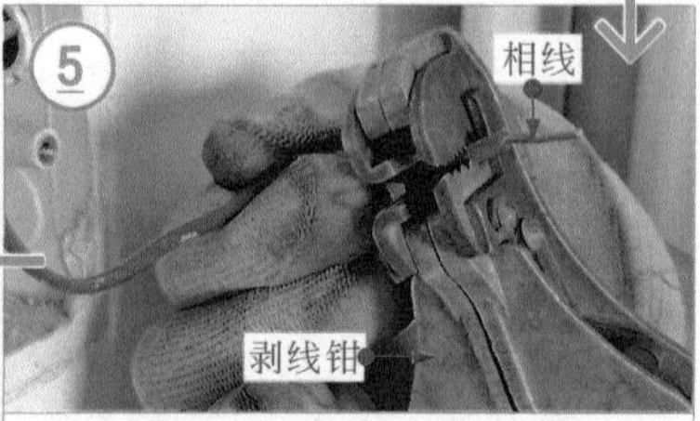

使用剥线钳按相同要求剥除电源供电预留相线连接端头的绝缘层。

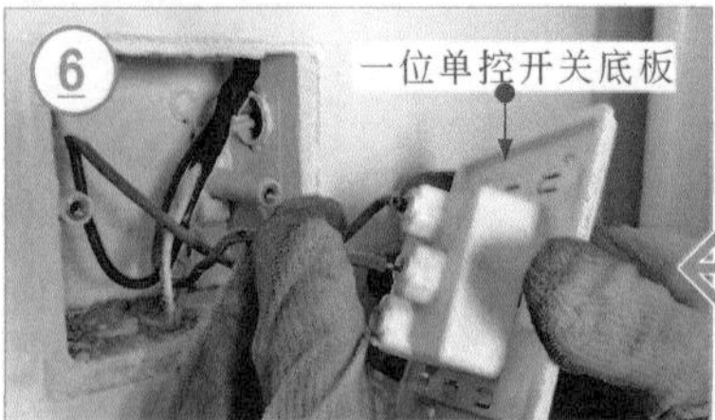

将电源供电端的相线端子穿入一位单控开关的一根接线柱中(一般先连接入线端再连接出线端)，避免将线芯裸露在外部。

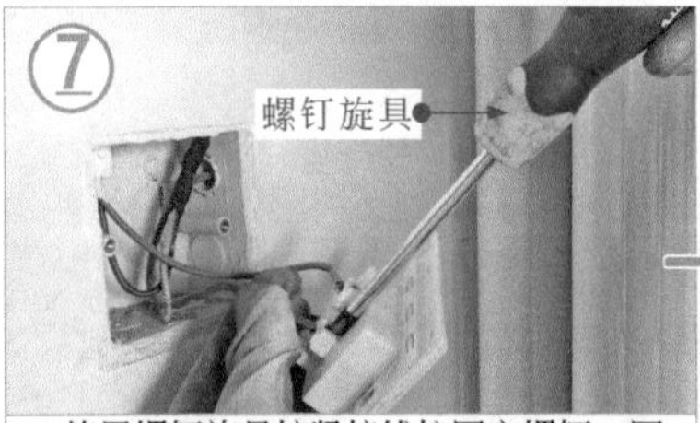

使用螺钉旋具拧紧接线柱固定螺钉，固定电源供电端的相线，导线的连接必须牢固，不可出现松脱情况。

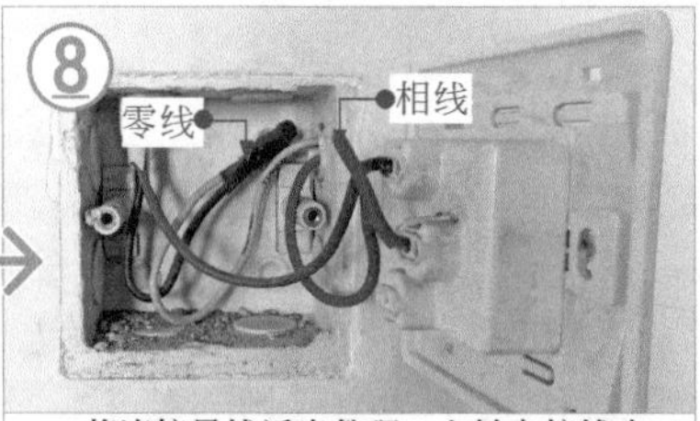

将连接导线适当整理，归纳在接线盒内，并再次确认导线连接是否牢固，无裸露线芯，绝缘处理良好。

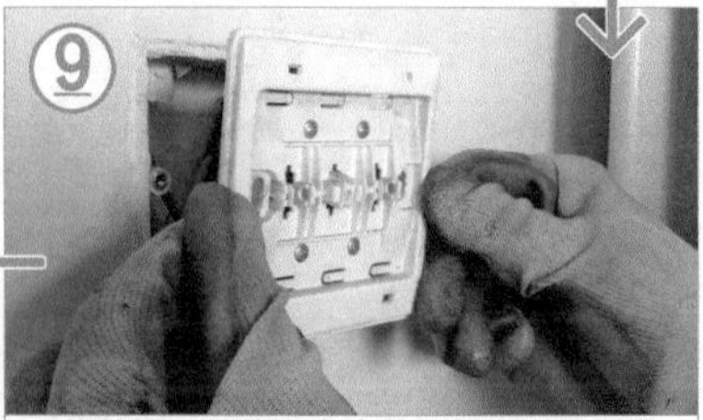

将单控开关的底座中的螺钉固定孔对准接线盒中的螺孔按下。

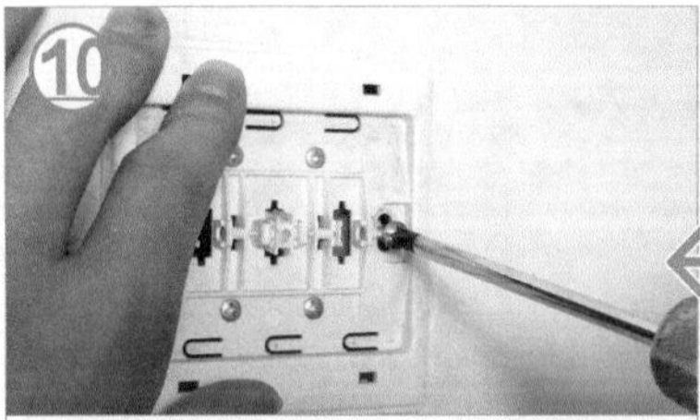

使用螺钉旋具将单控开关的底座固定在接线盒螺孔上，使用固定螺钉均固定牢固，确认底板与墙壁接触紧密。

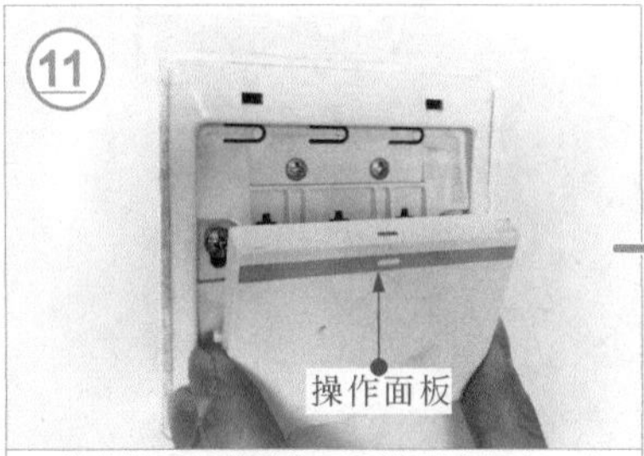

将单控开关的操作面板装到底板上，有红色标记的一侧向上。

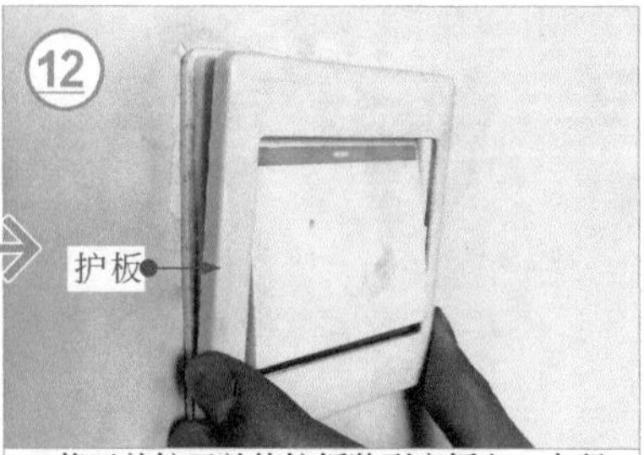

将开单控开关的护板装到底板上，卡紧（按下时听到“咔”声）。

❷ 双控开关的安装

图 7-7 双控开关控制和接线关系示意图

如图 7-7 所示，双控开关是指具有两组控制触点的开关，控制状态下一组触点闭合，一组触点断开，多用于两地（采用两个双控开关）同时控制一盏或一组照明灯的控制回路中。

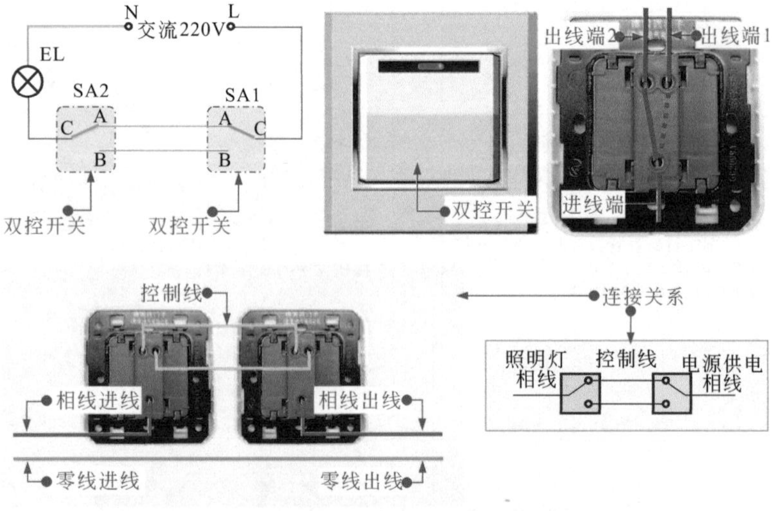

根据双控开关的控制功能，以两地控制一盏照明灯线路为例，安装双控开关就是将控制开关接线盒中预留的照明线缆连接到控制开关的相应接线端子上，然后将控制开关安装固定在设定位置

图 7-8 双控开关的安装方法

图 7-8 为双控开关的安装方法。

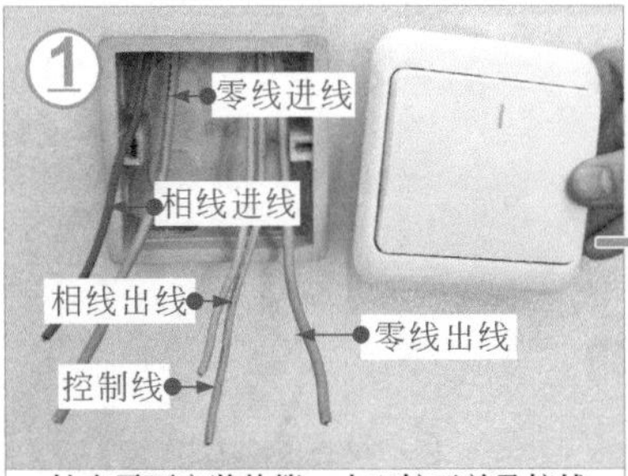
1
零线进线
相线进线
相线出线
零线出线
控制线

检查需要安装的第一个双控开关及接线盒内预留的5根导线是否正常。

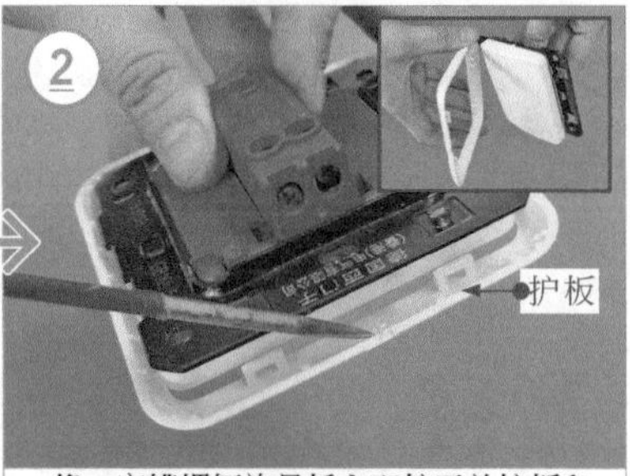
2
护板

将一字槽螺钉旋具插入双控开关护板和底座缝隙中，撬动护板。

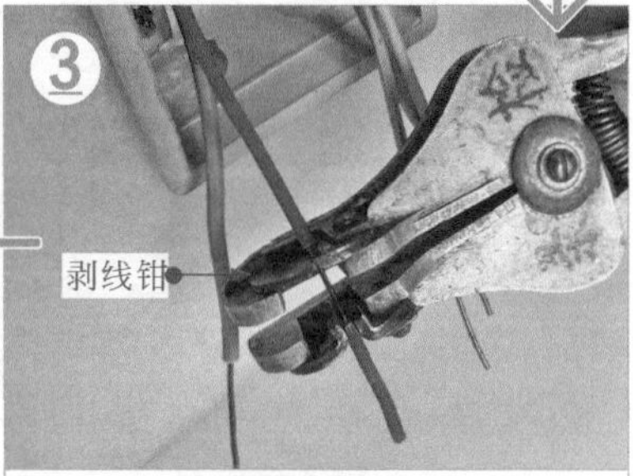
3
剥线钳

使用剥线钳剥除接线盒内预留导线端头的绝缘层，露出符合规定长度的线。

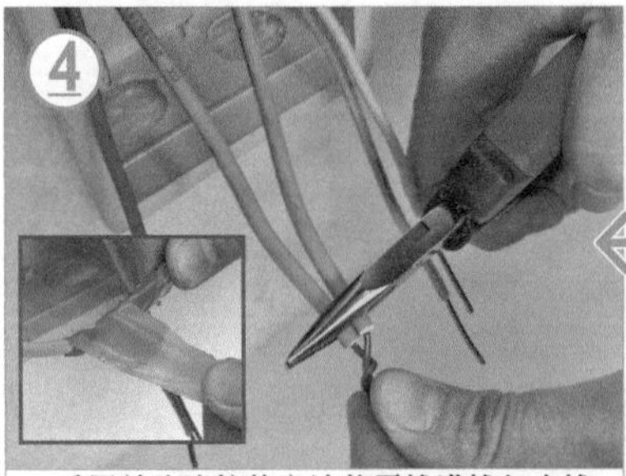

采用并头连接的方法将零线进线与出线连接，并缠绕绝缘胶带，确保连接牢固绝缘良好。

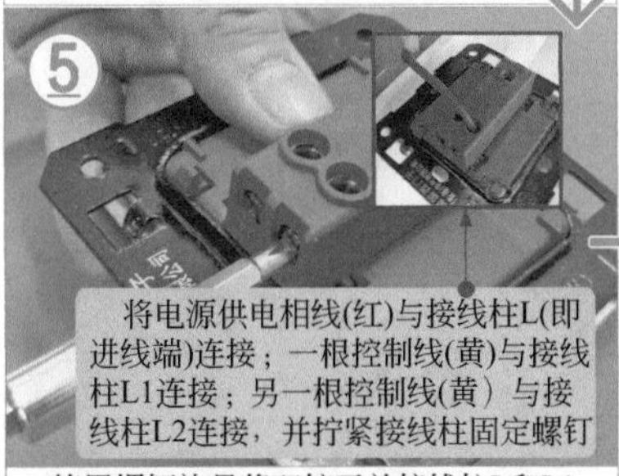
5
将电源供电相线(红)与接线柱L(即进线端)连接；一根控制线(黄)与接线柱L1连接；另一根控制线(黄）与接线柱L2连接，并拧紧接线柱固定螺钉

使用螺钉旋具将双控开关接线柱L和L1、L2上的线缆固定螺钉分别拧松，并对各连接导线进行连接。

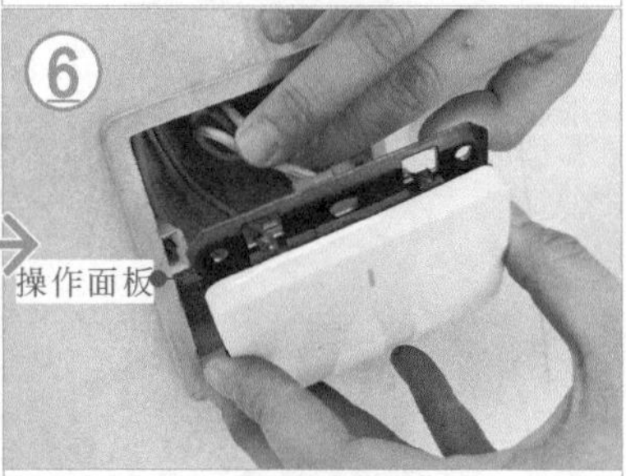
6
操作面板

连接完成后，将供电线缆、控制线缆合理地盘绕在双控开关的接线盒中。

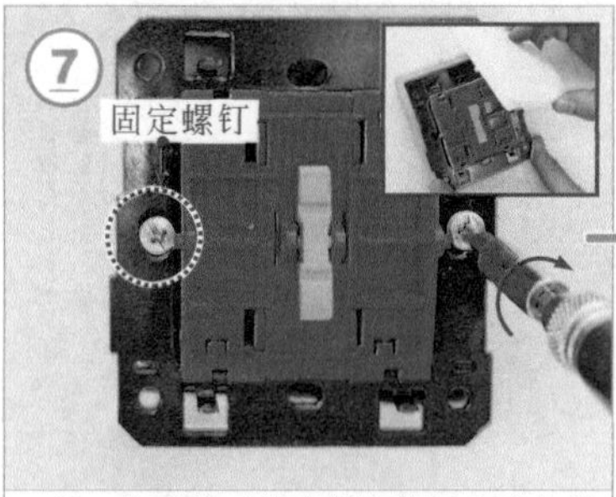

将一位双控开关底板上的固定孔与接线盒上的螺纹孔对准后，拧入固定螺钉，将底板固定。

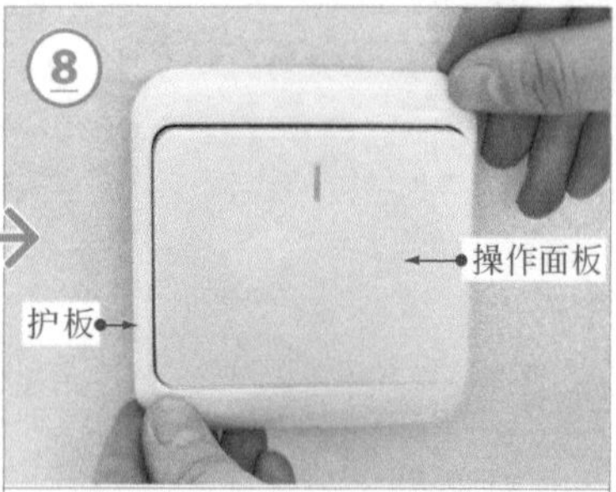

将一位双控开关的操作面板和护板安装，确认卡紧后，第一个一位双控开关安装完成。

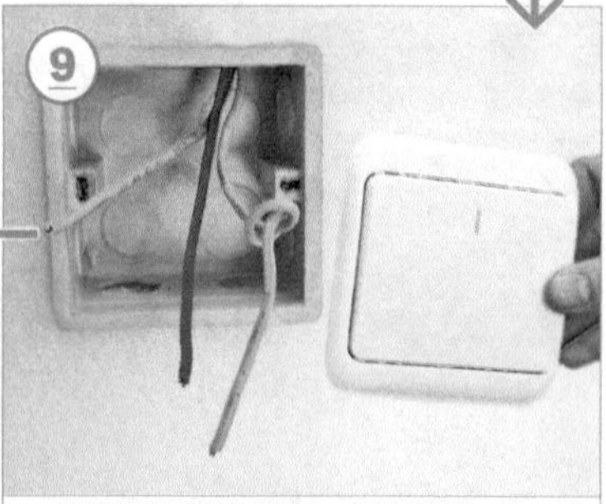

在照明线路规划的另一侧安装另一个一位双控开关。首先检查接线盒内预留线缆是否正确(三根线缆，一根相线、两根控制线)。

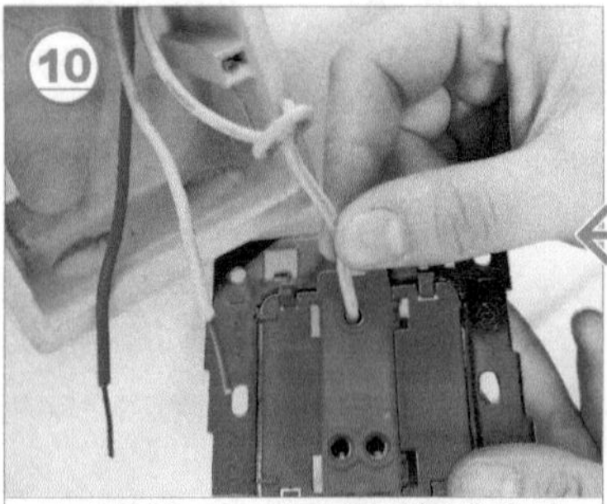

与安装第一个一位双控开关方法相同，依次将三根线缆插入一位双控开关对应的接线孔内。

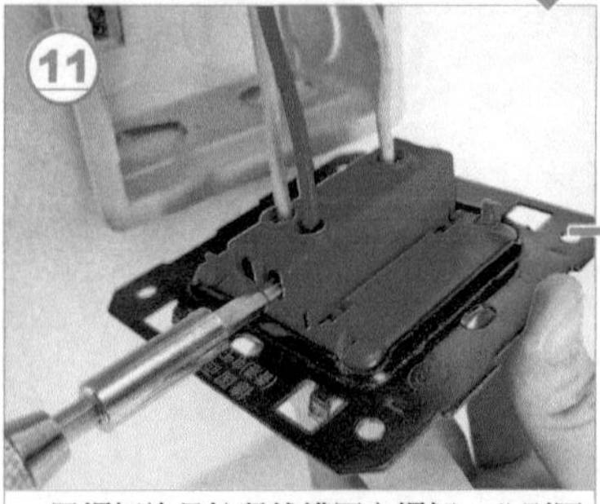

用螺钉旋具拧紧线缆固定螺钉，分别固定好三根线缆，检查连接无误后，适当整理线缆到接线盒内，固定开关底板。

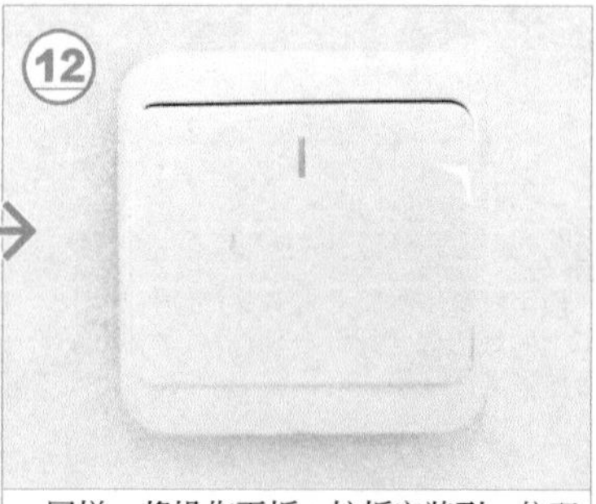

同样，将操作面板、护板安装到一位双控开关的底板上，第二个一位双控开关也安装完成。

7.2.2　照明灯具的安装

照明灯具是家庭供配电系统中最常用的电气设备。照明灯具多种多样，根据安装形式的不同，有吸顶灯（吸顶式）、吊灯（悬吊式）、吊扇灯（吊扇照明组合式）、壁灯等，下面以吸顶灯为例介绍照明灯具的安装。

图 7-9　吸顶灯的结构和接线关系示意图

如图 7-9 所示，吸顶灯是目前家庭照明线路中应用最多的一种照明灯安装形式，该类照明灯主要包括底座、灯管和灯罩几部分。

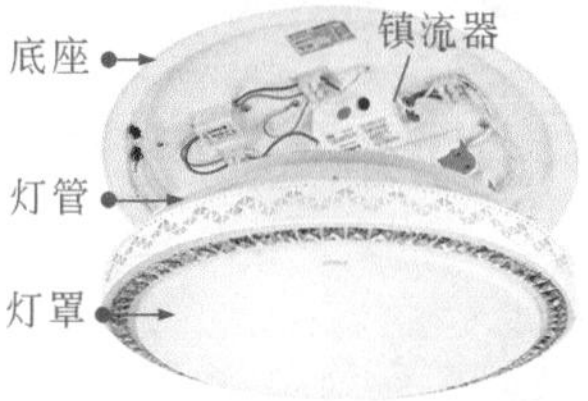

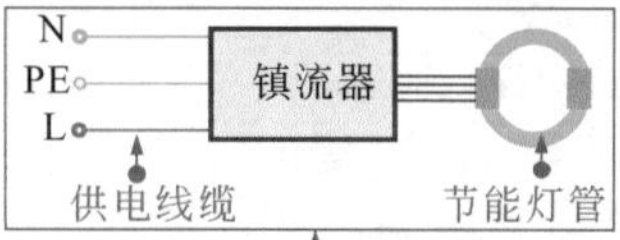

吸顶灯内包括灯具供电线缆、镇流器和节能灯管，节能灯管经镇流器后与供电线缆连接，实现供电

图 7-10　吸顶灯的安装方法

如图 7-10 所示，吸顶灯的安装与接线操作也比较简单，可先将吸顶灯的灯罩、灯管和底座拆开，然后将底座固定在屋顶上，将屋顶预留相线和零线与灯座上的连接端子连接，重装灯管和灯罩即可。

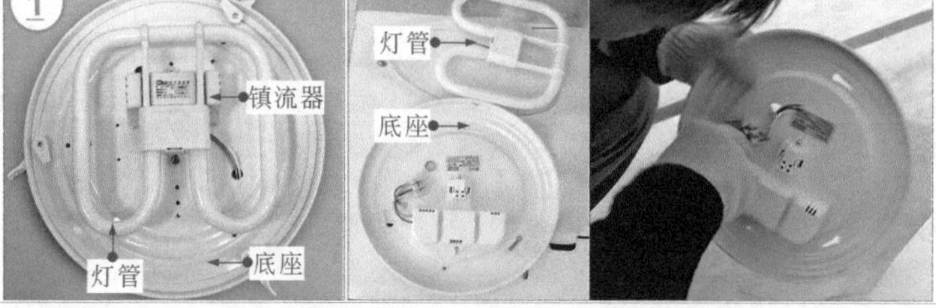

为了防止在安装过程不小心将灯管打碎，安装吸顶灯前，首先拆卸灯罩，取下灯管(灯管和镇流器之间一般都是有插头直接连上的，拆装十分方便)。

② 铅笔 底座

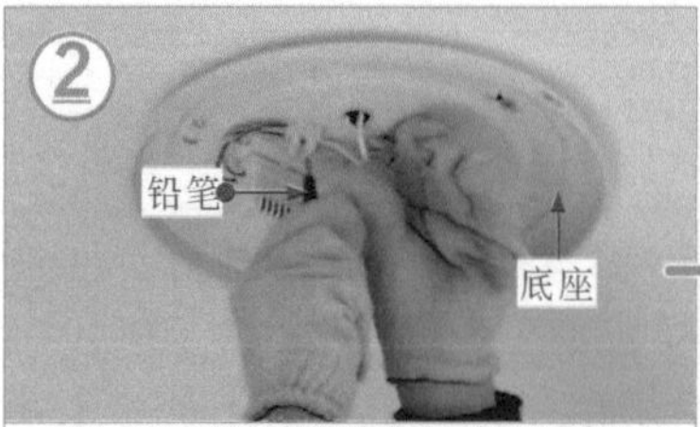

用一只手将灯的底座托住并按在需要安装的位置上，然后用铅笔插入螺钉孔，画出螺钉的位置。

③ 安装孔 钻孔 电钻

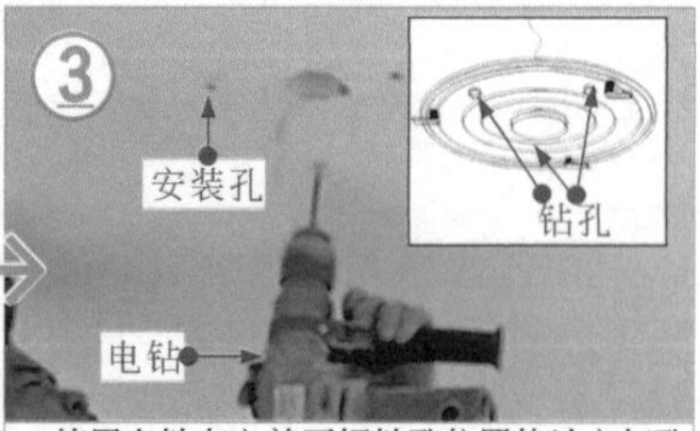

使用电钻在之前画好钻孔位置的地方打孔（实际的钻孔个数根据灯座的固定孔确定，一般不少于三个）。

⑤ 底座 拧入螺钉

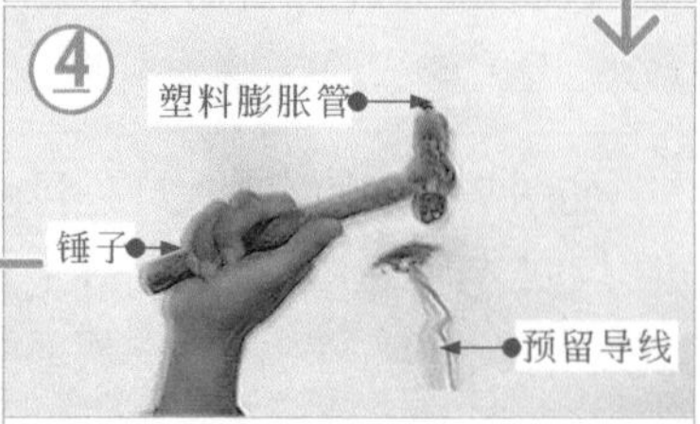

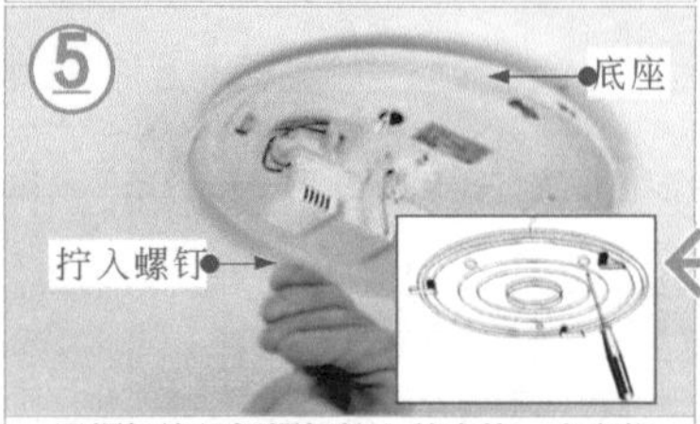

用螺钉旋具把螺钉拧入其中的一个空位，但是不要拧死，固定一个螺钉之后，重新查看安装的位置，并适当调节。确定好后，将其余的螺钉也拧好。

④ 塑料膨胀管 锤子 预留导线

孔位打好之后，将塑料膨胀管按入孔内，然后将预留的电线穿过电线孔，并将底座放在之前的位置，螺钉孔位要对上。

⑥ 灯管

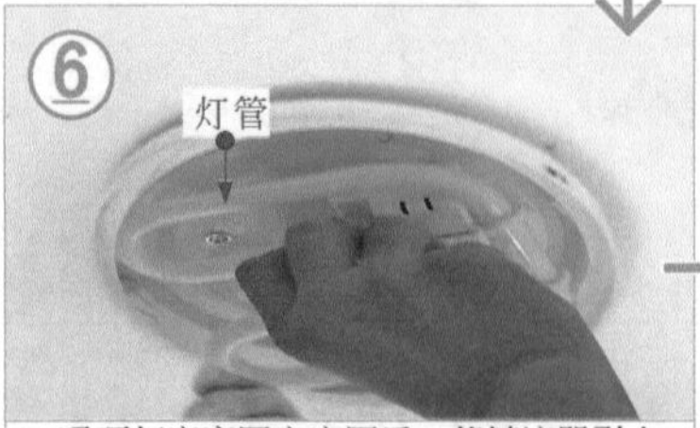

吸顶灯底座固定牢固后，将镇流器引出线按相线、零线与预留孔中的供电引线连接，然后将灯管安装到底座上(直接卡入卡槽即可)。

⑦ 灯罩

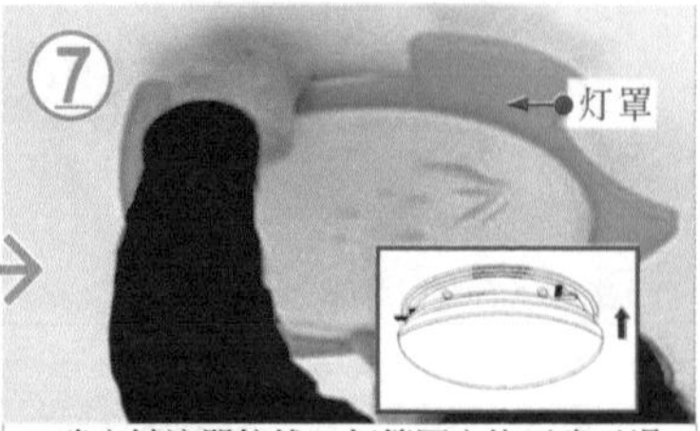

确定镇流器接线、灯管固定均正确无误后，通电检查是否能够点亮（通电时，不要触摸灯座内任何部位），确认无误后，扣紧灯罩，吸顶灯安装完成。

　　吸顶灯的安装施工操作中需注意以下几点：
　◆ 安装时必须确认电源处于关闭状态。
　◆ 在砖石结构中安装吸顶灯时，应采用预埋螺栓或用膨胀螺栓、尼龙塞或塑料塞固定，不可使用木楔，并且上述固定件的承载能力应与吸顶灯的重量相匹配，以确保吸顶灯固定牢固、可靠，并可延长其使用寿命。
　◆ 如果吸顶灯使用螺口灯头安装，则其接线还要注意以下两点：相线应接在中心触点的端子上，零线应接在螺纹的端子上；灯头的绝缘外壳不应有破损和漏电情况，以防更换灯泡时触电。

◆ 当采用膨胀螺栓固定时，应按吸顶灯尺寸产品的技术要求选择螺栓规格，其钻孔直径和埋设深度要与螺栓规格相符。

◆ 安装时要注意灯具连接的可靠性，连接处必须能够承受相当于灯具 4 倍重量的悬挂而不变形。

图 7-11　其他几种常见照明灯具的安装与接线关系

图 7–11 所示为其他几种常见照明灯具的安装与接线关系。

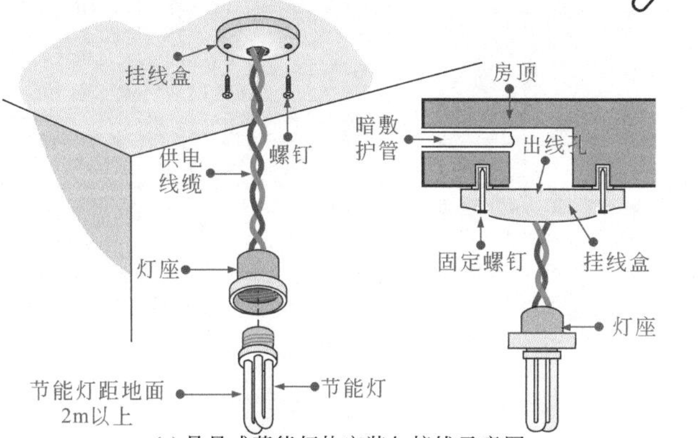

(a) 悬吊式节能灯的安装与接线示意图

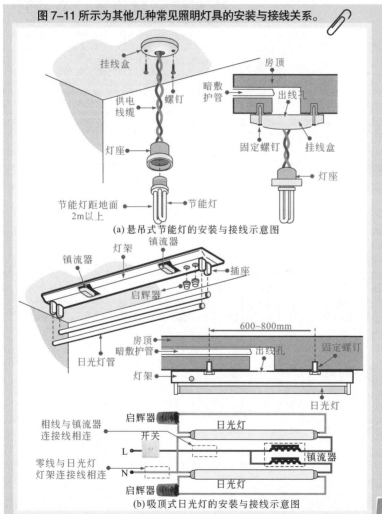

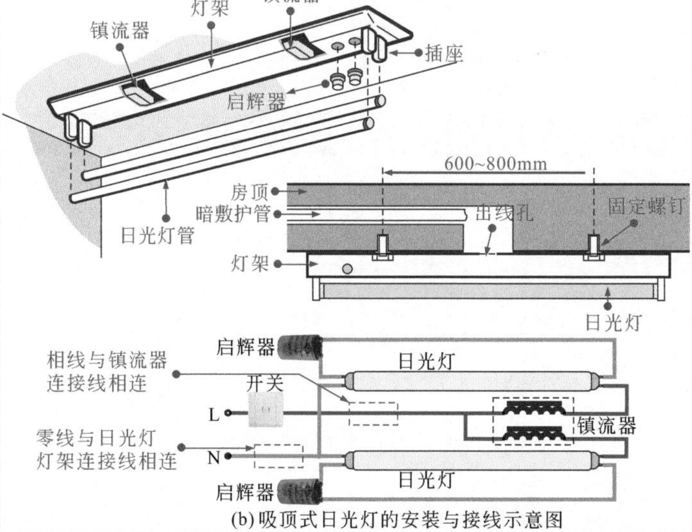

(b) 吸顶式日光灯的安装与接线示意图

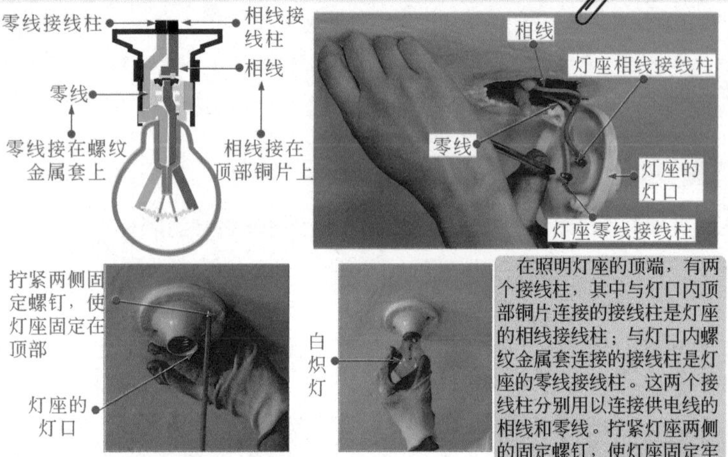
零线接线柱
相线接线柱
相线
零线
零线接在螺纹金属套上
相线接在顶部铜片上
相线
灯座相线接线柱
零线
灯座的灯口
灯座零线接线柱
拧紧两侧固定螺钉，使灯座固定在顶部
灯座的灯口
白炽灯

在照明灯座的顶端，有两个接线柱，其中与灯口内顶部铜片连接的接线柱是灯座的相线接线柱；与灯口内螺纹金属套连接的接线柱是灯座的零线接线柱。这两个接线柱分别用以连接供电线的相线和零线。拧紧灯座两侧的固定螺钉，使灯座固定牢固，然后将灯泡由灯口顺时针旋入，直至旋紧在灯座的灯口中，照明灯具安装完毕

（c）吸顶式白炽灯的安装与接线示意图

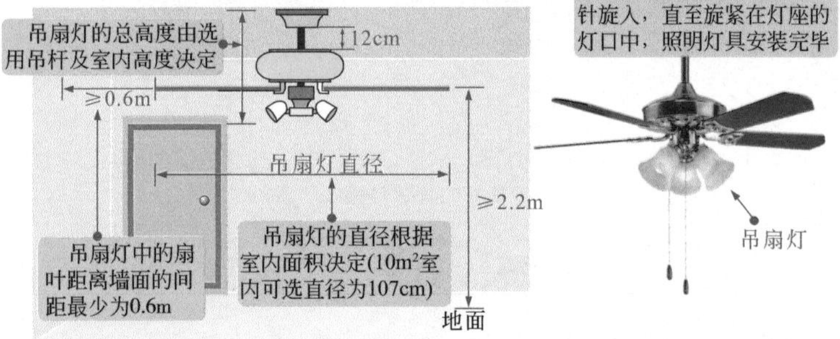
吊扇灯的总高度由选用吊杆及室内高度决定
12cm
≥0.6m
吊扇灯直径
≥2.2m
吊扇灯中的扇叶距离墙面的间距最少为0.6m
吊扇灯的直径根据室内面积决定(10m²室内可选直径为107cm)
地面
吊扇灯

一般情况下，吊扇灯共有四根引线，白色线为共用零线，黑色线为电动机相线，蓝色线为灯的相线，黄绿线为地线。实际接线时根据接线图进行操作，不可错接

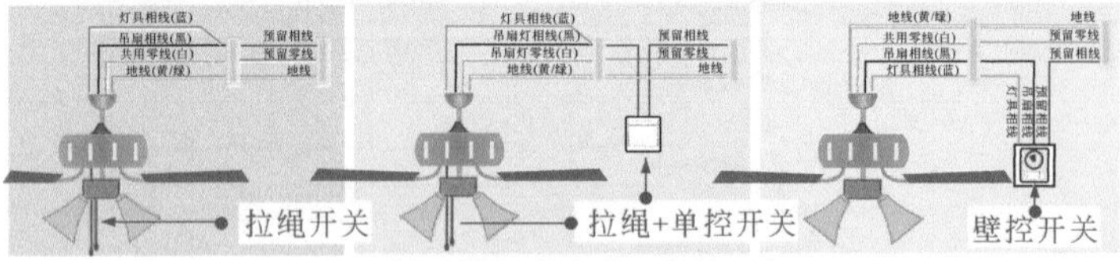

(d) 吊扇灯的安装与接线示意图

7.3 家庭灯控系统的调试与检测

7.3.1 两室一厅照明灯控线路的调试与检测

调试与检测单控单灯照明线路，应根据线路功能逐一检验各照明开关的控制功能是否正常、控制关系是否符合设计要求、照明灯具受控状态是否到位，在调试过程中对控制失常的控制开关、无法点亮的照明灯具及关联线路进行检修。

图 7-12　两室一厅照明灯控线路的功能特点

如图 7-12 所示，安装和完成两室一厅照明灯控线路的接线操作后，重新理清整个控制线路的结构和功能特点，为调试做好准备。

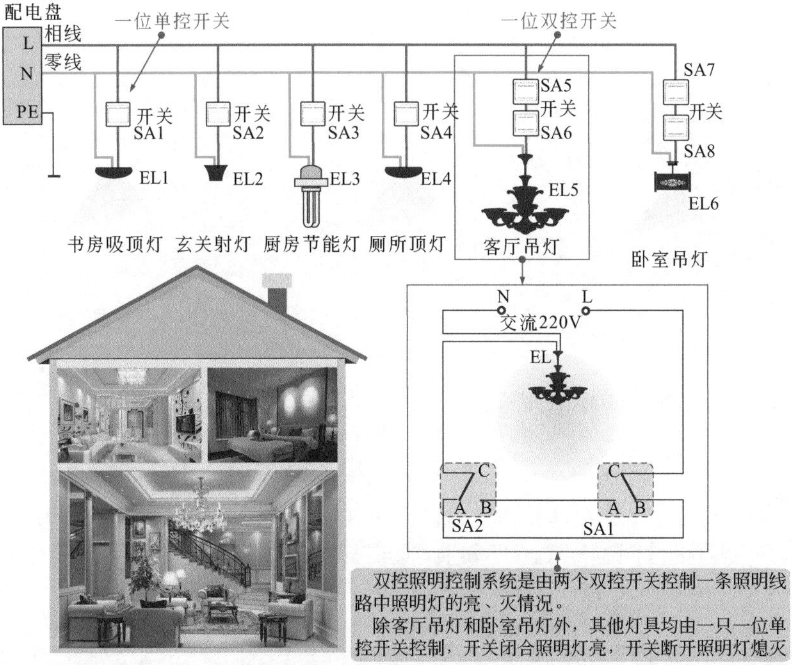

图 7-13 两室一厅照明灯控线路的调整和测试

如图 7-13 所示，首先根据电路图、接线图逐级检查线路有无错接、漏接情况，并逐一检查各控制开关的开关动作是否灵活，所控制线路状态是否正常，对出现异常部位进行调整，使其达到最佳工作状态。

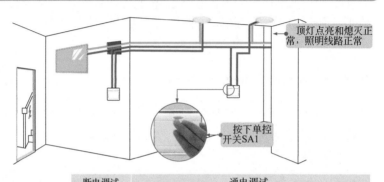

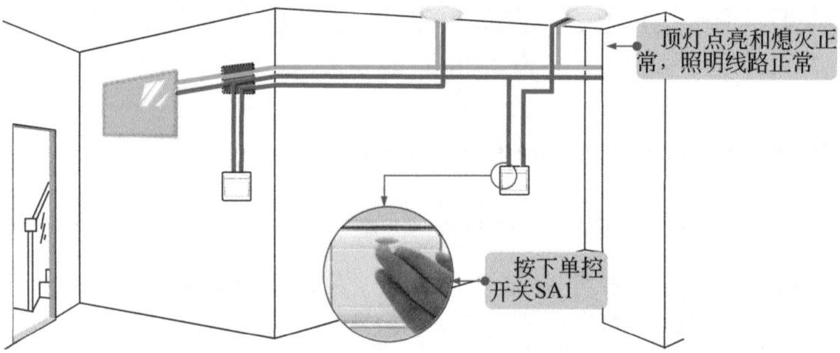

调试线路分为断电调试和通电调试两个方面。通过调试确保线路能够完全按照设计要求实现控制功能，并正常工作。

结合前述典型单灯单控照明线路的结构和工作过程，该线路的调试项目和方法见右表

断电调试	通电调试		
按动照明线路中各控制开关，检查开关动作是否灵活	闭合室内配电盘中的照明断路器，接通电源	按动SA1	闭合EL1亮，断开EL1灭
		按动SA2	闭合EL2亮，断开EL2灭
		按动SA3	闭合EL3亮，断开EL3灭
		按动SA4	闭合EL4亮，断开EL4灭
观察照明灯具安装是否到位，固定是否牢靠		按动SA5	初始EL5灭，按动后亮
		按动SA6	初始EL5亮，按动后灭
		按动SA7、SA8	初始EL6灭，按动后亮

图 7-14 两室一厅照明灯控线路的检测与调整

如图 7-14 所示，当操作单开单控开关 SA1 闭合时，由其控制的书房顶灯 EL1 不亮，怀疑该线路存在异常，断电后，检查照明灯具正常，怀疑接线或开关异常，借助万用表检测和判断开关好坏。

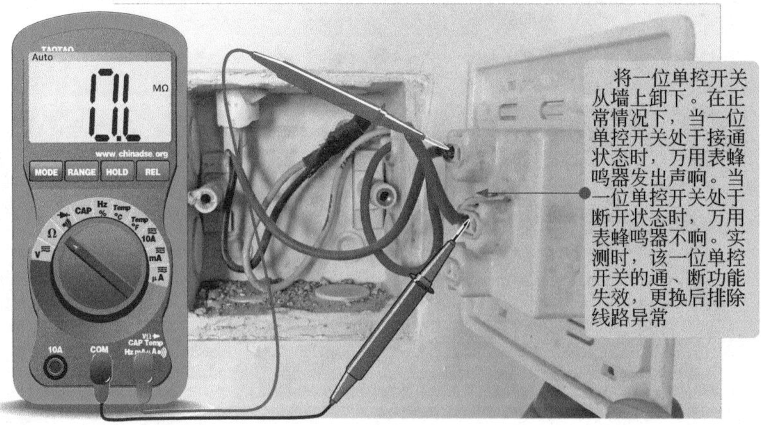
Auto
MΩ
www.chinadse.org
MODE
RANGE
HOLD
REL
CAP
Hz
10A
mA
μA
Ω
V
10A
COM
将一位单控开关从墙上卸下。在正常情况下，当一位单控开关处于接通状态时，万用表蜂鸣器发出声响。当一位单控开关处于断开状态时，万用表蜂鸣器不响。实测时，该一位单控开关的通、断功能失效，更换后排除线路异常

7.3.2 单灯双控照明线路的调试与检测

调试和检测单灯双控照明线路时，首先应检查线路中各组成部件的连接关系和连接状态，检查线路功能能否实现，并在检验过程中对控制异常、不符合设计要求的位置进行调整，直到线路达到最佳状态。若线路异常，还需要及时进行检修。

图 7-15 单灯双控照明线路的安装与接线检查

如图 7-15 所示，确保线路安装连接正确，便可根据电路的设计规划要求，从多点联控照明线路的连接和控制关系入手，对线路的控制功能和实际效果进行检查。

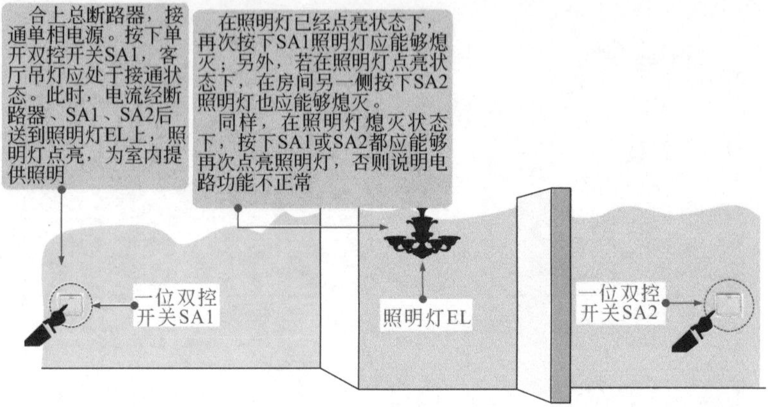
合上总断路器，接通单相电源。按下单开双控开关SA1，客厅吊灯应处于接通状态。此时，电流经断路器、SA1、SA2后送到照明灯EL上，照明灯点亮，为室内提供照明
在照明灯已经点亮状态下，再次按下SA1照明灯应能够熄灭；另外，若在照明灯点亮状态下，在房间另一侧按下SA2照明灯也应能够熄灭。
同样，在照明灯熄灭状态下，按下SA1或SA2都应能够再次点亮照明灯，否则说明电路功能不正常
一位双控开关SA1
照明灯EL
一位双控开关SA2

图 7-16 单灯双控照明灯控线路的检测与调整

如图 7-16 所示，若发现实际功能与设计不符，则沿信号流程对线路中的关键点或关键元器件进行检测，找到故障原因，进而对线路的连接关系或电路中的组成部件进行调整或更换。

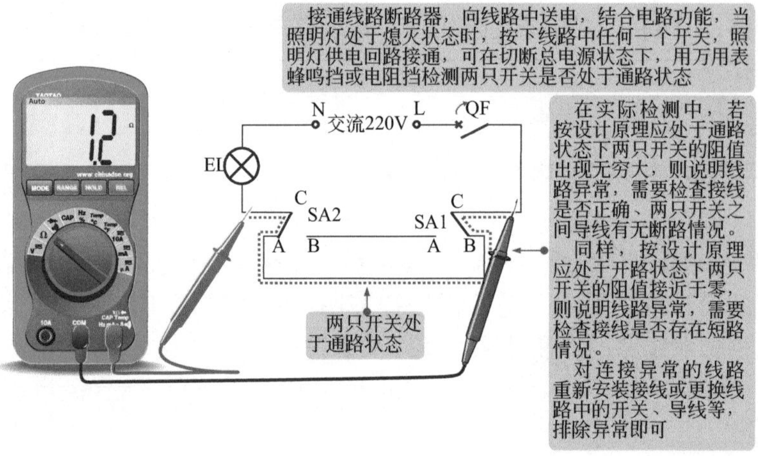
接通线路断路器，向线路中送电，结合电路功能，当照明灯处于熄灭状态时，按下线路中任何一个开关，照明灯供电回路接通，可在切断总电源状态下，用万用表蜂鸣挡或电阻挡检测两只开关是否处于通路状态
N
交流220V
L
QF
EL
C
SA2
C
SA1
A
B
A
B
两只开关处于通路状态
在实际检测中，若按设计原理应处于通路状态下两只开关的阻值出现无穷大，则说明线路异常，需要检查接线是否正确、两只开关之间导线有无断路情况。
同样，按设计原理应处于开路状态下两只开关的阻值接近于零，则说明线路异常，需要检查接线是否存在短路情况。
对连接异常的线路重新安装接线或更换线路中的开关、导线等，排除异常即可

第8章 家庭弱电系统的安装检测

8.1 家庭有线电视系统的安装检测

8.1.1 家庭有线电视系统的结构

有线电视线路是指传输有线电视信号，将有线电视中心（或有线电视台）的电视信号以闭路传输方式送至电视用户的线路。

图 8-1 有线电路系统的结构

如图 8-1 所示，完整的有线电视系统分为前端、干线和分配分支三个部分。前端部分负责信号的处理，对信号进行调制；干线部分主要负责信号的传输；分配分支部分主要负责将信号分配给每个用户。

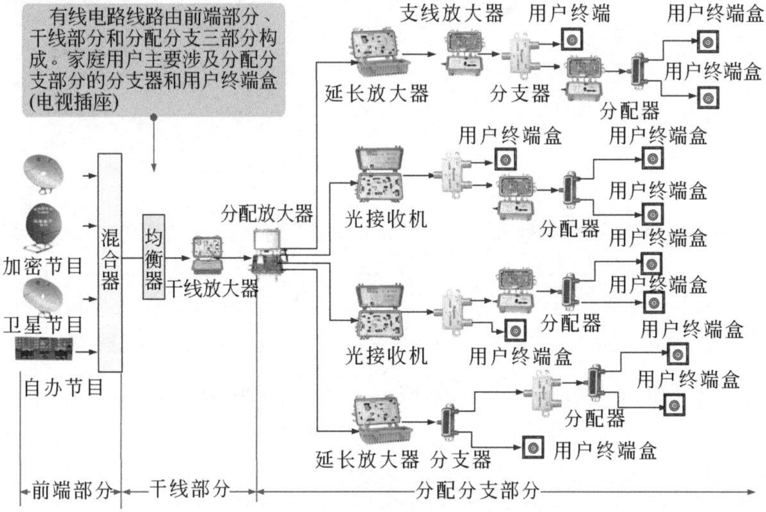

根据线路结构可以看到，有线电视线路主要包括光接收机、干线放大器、支线放大器、分配器和分支器、用户终端（电视插座）等设备。

其中，干线放大器、分配放大器、光接收机、支线放大器、分配器等一般安装在特定的设备机房中，进入用户的部分主要包括分配器和用户终端盒（电视插座）。

图 8-2　家庭有线电路系统的结构

如图 8-2 所示，家庭有线电视系统包括进户线、分配器和用户终端盒几部分。

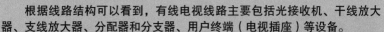

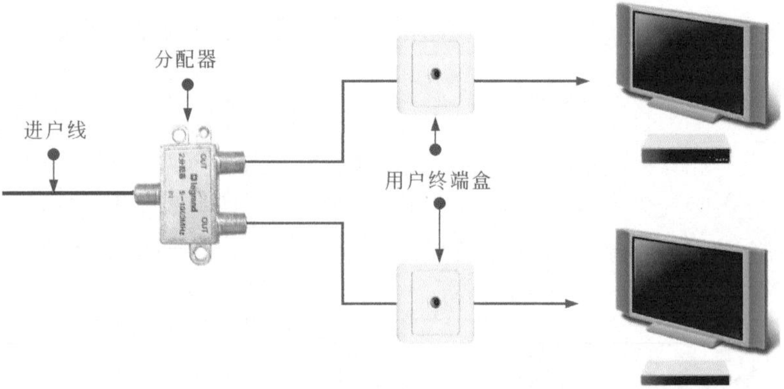

❶ 分配器

图 8-3　分配器的功能特点

如图 8-3 所示，分配器用于从干线或支线主路分出若干路信号并馈送给后级线路，将主路信号以很小的损耗继续传输。常见的有二分配器、三分配器、四分配器等。

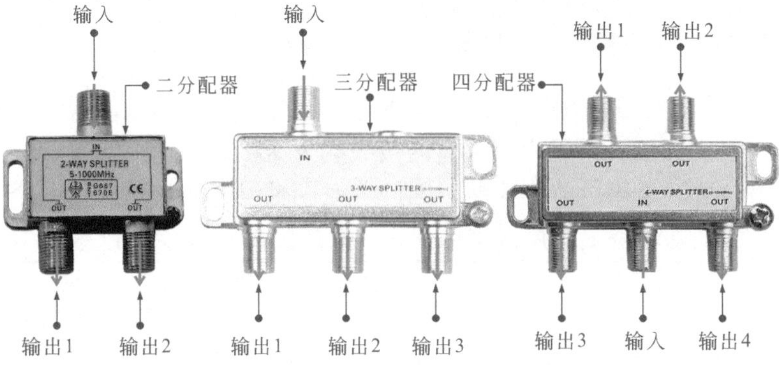

❷ 用户终端盒

图 8-4　用户终端盒的功能特点

如图 8-4 所示，用户终端盒是家庭有线电视线路的用户终端部分，可借助电视馈线将电视机的机顶盒与用户终端盒连接，实现有线电视信号到电视机的传输。

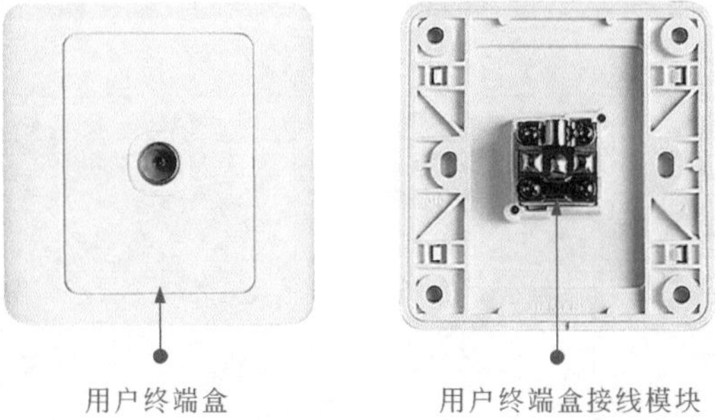

8.1.2　家庭有线电视线缆的加工与处理

有线电视线缆（同轴线缆）是传输有线电视信号，连接有线电视设备的线缆。连接前，需要先将线缆连接端进行处理。

图 8-5 有线电视线缆的加工与处理形式

如图 8-5 所示，通常，有线电视线缆与分配器和机顶盒采用 F 头连接，与用户终端盒的接线端为压接，与用户终端盒输出口之间采用竹节头连接，因此，对同轴线缆的加工包括三个环节，即剥除绝缘层和屏蔽层、F 头的制作、竹节头的制作。

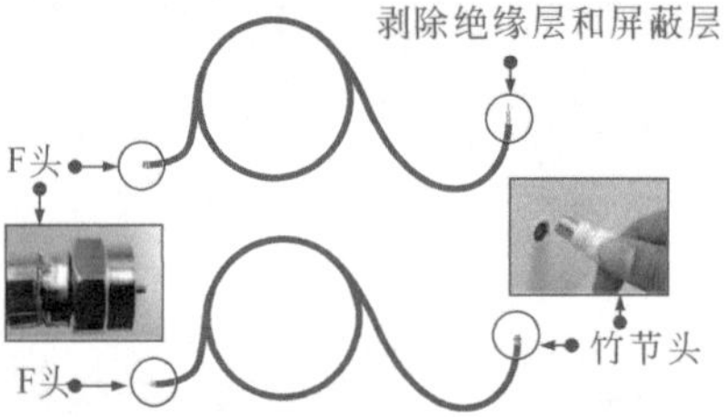

❶ 有线电视线缆绝缘层和屏蔽层的剥削

图 8-6 有线电视线缆绝缘层和屏蔽层的剥削

如图 8-6 所示，将有线电视线缆的绝缘层和屏蔽层剥除，露出中心的线芯，为制作 F 头或压接做好准备。

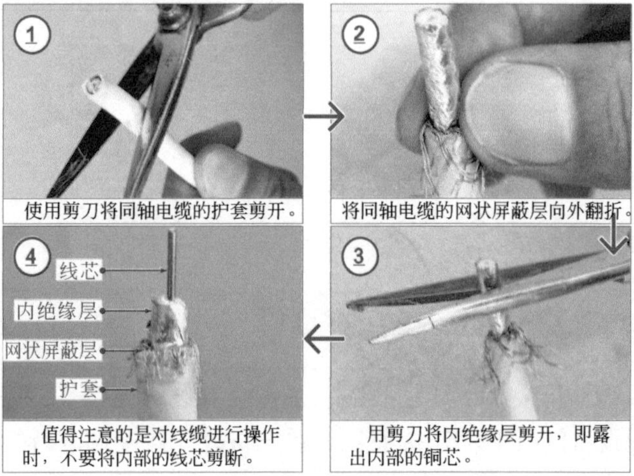

① 使用剪刀将同轴电缆的护套剪开。

② 将同轴电缆的网状屏蔽层向外翻折。

③ 用剪刀将内绝缘层剪开，即露出内部的铜芯。

④ 值得注意的是对线缆进行操作时，不要将内部的线芯剪断。

❷ 有线电视线缆F头的制作

图 8-7　有线电视线缆 F 头的制作方法

图 8-7 为有线电视线缆 F 头的制作方法。

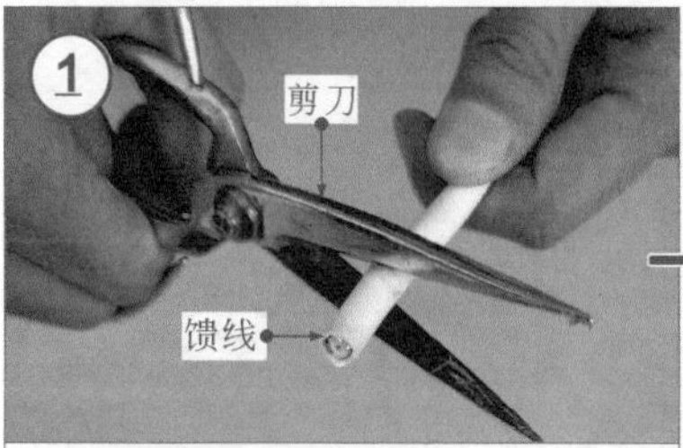

使用剪刀将馈线的护套剪开，不要将屏蔽线、绝缘层和铜芯剪断。

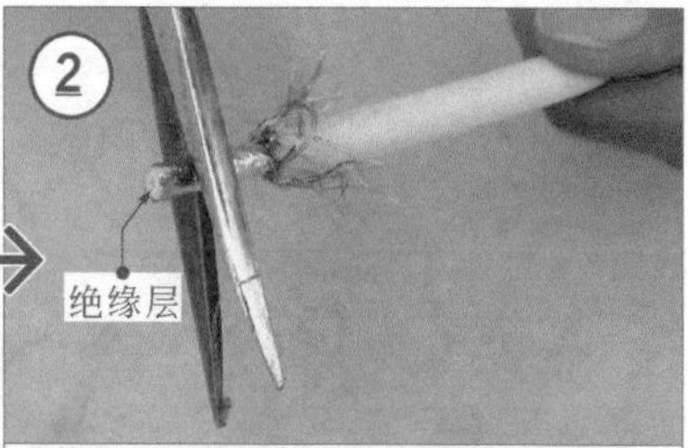

将所有网状屏蔽层向外翻折，将绝缘层切下，不要剪断内部铜芯。

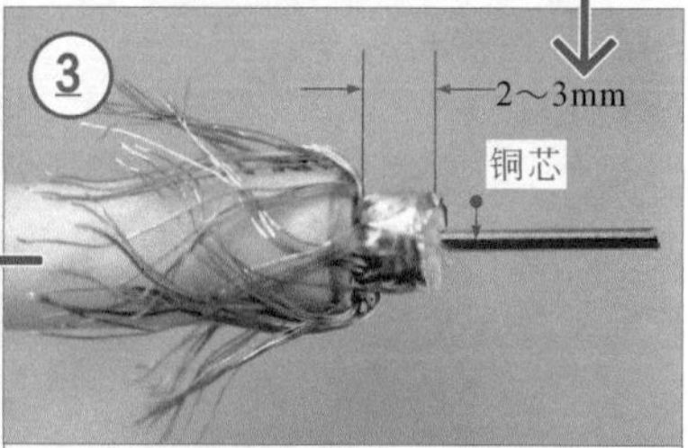

剪断后的绝缘层要与护套切口相距2～3mm。

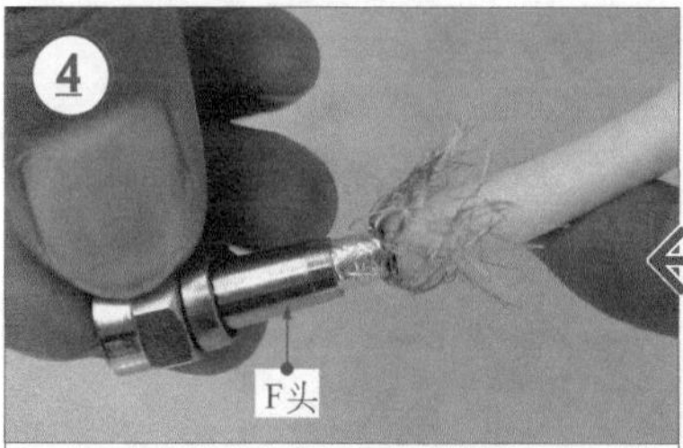

将F头安装到绝缘层与屏蔽层之间，安装好F头后，绝缘层应在螺纹下面。

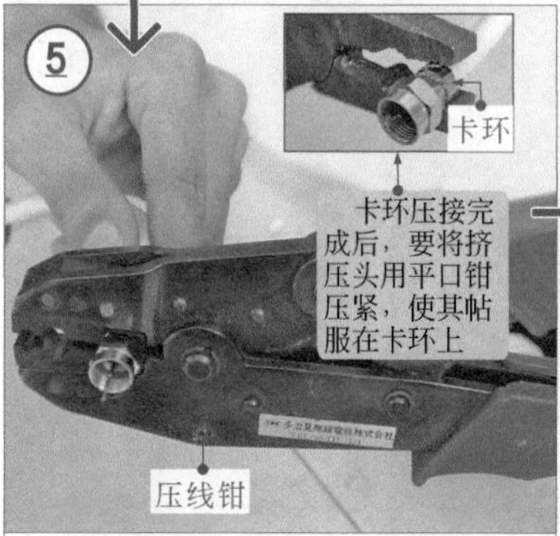

使用压线钳将卡环紧固在馈线与F头的连接处，使用平口钳将卡环修整好。

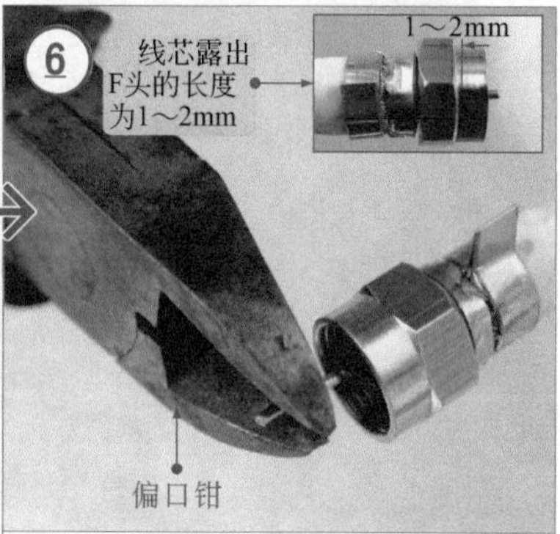

使用偏口钳将铜芯剪断，使其露出F头1～2mm。至此，F头制作完成。

❸ 有线电视线缆竹节头的制作

图 8-8 有线电视线缆竹节头的制作方法

图 8-8 为有线电视线缆竹节头的制作方法。

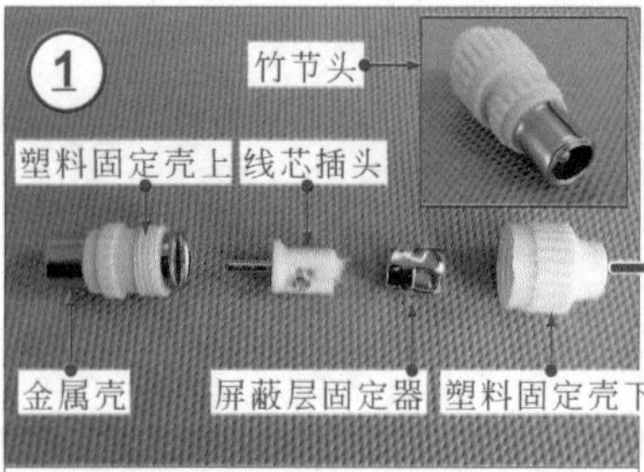

准备连接用的竹节头。竹节头一般由塑料固定壳、金属壳、线芯插头、屏蔽层固定器构成。

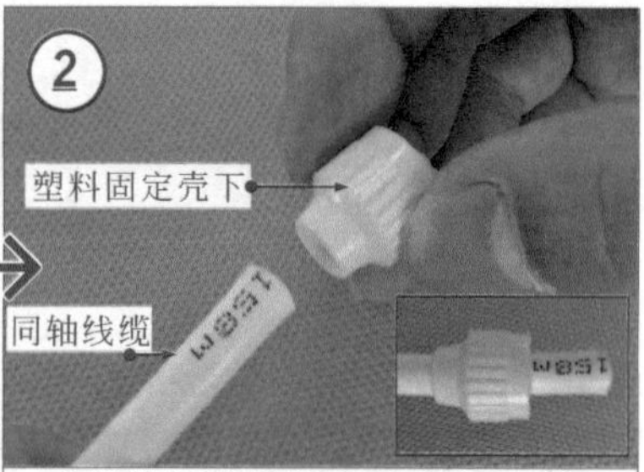

将竹节头下部的塑料固定壳穿入同轴线缆，在加工线端完成后，用于与上部塑料固定壳连接。

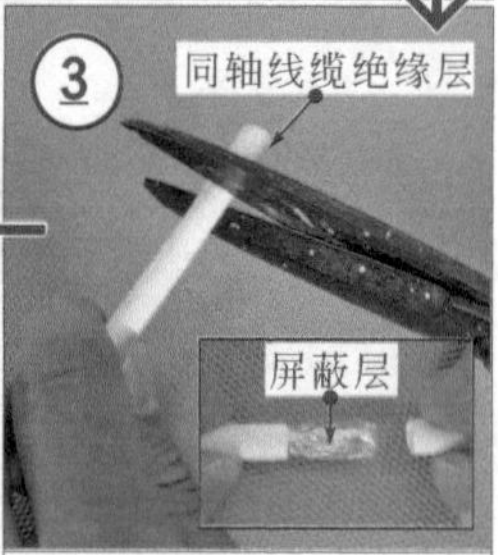

剥除同轴线缆的绝缘外皮，注意不可损伤屏蔽层，否则影响电视信号。

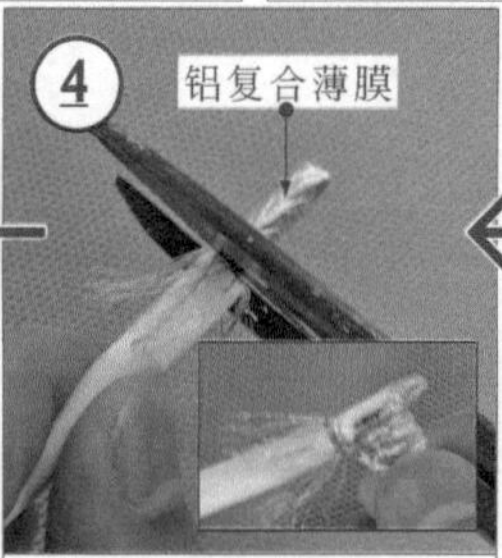

将屏蔽层向外翻折，然后剥除里层的铝复合薄膜。

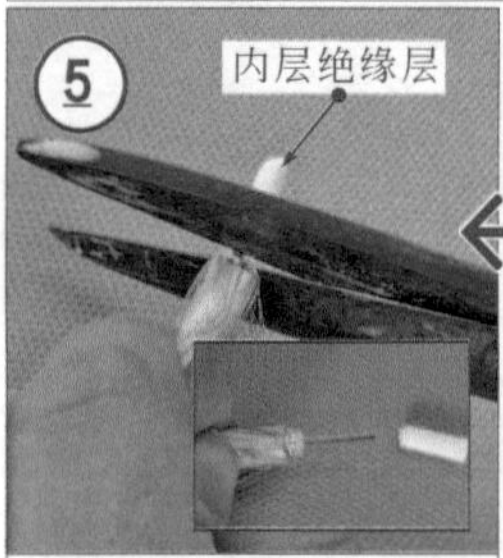

剪掉内层绝缘层，露出同轴线缆内部线芯。

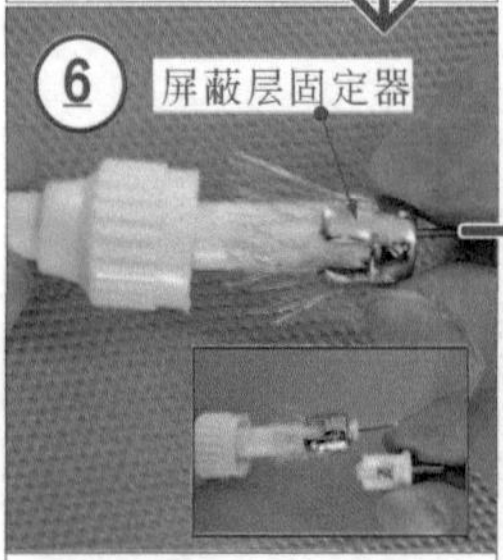

使用屏蔽层固定器固定翻折后的屏蔽层，确保屏蔽层与固定器接触良好。

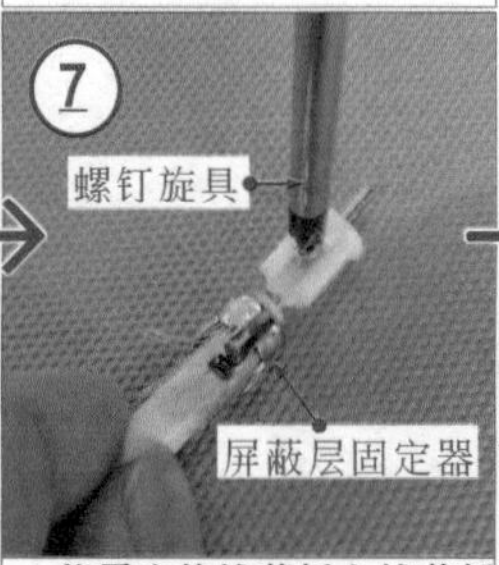

将露出的线芯插入线芯插头，使用螺钉旋具紧固插头固定螺钉。

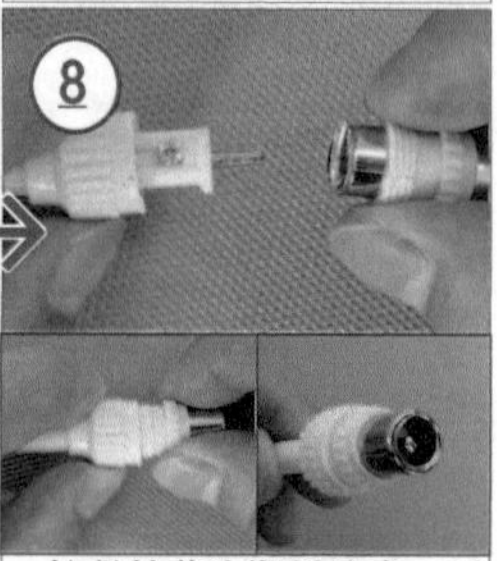

拧紧竹节头塑料外壳，至此，竹节头的安装连接完成。

8.1.3　家庭有线电视终端的安装

有线电视终端的安装是指将有线电视终端盒安装到墙面上，并与分配器、机顶盒等通过有线电视线缆完成连接，最终实现有线电视信号的传输。

图 8-9　有线电视终端的连接要求

如图 8-9 所示，在有线电视系统中，用户终端盒是有线电视系统与用户电视机连接的端口。安装前，首先要了解其基本的安装要求。

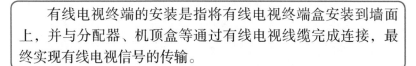

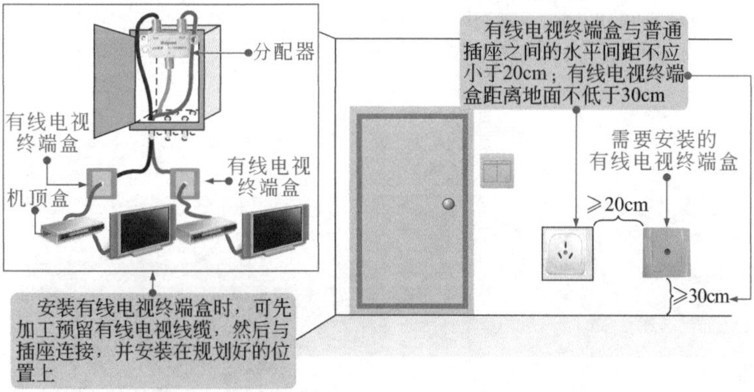
分配器
有线电视终端盒
机顶盒
有线电视终端盒
有线电视终端盒与普通插座之间的水平间距不应小于20cm；有线电视终端盒距离地面不低于30cm
需要安装的有线电视终端盒
≥20cm
≥30cm
安装有线电视终端盒时，可先加工预留有线电视线缆，然后与插座连接，并安装在规划好的位置上

图 8-10　有线电视线缆的连接关系

如图 8-10 所示，有线电视线缆连接端制作好后，将其对应的接头分别与分配器、有线电视终端盒接线端子、有线电视机终端盒输出口、机顶盒等设备进行连接，完成有线电视终端的安装。

连接2(压接)　连接3(竹节头连接)　　连接4(F头连接)

有线电视线缆
(同轴线缆)

有线电视线缆
(同轴线缆)

连接1(F头连接)

分配器

有线电视终端盒　　　　　　　机顶盒

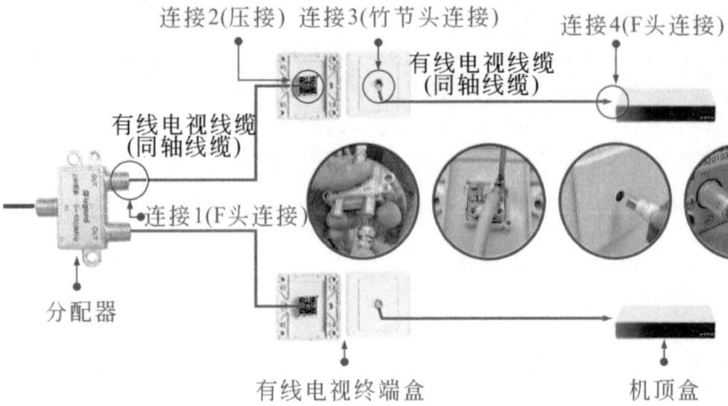

❶ 分配器与用户终端盒的连接

图 8-11　分配器与用户终端盒的连接方法

　　如图 8-11 所示，将加工好的有线电视线缆 F 头端与分配器输出端连接，处理好绝缘层和屏蔽层的一端与用户终端盒压接。

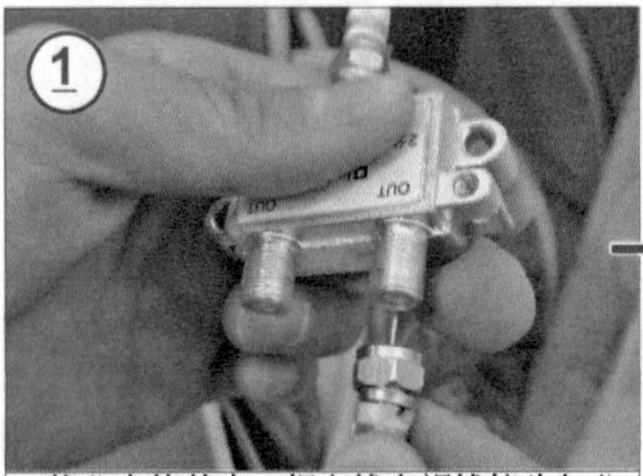

① 将分支的其中一根有线电视线接头与分配器输出端连接。

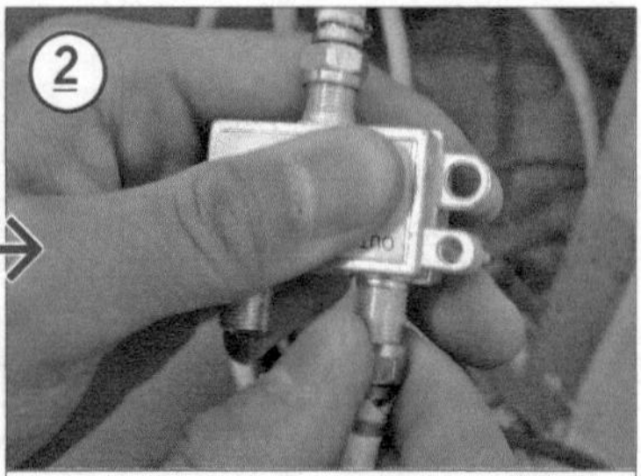

② 旋紧线缆中的一端，使线缆与分配器紧固。

④ 用户终端盒接线信息模块

将用户终端盒的护盖打开。

③ 拧下用户终端盒内部信息模块上固定卡的固定螺钉，拆除固定卡。

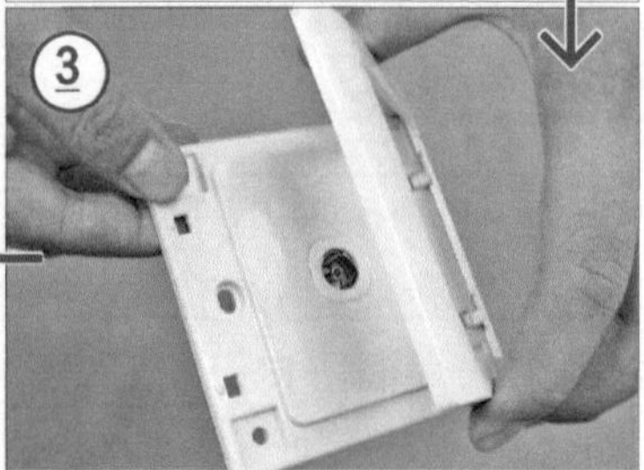

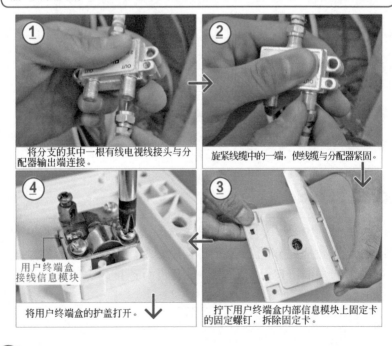

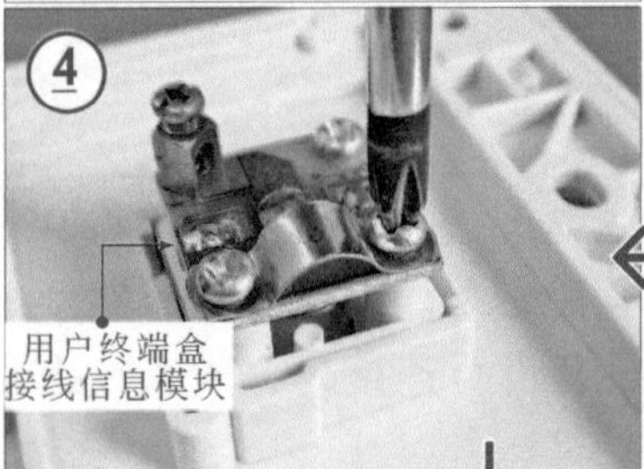

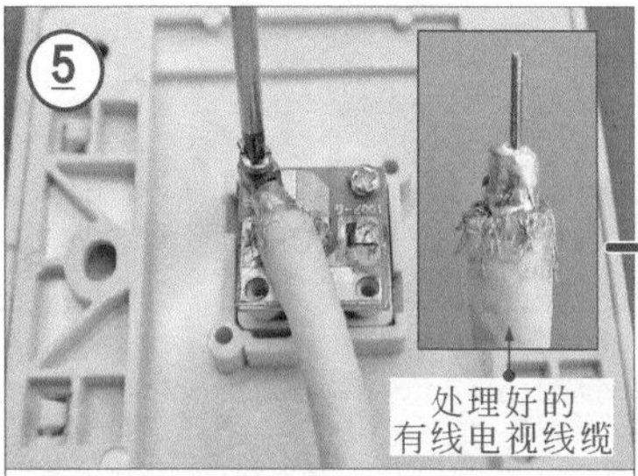

将有线电视电缆线芯插入用户终端盒内部信息模块接线孔内，拧紧螺钉。

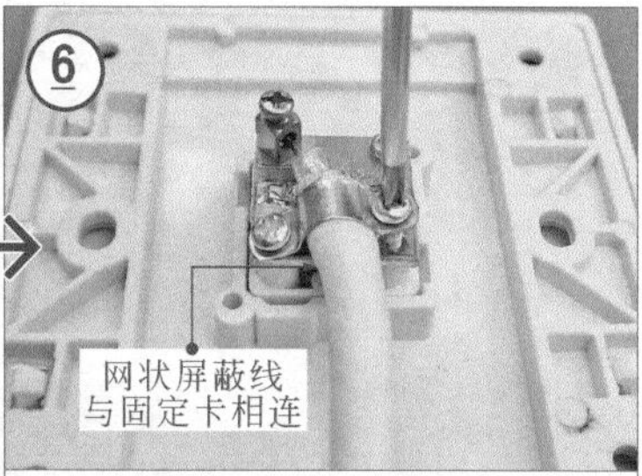

将有线电视电缆固定在用户终端盒内部信息模块的固定卡内，拧紧螺钉。

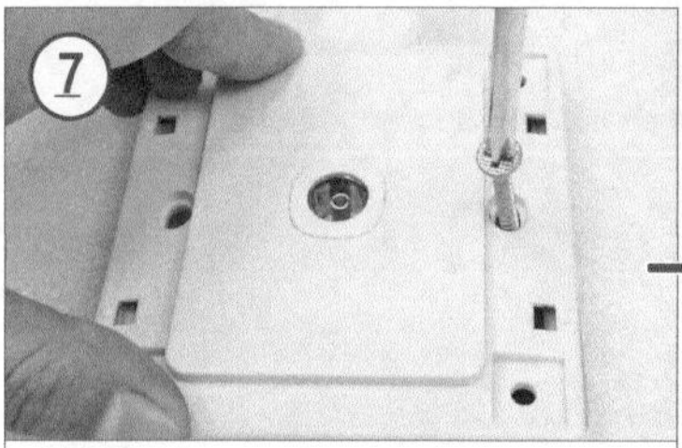

将连接好的有线电视插座放到预留接线盒上，并使用固定螺钉固定。

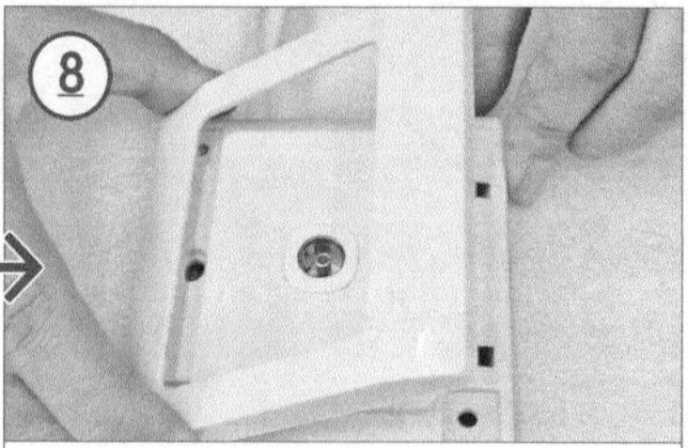

盖上有线电视插座的护板，完成有线电视插座的安装。

❷ 用户终端盒与机顶盒的连接

图 8-12 用户终端盒与机顶盒的连接方法

如图 8-12 所示，选取另外一根处理好接线端子的有线电视线缆，将竹节头端与用户终端盒输出口连接，F 头端与机顶盒连接。

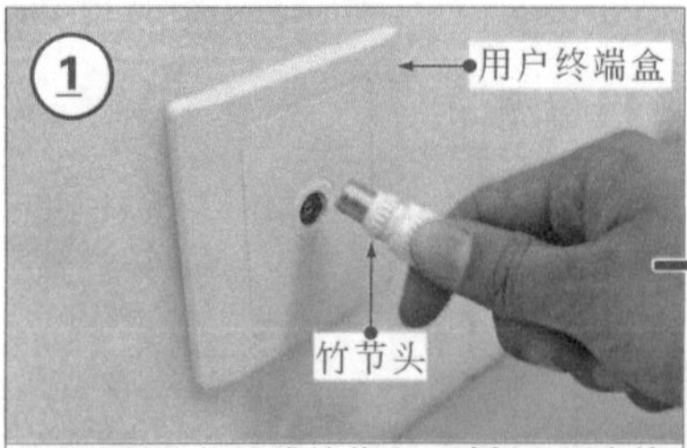

将有线电视线缆竹节头一端插入用户终端盒输出口。

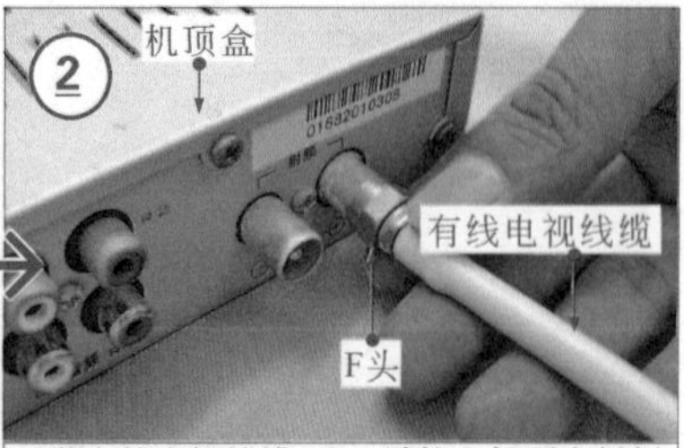

将有线电视线缆F头一端接入机顶盒射频接口上。

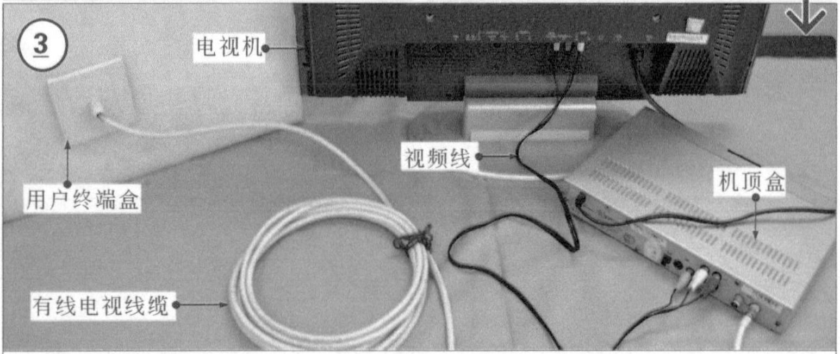

连接好有线电视用户终端盒与机顶盒，最后将机顶盒与电视机连接，即可完成家庭有线电视系统的安装。

8.1.4 家庭有线电视线路的调试与检测

有线电视线路安装完成后，需要进行基本的调试与检测，确保线路功能正常。

❶ 有线电视线路线缆及接头的检查

图 8-13 有线电视线路线缆及接头的检查

如图 8-13 所示，在有线电视线路中，用户终端通过线缆和接头分别与墙面的有线电视插座、数字机顶盒连接，线缆接头是整个线路检查的重点。

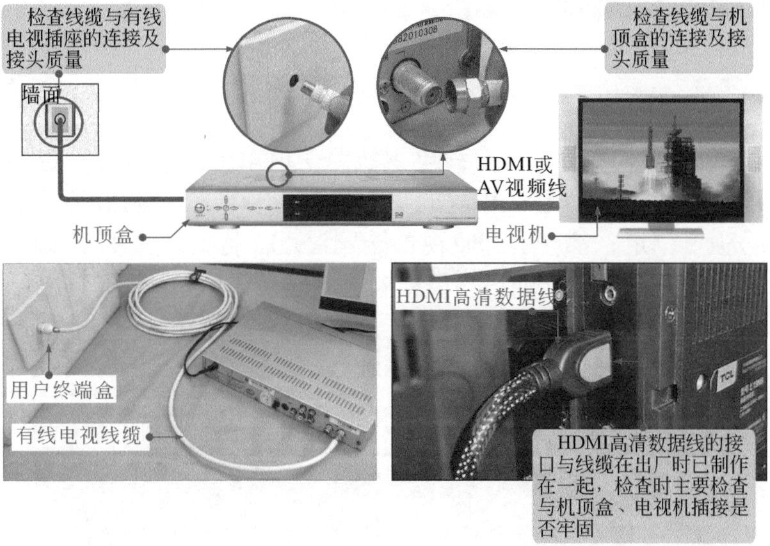
检查线缆与有线电视插座的连接及接头质量
检查线缆与机顶盒的连接及接头质量
墙面
HDMI或AV视频线
机顶盒
电视机
用户终端盒
有线电视线缆
HDMI高清数据线
HDMI高清数据线的接口与线缆在出厂时已制作在一起，检查时主要检查与机顶盒、电视机插接是否牢固

图 8-14　有线电视线缆 F 头的检查

如图 8-14 所示，检查线缆接头制作是否符合要求、线缆接头（F 头）线芯长度是否过短或过长导致连接信号传输异常、线缆接头内绝缘层剥削不合格导致接触不良等。

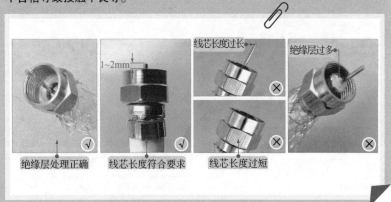

1~2mm
线芯长度过长
绝缘层过多
绝缘层处理正确
线芯长度符合要求
线芯长度过短

❷ 有线电视线用户终端信号的检测

图 8-15　有线电视线用户终端信号的检测

如图 8-15 所示，有线电视线路是由系统前端送来一定强度的信号，经由电视机解码后还原出电视节目，无信号或信号强度不足，都会引起收视功能异常，需要调整信号衰减度。一般情况下，可借助场强仪检测入户线送入信号的强度。

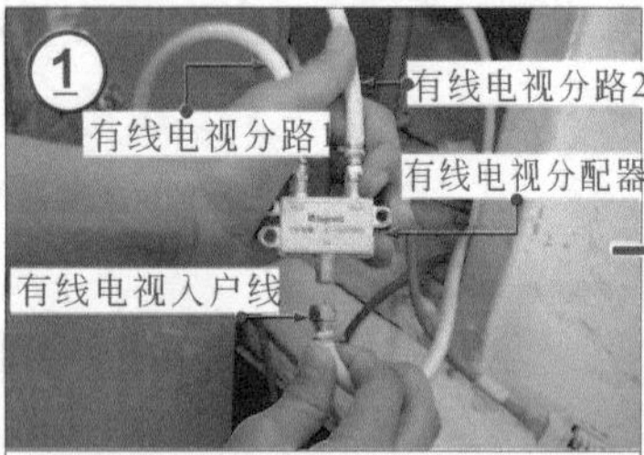

将有线电视入户线的输入接头从有线电视分配器入口端处拔下。

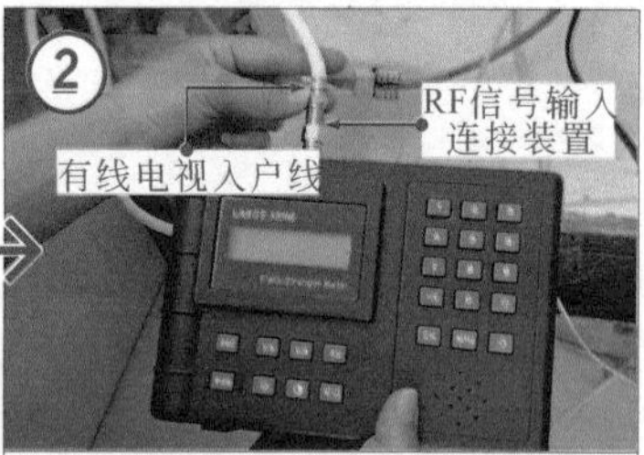

在场强仪顶部的接口上安装RF信号输入连接装置，然后将有线电视入户线插接到RF信号输入连接装置上。

按下电源开关，开启场强仪，进入工作状态。

检测时，若室内光线较暗，则可按下功能按键区的“背光键”，打开背光灯进行操作。

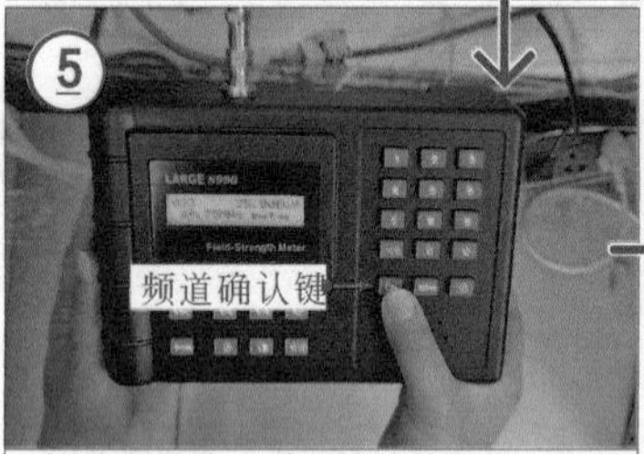

按数字键输入需要检测的频道，如输入023，按下频道确认键。

将一般正常电平值为65～80dB，所测“023”频道图像载频信号的电平值为74.3 dB，表明正常。

8.2 家庭网络系统的安装检测

8.2.1 家庭网络系统的结构

网络线路是家庭弱电线路中的重要组成部分。目前，根据网络接线形式的不同主要有 3 种网络结构。

❶ 借助电话线实现拨号宽带上网结构

图 8-16　借助电话线的网络线路结构

如图 8-16 所示，借助电话线实现拨号宽带上网是一种典型的网络连接形式。电话线路入户后，经由语音 / 数据分离器分离，分别连接电话机和 ADSL Modem。计算机连接 ADSL Modem 后即可实现拨号上网。

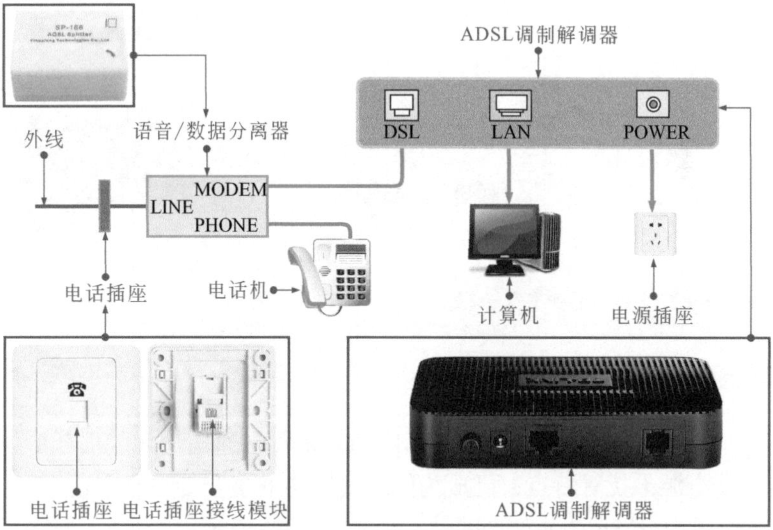

❷ 借助有线电视线路构建网络系统

借助有线电视机线路实现宽带上网也是目前常采用的一种网络连接形式。有线电视信号入户后，经 Modem 将上网信号和电视信号隔离，Modem 的一个输出端口连接机顶盒后，将电视信号送入电视机中，另一个输出端口连接计算机（或连接无线路由器后实现无线上网）。

图 8-17 借助有线电视线路构建的网络系统

图 8-17 为借助有线电视线路构建的网络系统的结构示意图。

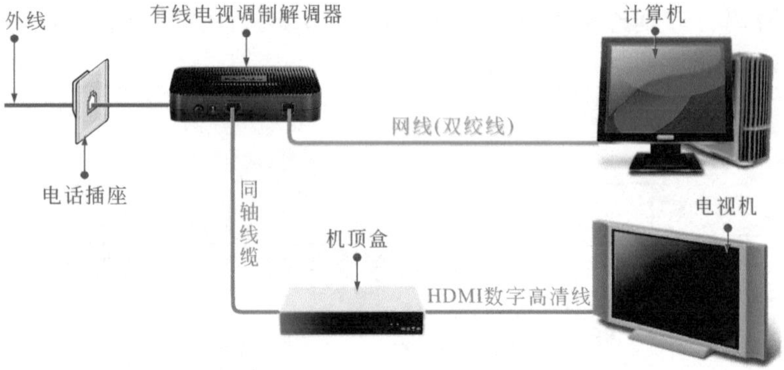

❸ 借助光线构建网络系统

图 8-18 借助光线构建的网络系统

如图 8-18 所示，光纤以其传输频率宽、通信量大、损耗低、不受电源干扰等特点，已成为网络传输中的主要传输介质之一。

采用光纤上网需要借助相应的光设备来实现。

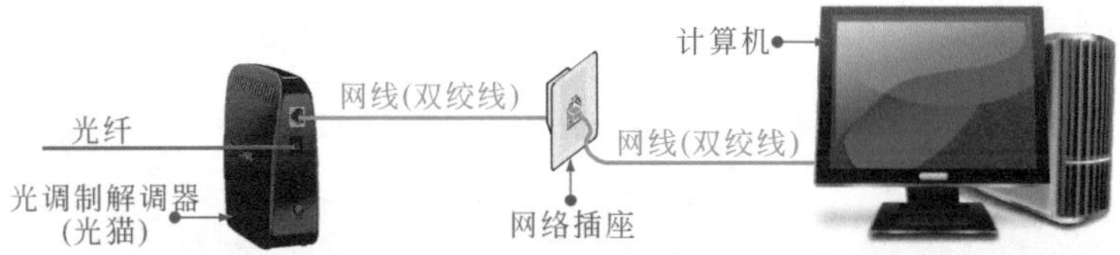

当需要多台设备连接网络时，可增设路由器进行分配。目前，因智能手机、平板电脑的广泛应用，为避免增设路由器的线路敷设引起装修问题，家庭网络系统多采用无线路由器实现无线上网

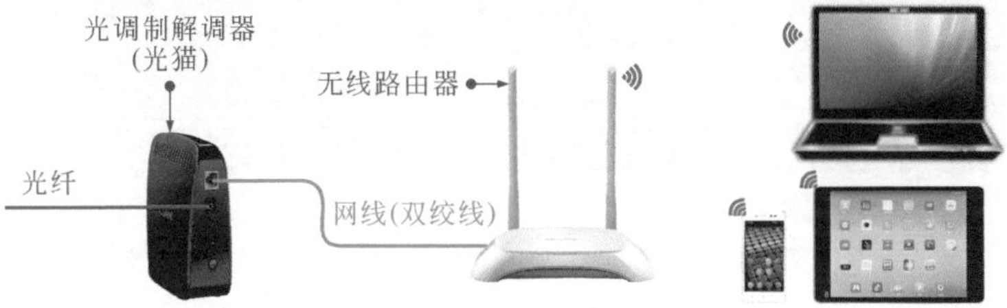

8.2.2　网络插座的安装

网络插座是网络通信系统与用户计算机连接的主要端口，安装前，应先了解室内网络插座的具体连接方式，然后根据连接方式进行安装操作。

图 8-19　网络插座的连接方式

如图 8-19 所示，网络插座背面的信息模块与入户线连接，正面的输出端口通过安装好水晶头的网线与计算机连接。

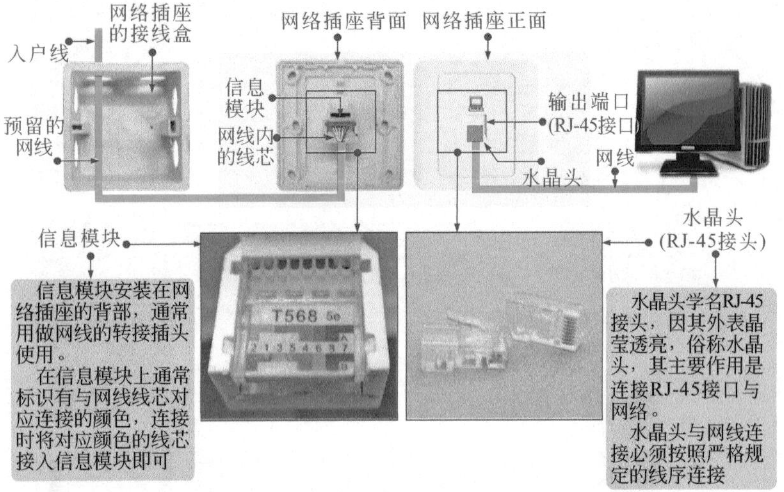

图 8-20 网络插座的接线线序

如图8–20所示，目前常见网络传输线(双绞线)的排列顺序主要分为两种，即T568A、T568B，安装时，可根据这两种网络传输线的排列顺序进行排列。

信息模块和水晶头接线线序均应符合T568A、T568B线序要求。

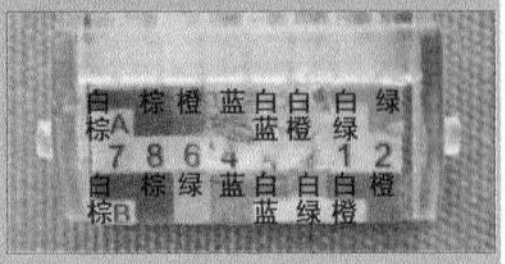

值得注意的是，网络插座信息模块压线板的排线顺序并不是按1，2…8递增排列，例如下图中从右到左依次为2，1，3，5，4，6，8，7。

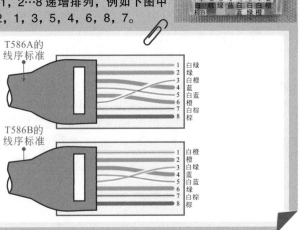

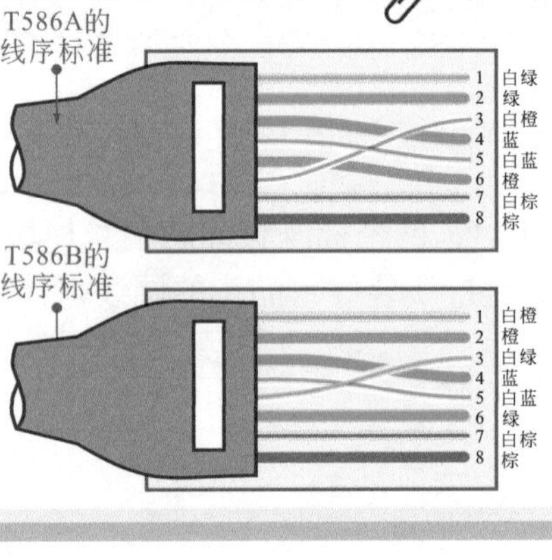

❶ 网线与网络插座信息模块的连接

图 8-21　网线与网络插座信息模块的连接

图 8-21 为网络入户预留网线与网络插座背部信息模块的连接方法。

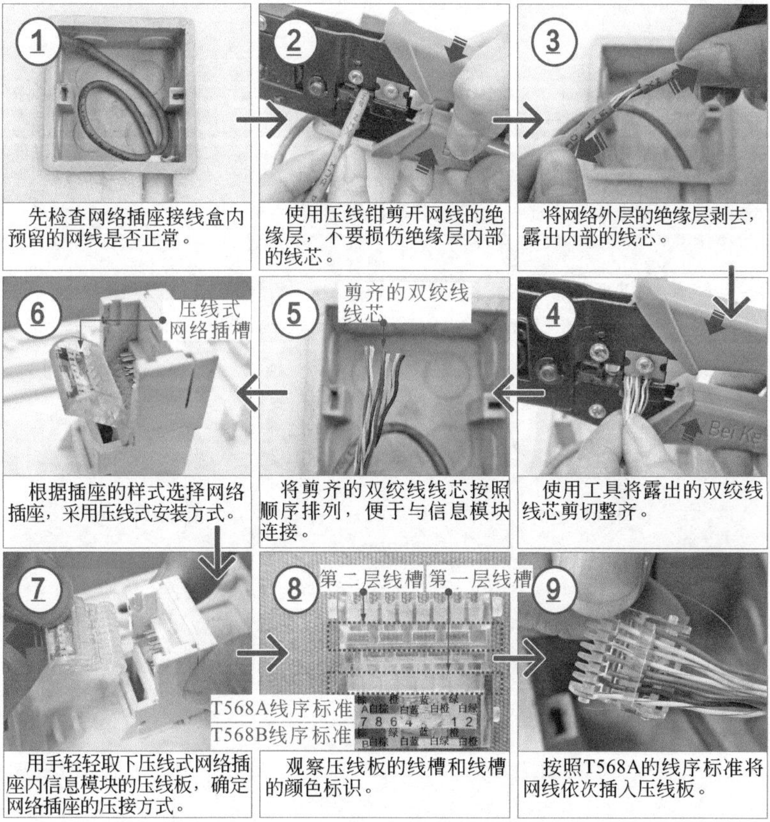

①先检查网络插座接线盒内预留的网线是否正常。

②使用压线钳剪开网线的绝缘层，不要损伤绝缘层内部的线芯。

③将网络外层的绝缘层剥去，露出内部的线芯。

④使用工具将露出的双绞线线芯剪切整齐。

⑤将剪齐的双绞线线芯按照顺序排列，便于与信息模块连接。

⑥根据插座的样式选择网络插座，采用压线式安装方式。

⑦用手轻轻取下压线式网络插座内信息模块的压线板，确定网络插座的压接方式。

⑧观察压线板的线槽和线槽的颜色标识。

⑨按照T568A的线序标准将网线依次插入压线板。

图 8-21　网线与网络插座信息模块的连接（续）

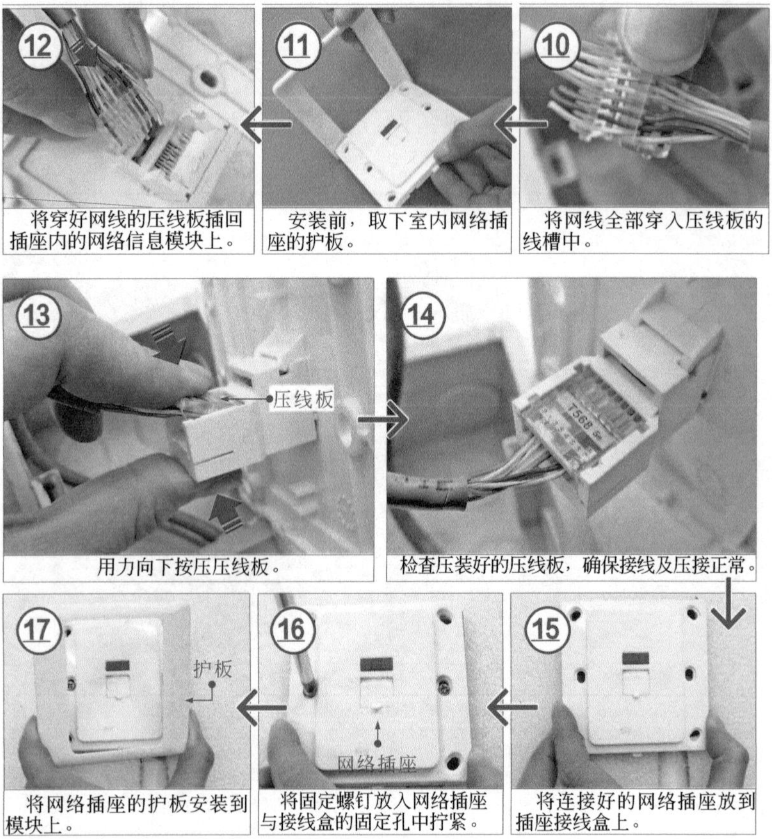

⑩ 将网线全部穿入压线板的线槽中。

⑪ 安装前，取下室内网络插座的护板。

⑫ 将穿好网线的压线板插回插座内的网络信息模块上。

⑬ 用力向下按压压线板。

⑭ 检查压装好的压线板，确保接线及压接正常。

⑮ 将连接好的网络插座放到插座接线盒上。

⑯ 将固定螺钉放入网络插座与接线盒的固定孔中拧紧。

⑰ 将网络插座的护板安装到模块上。

❷ 网线与网络插座输出端口的连接

图 8-22　网线与网络插座输出端口的连接

如图 8-22 所示，将另外一根网线两端分别连接水晶头，用于连接网络插座和计算机设备。

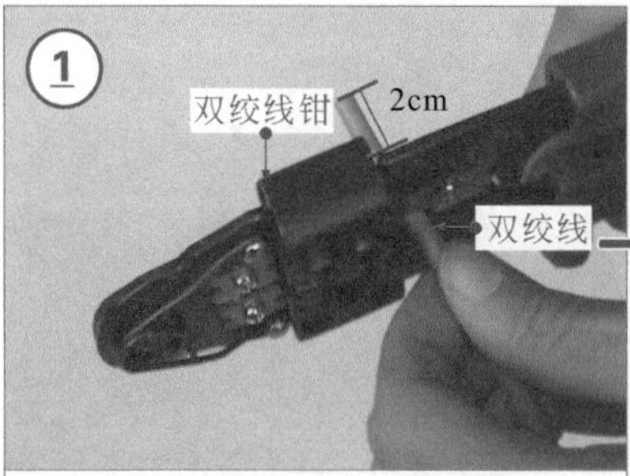

将双绞线的一端从双绞线钳的剥线缺口中穿过，使一段双绞线位于双绞线钳缺口的另一侧，长度为2cm左右即可。

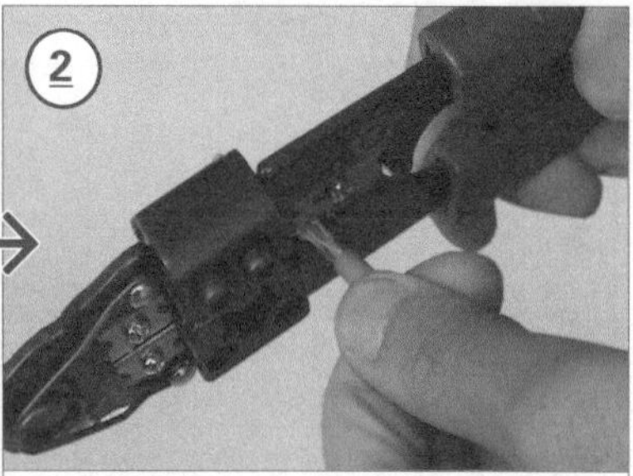

待位置确定好后合紧双绞线钳，使双绞线钳剥皮缺口处的刀口压紧双绞线的外层保护胶，然后将双绞线钳环绕双绞线旋转一周，双绞线外层保护胶皮即被割开。

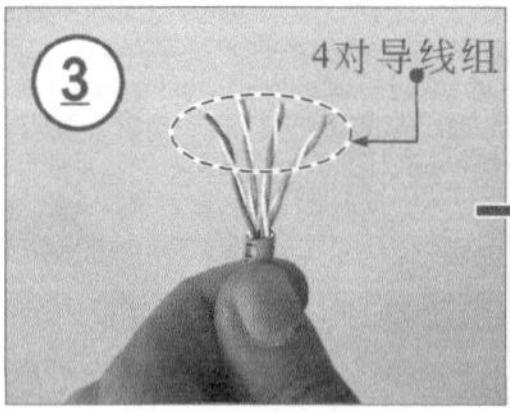

双绞线内部是由4对两两缠绕的导线组成，共8根，分别以不同颜色进行标识。

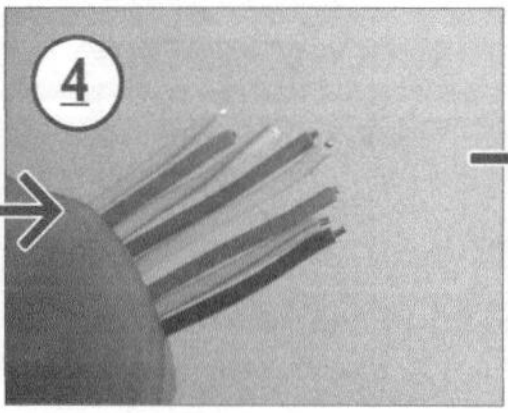

将双绞线按照T568A线序标准排列整理。

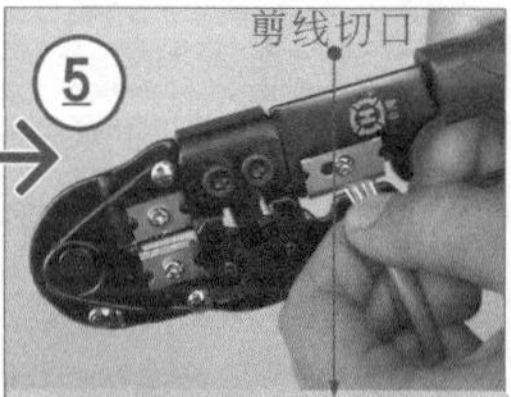

要注意8根导线平直排列部分的长度为1cm左右即可，不能剪得过多，确保交叉处距外表层的距离不超过0.4cm

用双绞线钳的剪线切口将8根导线的末端剪齐。

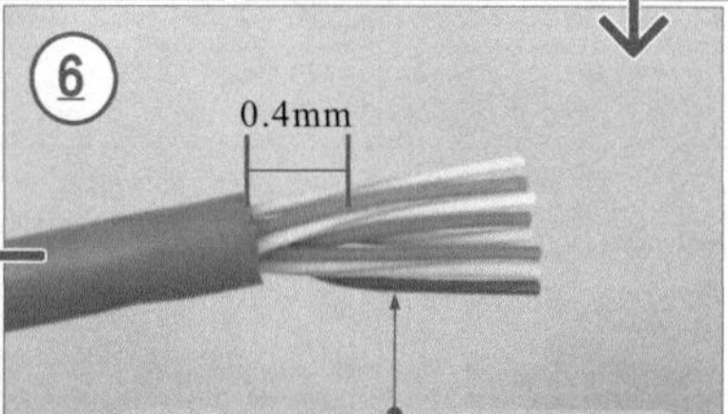

将导线插入水晶头前应确保交叉处距外表层的距离不超过0.4cm

双绞线内的导线处理好后，应将8根导线全部插入到水晶头内。

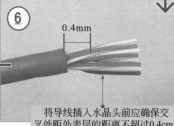

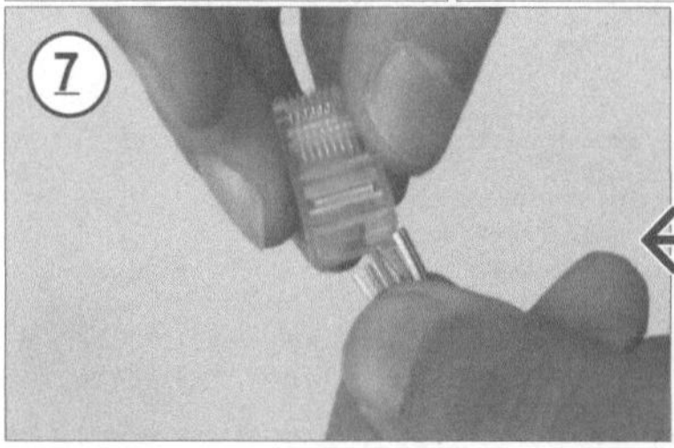

将8根导线全部插入到水晶头内，插入时要确保双绞线没有错位的情况，并且保证将线插到底。

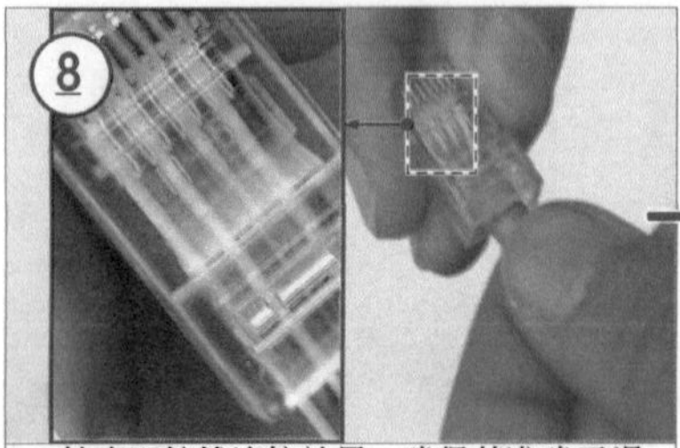

检查双绞线连接效果，确保其准确无误地插入水晶头中。检查双绞线的连接是否正确，因为水晶头是透明的，所以透过水晶头即可检查插线的效果。

确认无误将插入网线的水晶头放入双绞线钳的压线槽口中，确认位置设置良好后，使劲压下网钳手柄，使水晶头的压线铜片都插入到网线导线之中，使之接触良好。

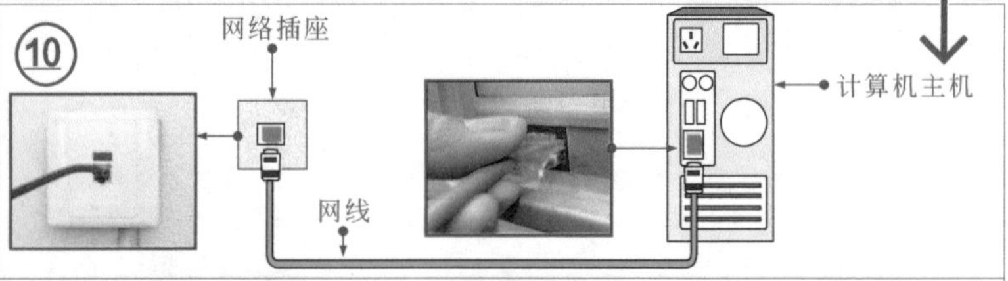

将两端都安装好水晶头的网线，一端连接网络插座，另一端连接计算机网卡接口，完成网络系统的连接。

8.2.3　家庭网络线路的调试与检测

网络线路安装完成后，需要进行基本的调试与检测，确保网络通信功能正常。

❶ 网络线路线缆及接口的检查

图 8-23　网络线路线缆及接口的检查

如图 8-23 所示，网络线路安装连接完成后，需要检测线缆能否接通，可使用专用的线缆测试仪测试。

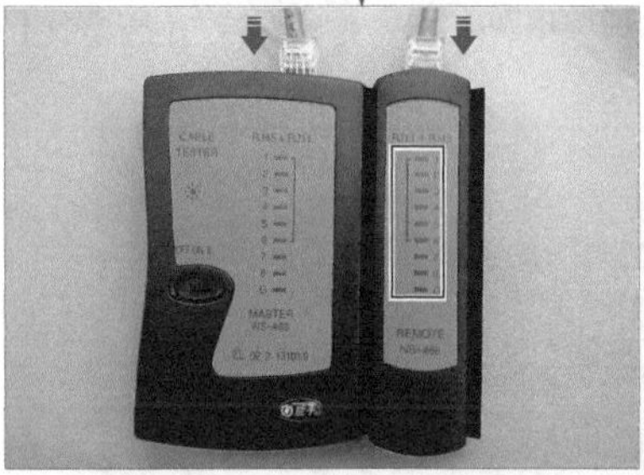
将网络双绞线两端插到测试仪接口上

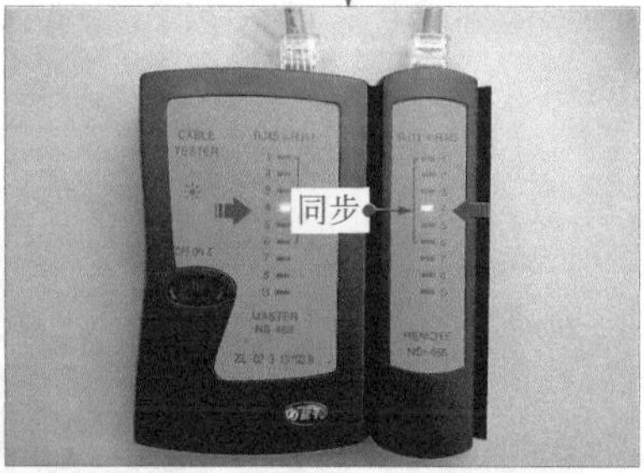
当指示灯同步亮起时，说明线缆(双绞线)连接完好
同步

如果测试时，线缆测试仪的某个或几个指示灯不闪亮。则说明网线中有线路不通。当网线中有7根或8根导线断路时，线缆测试仪的指示灯全都不会闪亮。用压线钳再次夹压水晶头，若还不通，则需要重新制作水晶头。

如果测试时线缆测试仪指示灯闪亮的顺序不对应，如测直通时，主测试仪2号指示灯闪亮，远程测试端的3号指示灯对应闪亮。说明网线中有接续错误的情况，应重新制作水晶头。

❷ 网络线路的检查和调试

在网络线路安装连接完成后，需要对线路和硬件进行调试和检验，对相应参数或软件的正确设置也是确保线路通信正常的关键环节，任何的配置错误或设置不当都可以造成网络不能传输或不能访问等情况，因此网络设置的检查和调试是网络线路施工中的关键步骤。

网络线路的检查和调试一般可借助ping测试命令。ping命令主要用来测试网络是否通畅。已知局域网中目标计算机的IP地址为192.168.0.14，测试本地机与该机的网络连接是否正常，通常在Windows系列操作系统桌面选择“开始”→“附件”→“程序”→“命令提示符”并输入Ping 192.168.0.14。若通畅，系统会反馈相关的信息。

图 8-24 网络线路线缆及接口的检查

图 8-24 为在计算机中执行 ping 命令，测试网络通畅的演示。

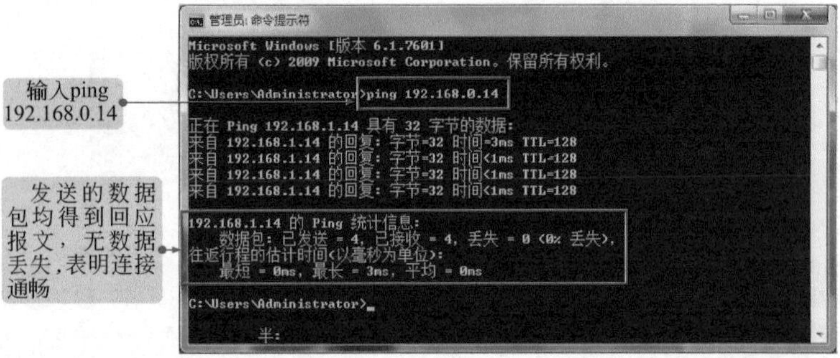

从系统反馈的信息可知，本机共向目标计算机发出了 4 个大小为 32B 的数据包，并得到了 4 个回应报文，没有数据丢失，表明本地机与目标计算机连接通畅。

图 8-25 执行 ping 命令测试网络不通的演示

图 8-25 为在计算机中执行 ping 命令，测试网络不通畅的演示。

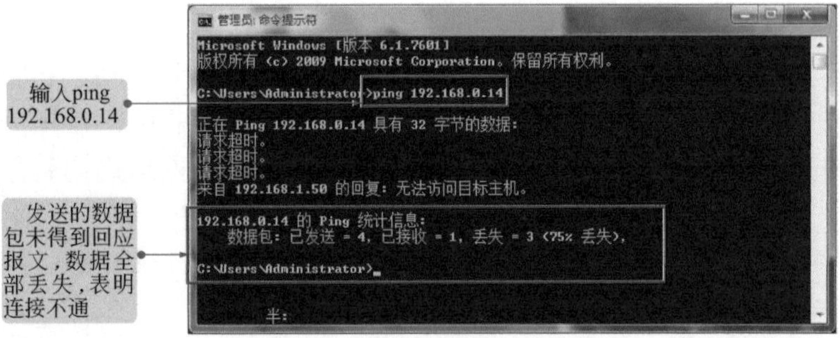

从反馈结果可知，本机对目标机共发出了 4 个大小为 32B 的数据包，但没有得到回应报文，表明本地计算机与目标计算机没有连接，网络不通。

出现网络异常时应仔细分析可能出现的原因和可能出现异常的网段和节点。

● 物理设备的检测：网卡是否正确安装；网卡的 I/O 地址是否与其他设备发生冲突；网线是否良好；网卡和交换机（集线器）的显示灯是否亮。

● 软件协议的检测：查看 IP 地址是否被占用；查看是否安装 TCP/IP 协议；若已安装，则在“命令提示符”中输入“ping 127.0.0.1”，若不通，则说明 TCP/IP 协议不正常，删除后重装；检测网络协议绑定和网络设置是否有问题。

8.3 家庭三网合一系统的安装检测

8.3.1 家庭三网合一系统的结构

图 8-26　家庭三网合一的含义

如图 8-26 所示，三网合一是指将有线电视网、宽带网和电话网三个网络融合到一个共用网络中的形式。

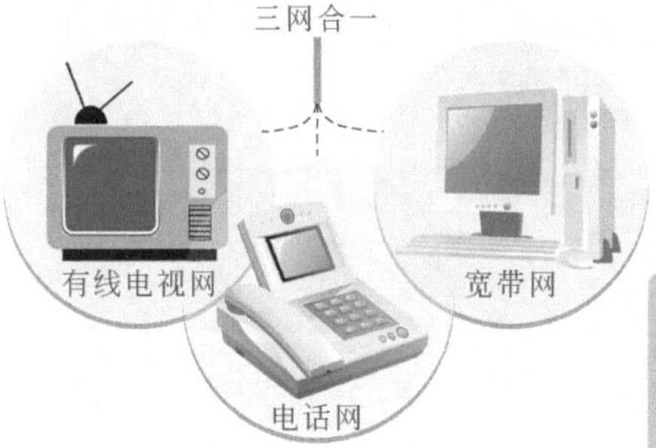

在实际应用中，因环境、成本、设备等各种因素影响，很多地区只进行了有线电视网和宽带网的融合；也有些地区因实际功能需求，仅将电话网和有线电视网进行了融合，具体根据实际安装形式而定

图 8-27 家庭三网合一的结构组成

如图 8-27 所示，家庭三网合一主要包括光纤进户线、光纤接入用户端设备及用户终端（电话机、电视机与机顶盒和计算机）等。

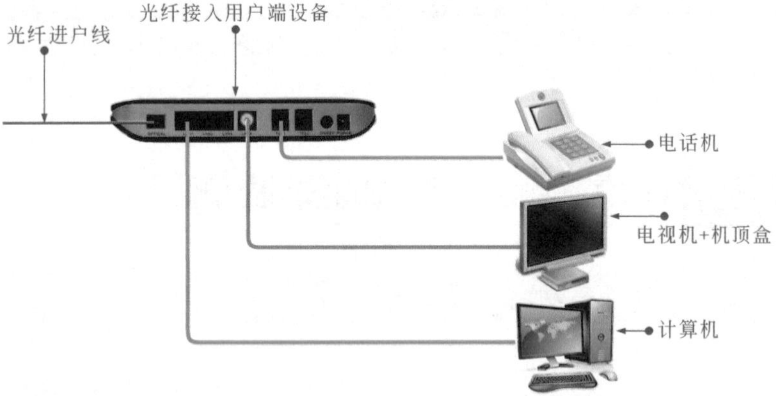

图 8-28 光纤接入用户端设备的特点

如图 8-28 所示，光纤接入用户端设备是三网合一中安装在家庭内部的重要设备，用于将光纤送入的信号进行识别、处理、调制和解调，并分路输出，不同类型的输出接口连接不同的用户终端设备。

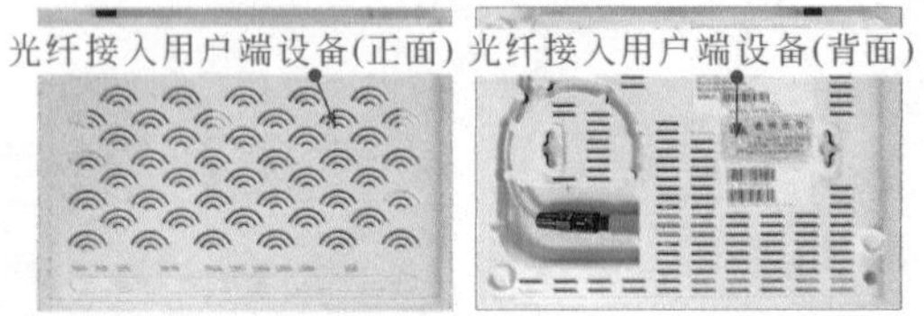

图 8-29　三网合一几种不同的结构形式

如图 8-29 所示，根据光纤接入用户端设备的接口类型和数量不同、用户需求不同，三网合一有些实际属于两网合一。有些光纤接入用户端设备自身具有 WiFi 功能，可直接作为无线路由使用，实现家庭无线网络覆盖。

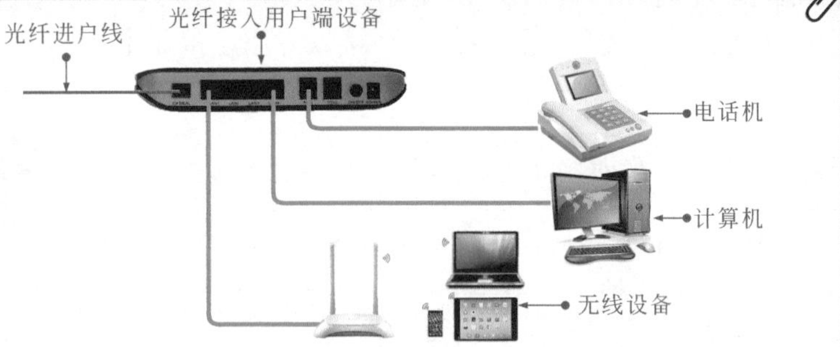

(a) 电话网和宽带网合一的结构

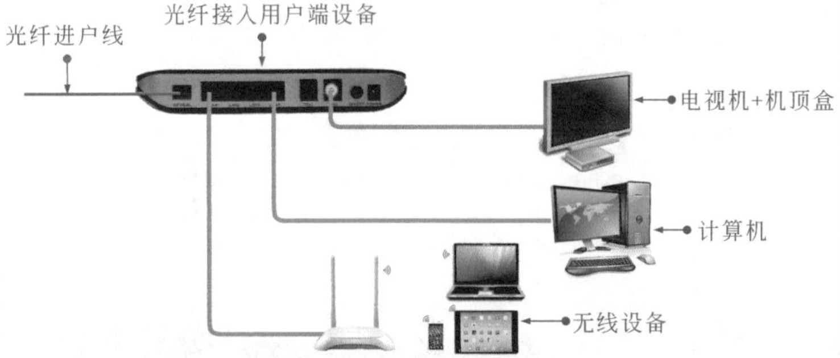

(b) 电视网和宽带网合一的结构

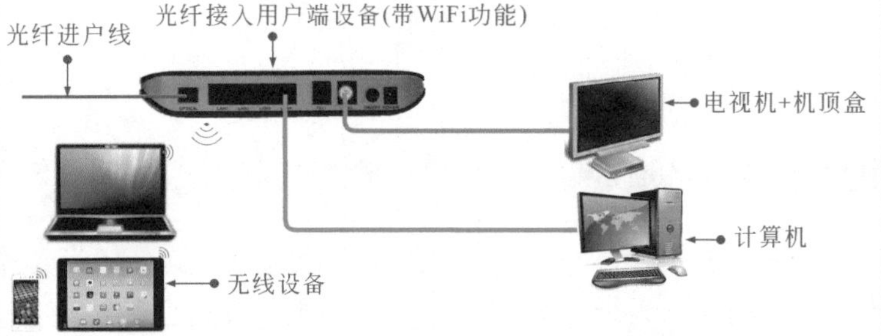

(c) 电视网和宽带网(光纤入户设备具有WiFi功能)合一的结构

8.3.2 光纤的连接

三网合一系统采用光纤传输信号，在设备安装和连接时，需要将光纤进行相应的加工和处理。一般入户光纤多采用连接器连接，即将光纤连接端加工后接入专用连接器中。

图 8-30 光纤连接器的功能特点

如图 8-30 所示，目前，常用的光纤连接器主要有 SC 型、FC 型、ST 型几种，本节主要以 SC 型连接器为例进行连接操作演示和介绍。

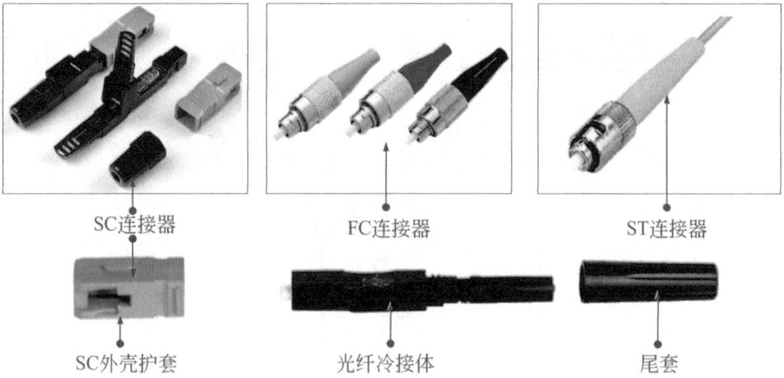

图 8-31 光纤连接的专用工具

如图 8-31 所示，光纤连接需借助专用的工具，如光功率计光纤切割器、光纤护套剥线钳、米勒钳、红光笔等。

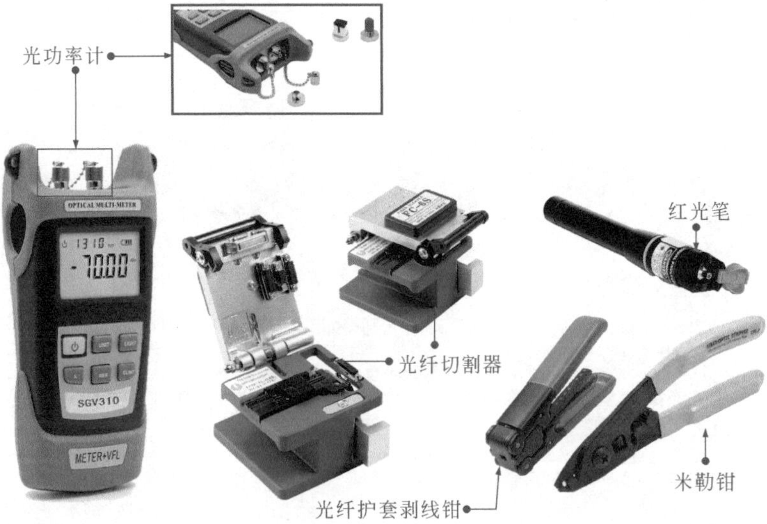

图 8-32　光纤的连接方法

如图 8-32 所示，借助光纤连接专用工具先将光纤连接端剥除绝缘外皮，并去除指定长度的光纤涂层，然后接入连接器中，完成光纤的连接。

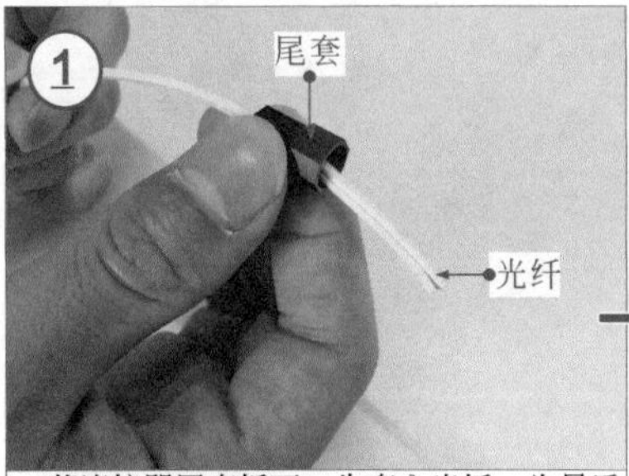

将连接器尾套拆下，先套入光纤，为最后安装做准备。

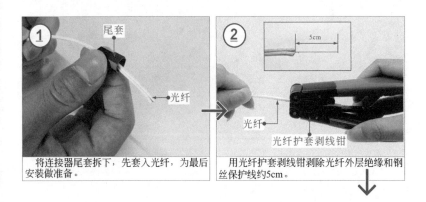

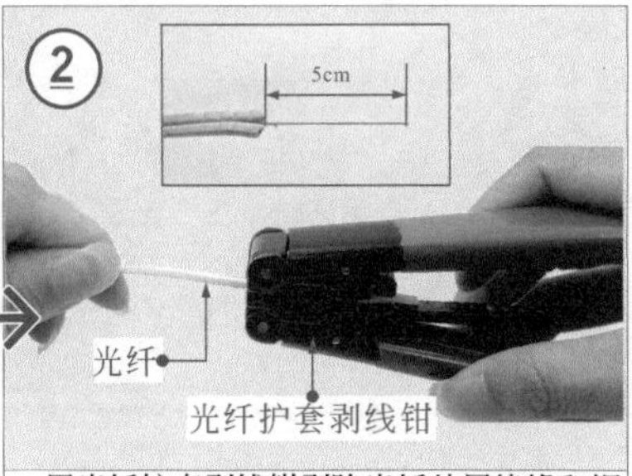

用光纤护套剥线钳剥除光纤外层绝缘和钢丝保护线约5cm。

④ 光纤切割器　防尘布

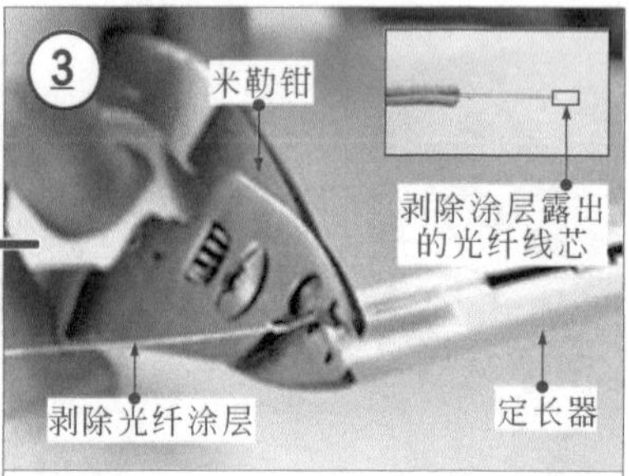

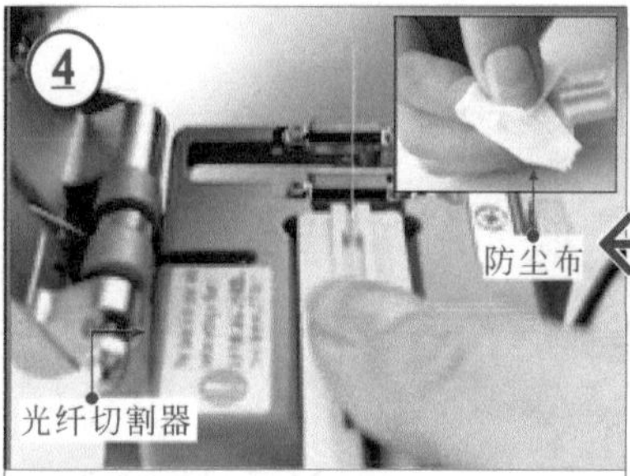

用防尘布擦拭线芯，然后将定长器放入光纤切割器中，切平光纤线芯。

③ 米勒钳　剥除涂层露出的光纤线芯　剥除光纤涂层　定长器

将光纤放入光纤切割器的定长器中，用米勒钳剥去定长器外光纤的涂层。

⑤ 光纤　光纤压盖　光纤压盖

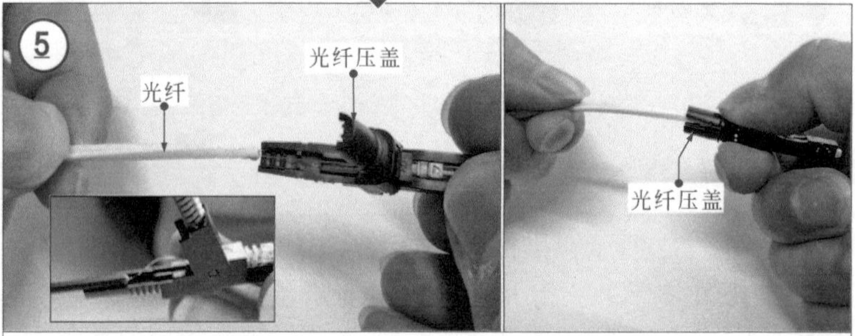

将光纤线芯插入光纤冷接体中，按下光纤压盖，压紧光纤。

⑥ 尾套　光纤冷接体

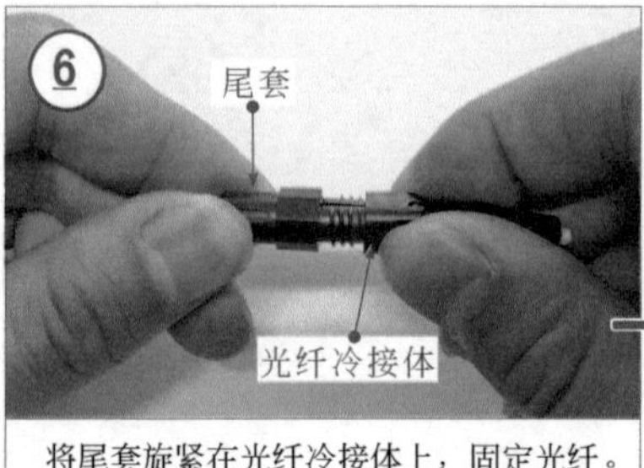

将尾套旋紧在光纤冷接体上，固定光纤。

⑦ 连接器　外壳护套

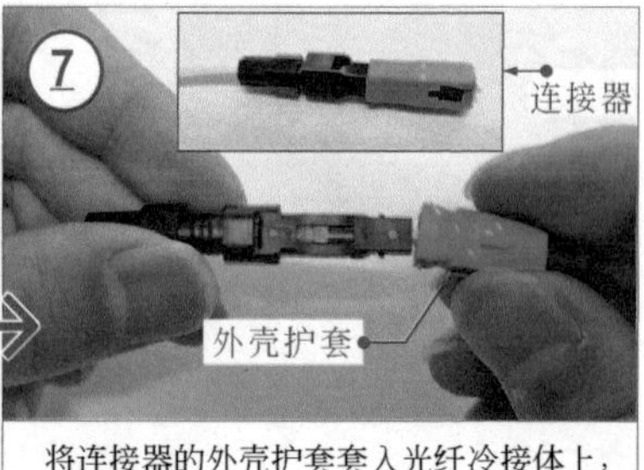

将连接器的外壳护套套入光纤冷接体上，连接器安装完成。

8.3.3　光纤接入用户端设备的安装

光纤接入用户端设备是连接室外光纤与室内用户终端的重要设备，其安装主要包括与光纤连接器连接、与用户终端连接、电源连接。

图 8-33　光纤接入用户端设备的安装方法

图 8-33 为光纤接入用户端设备的安装方法。

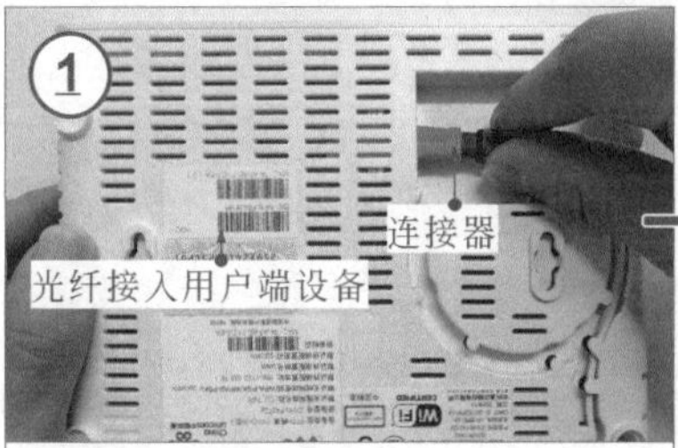

将接好的连接器插入光纤接入用户端设备的输入接口。

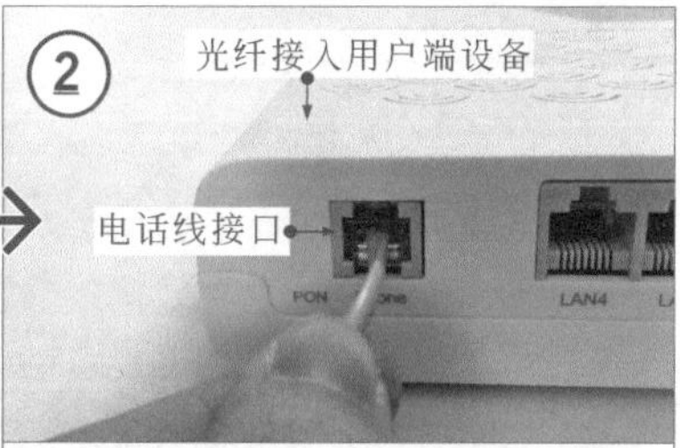

将电话线接入光纤接入用户端设备的电话接口上。

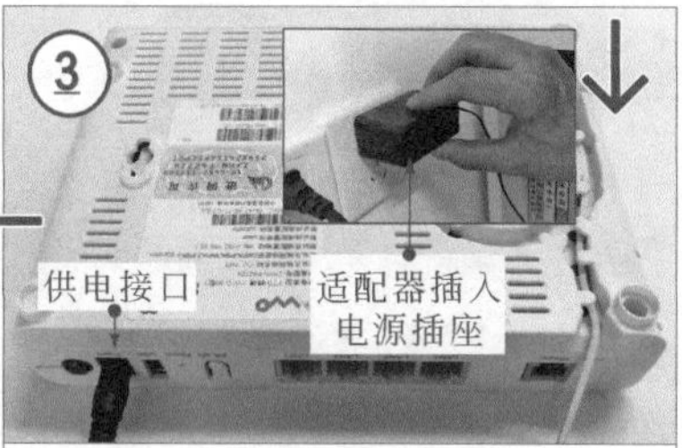

连接光纤接入用户端设备的电源。

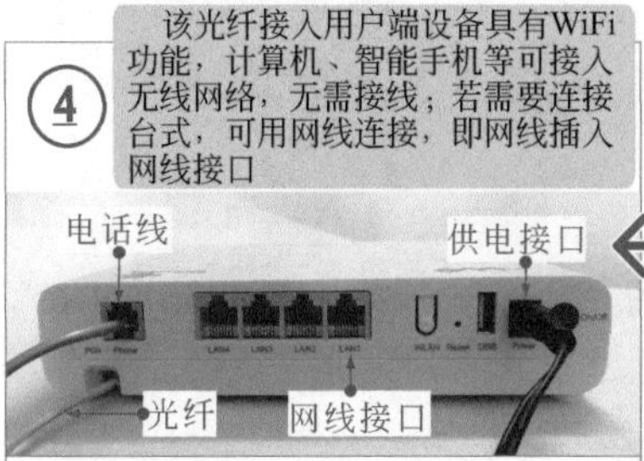

光纤接入用户端设备连接完成，打开电源开关启动设备。

8.3.4 家庭三网合一线路的调试与检测

光纤连接完成后，需要测试线路是否畅通，一般可借助光功率计或红光笔进行测试，若线路不通需要重新连接光纤连接器，调整线路，直至线路通畅。

图 8-34 三网合一线路的调试与检测方法

图 8-34 为三网合一线路的调试与检测方法。

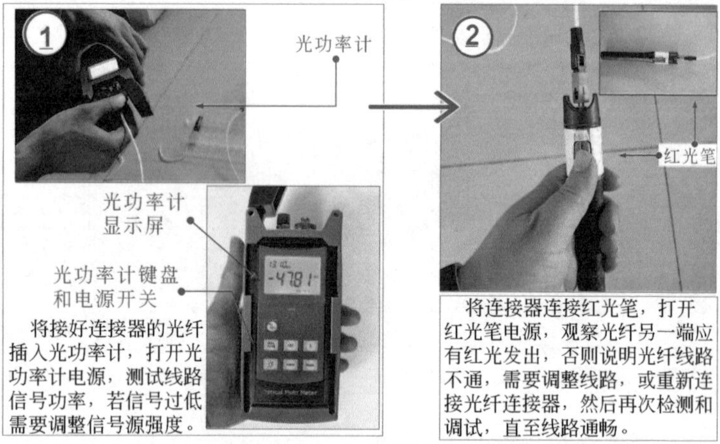
1
光功率计
光功率计
显示屏
光功率计键盘
和电源开关
将接好连接器的光纤插入光功率计，打开光功率计电源，测试线路信号功率，若信号过低需要调整信号源强度。
2
红光笔
将连接器连接红光笔，打开红光笔电源，观察光纤另一端应有红光发出，否则说明光纤线路不通，需要调整线路，或重新连接光纤连接器，然后再次检测和调试，直至线路通畅。

图 8-35 使用光功率计测试光纤线路

如图 8–35 所示，目前光功率计多为红光和功率计合一的设备，即可使用其测试线路功率，也可借助其发射红光，测试线路通断。

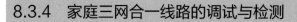

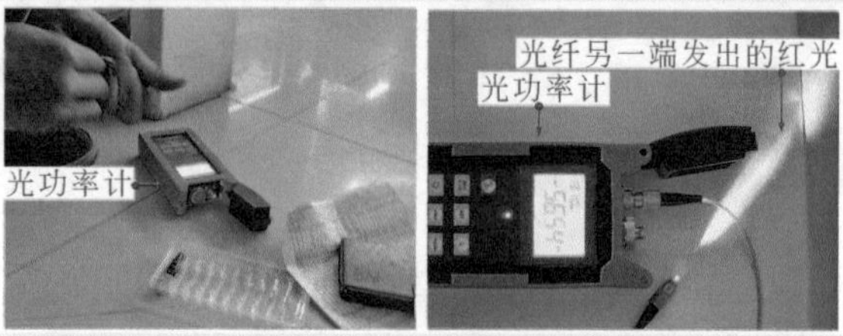
光功率计
光纤另一端发出的红光
光功率计

图 8-36　智能化弱电箱系统

随着智能家居的发展，弱电线路是家装的隐蔽工程，同时也是智能家居的连接核心。新建住宅楼多采用智能化弱电箱集中分配弱电线路的结构形式，如图 8–36 所示。

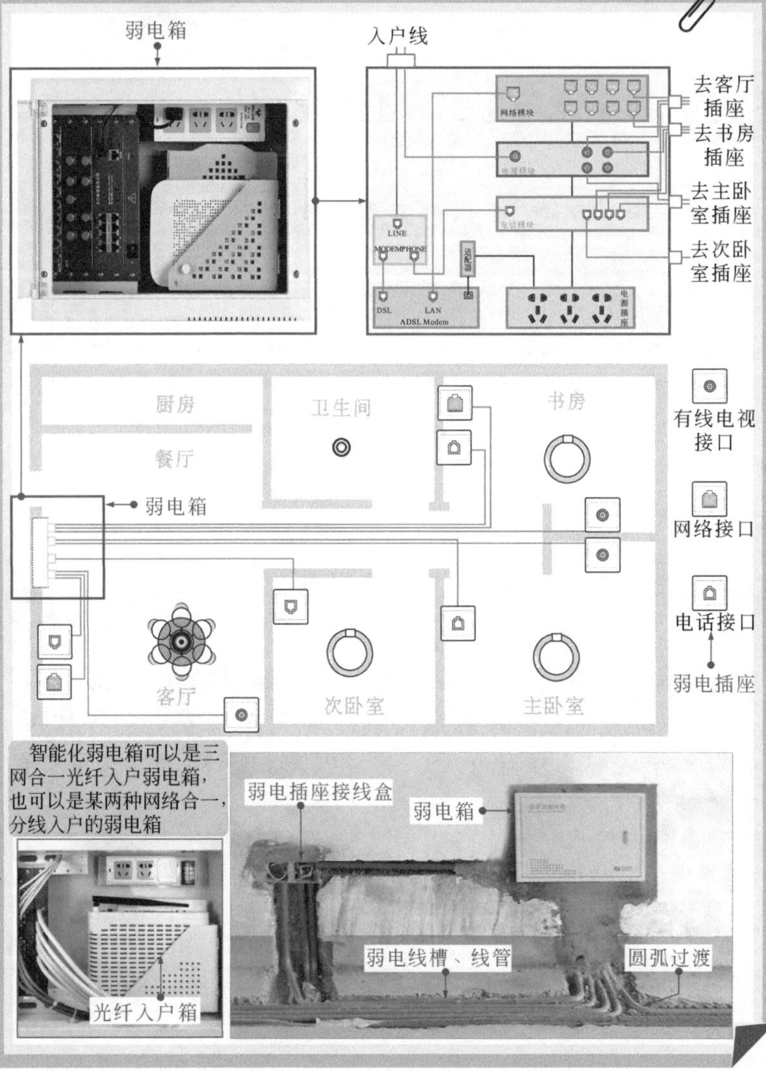

第9章 家装水电工的施工安全与急救处理

9.1 家装水电工的施工安全

9.1.1 家装水电工的触电防护

由于触电的危害性较大，造成的后果非常严重，为了防止触电的发生，必须采用可靠的防护措施。目前常用的触点防护措施主要有人身绝缘防护、漏电保护、隔离防护、保护接地与保护接零、作业环境的安全防护等。

❶ 人身绝缘防护

图 9-1 人身绝缘防护

如图 9-1 所示，家装水电工人身绝缘防护是指，在进行电工作业时，穿戴绝缘设备以起到人身安全防护作用。如穿戴绝缘鞋、绝缘手套，使用带绝缘手柄或绝缘外壳的工具等。

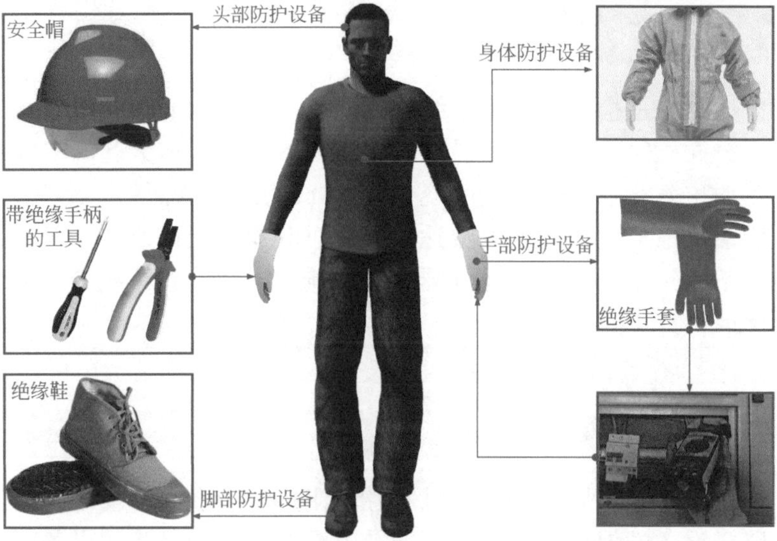

图 9-2　触电的危害

如图 9–2 所示，触电是电工作业中最常发生的，也是危害最大的一类事故。触电所造成的危害主要体现在当人体接触或接近带电体造成触电事故时，电流流经人体，对接触部位和人体内部器官等造成不同程度的伤害，甚至威胁到生命，造成严重的伤亡事故。

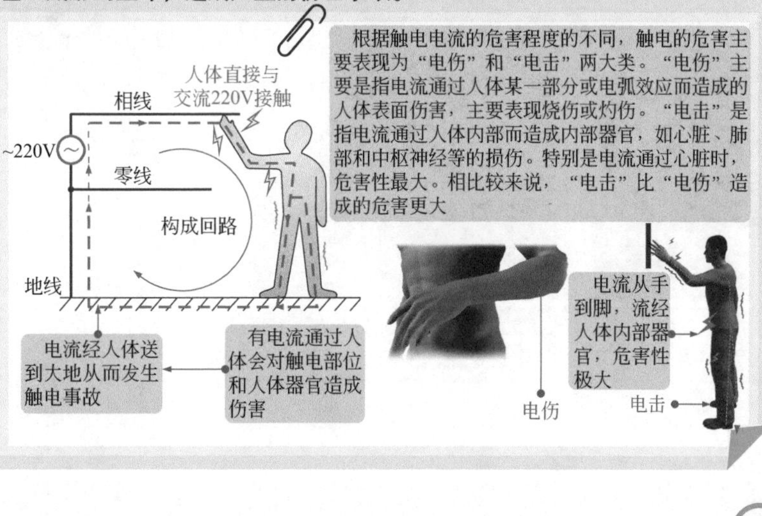
根据触电电流的危害程度的不同，触电的危害主要表现为“电伤”和“电击”两大类。“电伤”主要是指电流通过人体某一部分或电弧效应而造成的人体表面伤害，主要表现烧伤或灼伤。“电击”是指电流通过人体内部而造成内部器官，如心脏、肺部和中枢神经等的损伤。特别是电流通过心脏时，危害性最大。相比较来说，“电击”比“电伤”造成的危害更大
人体直接与
交流220V接触
相线
~220V
零线
构成回路
地线
电流经人体送到大地从而发生触电事故
有电流通过人体会对触电部位和人体器官造成伤害
电流从手到脚，流经人体内部器官，危害性极大
电伤
电击

❷ 漏电保护

漏电是指电气设备或线路绝缘损坏或其他原因造成导电部分碰壳时，如果电气设备的金属外壳接地，那么此时电流就由电气设备的金属外壳经大地构成通路，从而形成电流，即漏电电流。当漏电电流达到或超过其规定允许值（一般不大于 30mA）时，漏电保护器件能够自动切断电源或报警，以保证人身安全。

图 9-3　漏电保护器件

如图 9-3 所示，漏电保护是指借助漏电保护器件实现对线路或设备的保护，防止人体触及有漏电情况的线路或设备时发生触电危险。家装水电工操作中，常用的漏电保护器件主要有漏电保护开关、漏电保护继电器等。

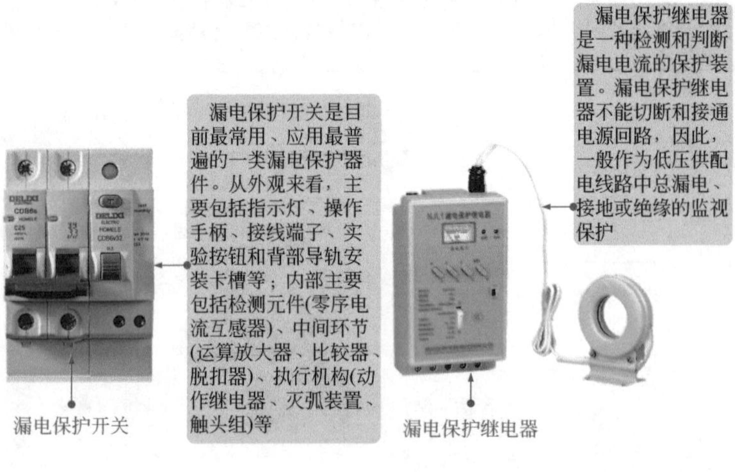
漏电保护继电器是一种检测和判断漏电电流的保护装置。漏电保护继电器不能切断和接通电源回路，因此，一般作为低压供配电线路中总漏电、接地或绝缘的监视保护
漏电保护开关是目前最常用、应用最普遍的一类漏电保护器件。从外观来看，主要包括指示灯、操作手柄、接线端子、实验按钮和背部导轨安装卡槽等；内部主要包括检测元件(零序电流互感器)、中间环节(运算放大器、比较器、脱扣器)、执行机构(动作继电器、灭弧装置、触头组)等
DELIXI
漏电保护开关
漏电保护继电器

图 9-4　漏电保护器的保护原理

图 9-4 为漏电保护器的保护原理。

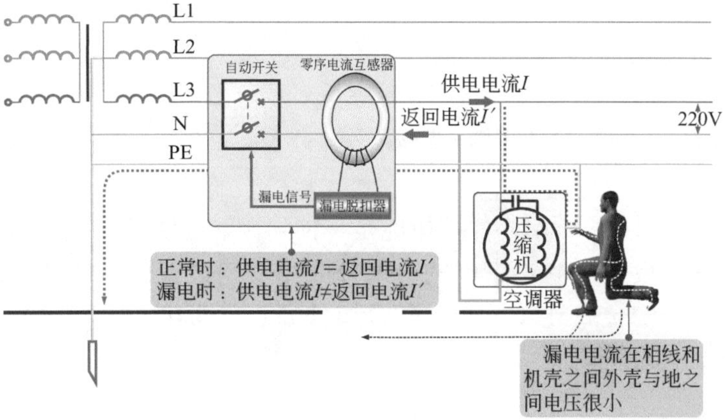

3 隔离防护

图 9-5　家装水电工操作中的隔离防护

如图 9-5 所示，电气设备的隔离防护包括绝缘防护、安全距离防护、接触防护。

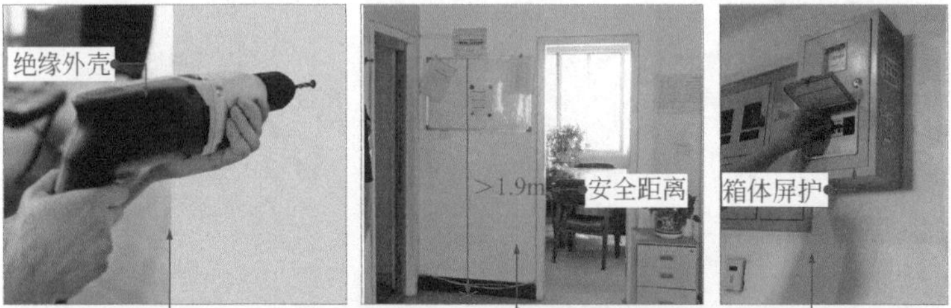

电气设备的绝缘良好，是保证人身安全和电气设备安全、正常工作的基本条件。对于设备的电气绝缘，一般要求其绝缘材料必须具备足够的绝缘性能，并能够承受因各种影响引起的过电压

电气设备的安全距离是指人体、物体等接近电气设备带电部位、动作部件或可能散发出的粉尘、气体等而不发生危险的可靠距离。例如，室内配电盘要求安装位置距离地面至少1.9m

用箱体、绝缘护盖将电气设备隔离，避免因误操作碰触带电导体，实现接触防护

家装水电工操作中，常用的电气设备主要包括各种低压电气设备，如配电箱、配电盘、断路器、电源插座、电源开关、照明灯具及各种电动工具，如电钻、电锤等。所有电气设备应符合安全要求，安装和使用电气设备时，必须保证安全。

4 保护接地

图 9-6 家庭电气设备保护接地防护措施

如图 9-6 所示，保护接地是一种间接触电防护措施，是指将电气设备平时不带电的金属外壳用专门设置的接地装置进行良好的金属连接。当设备金属外壳意外带电时，消除或减小触电的危险。

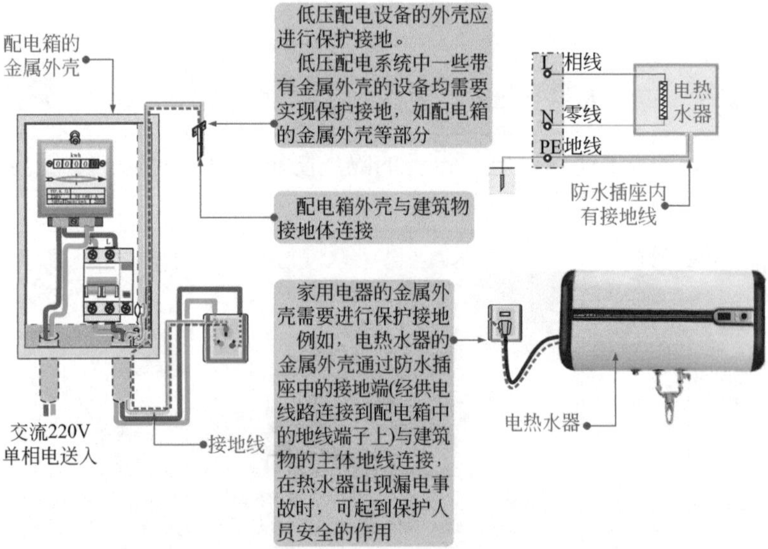

5 作业环境的安全防护

图 9-7　家装水电工作业环境的安全防护

如图 9-7 所示，家装水电工在进行电工作业前，做好作业环境的安全防护也是防止触电的一项基本措施。作业环境的安全防护要求一定要细致核查作业环境，家装水电工的作业环境要保证干燥、通风并有足够的亮度照明，所使用的作业器材应按规定摆放并且在作业环境中必须配备灭火装置（灭火器）。

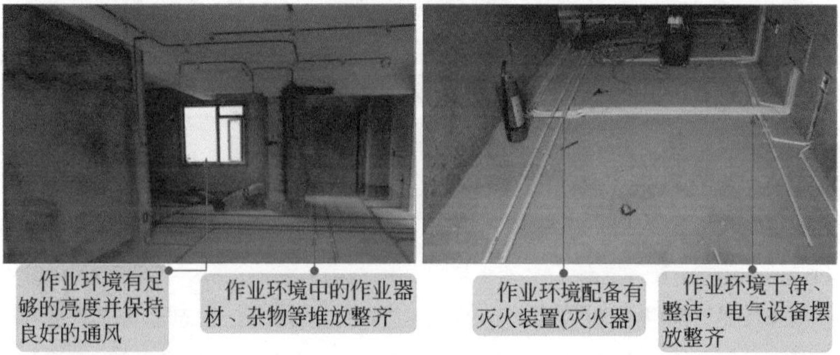

作业环境有足够的亮度并保持良好的通风
作业环境中的作业器材、杂物等堆放整齐
作业环境配备有灭火装置(灭火器)
作业环境干净、整洁，电气设备摆放整齐

图 9-8　家装水电工作业环境中常见的安全隐患

如图 9–8 所示，如果作业环境潮湿或有积水，或所用电气设备电源线有破损，应及时处理，不可盲目作业，否则会引发短路或漏电的情况，造成火灾或触电事故。

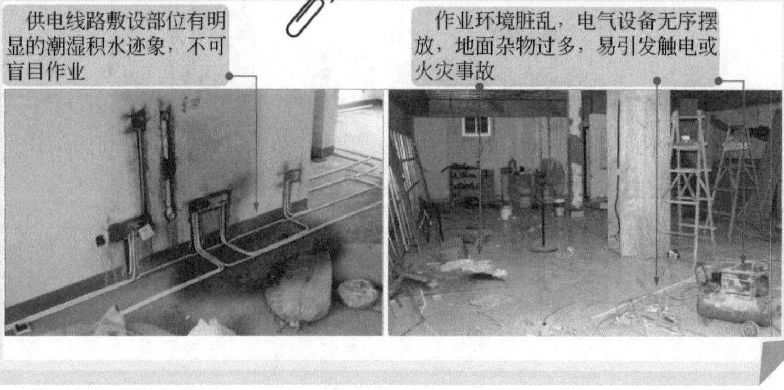

供电线路敷设部位有明显的潮湿积水迹象，不可盲目作业
作业环境脏乱，电气设备无序摆放，地面杂物过多，易引发触电或火灾事故

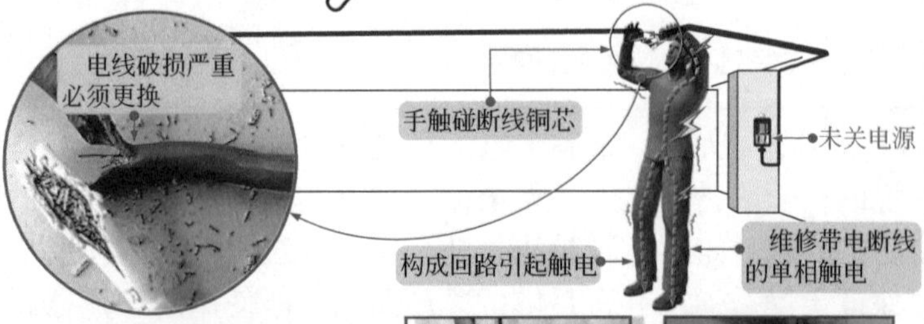

电线破损严重
必须更换
手触碰断线铜芯
未关电源
维修带电断线
的单相触电
构成回路引起触电

在电工作业前，必须对各种设备供电线缆的连接插头、检修线路线缆本身等部位重点检查。一旦发现供电线缆保护层有破损情况，需及时进行处理，否则极易引发触电事故

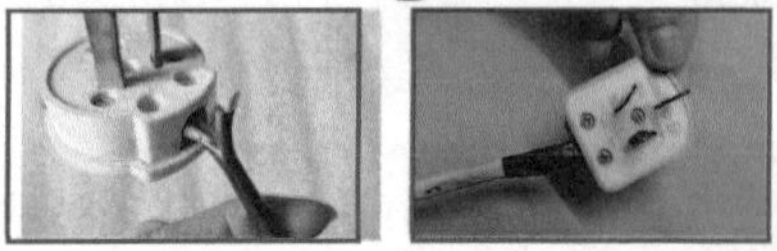

9.1.2 家装水电工的外伤防护

图 9-9 家装水电工的外伤防护

如图 9-9 所示，家装水电工在进行水暖电工作业时，除注意触电防护外，还应注意外伤防护，包括在一些切割操作中，佩戴防护手套、防尘口罩、防护眼罩等，可有效避免割伤手指、灰尘污染和刺激鼻眼等。

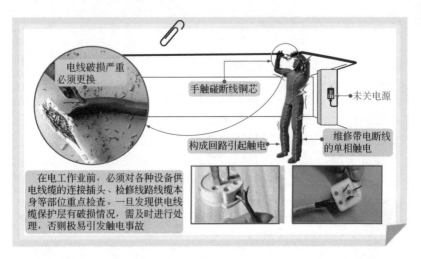

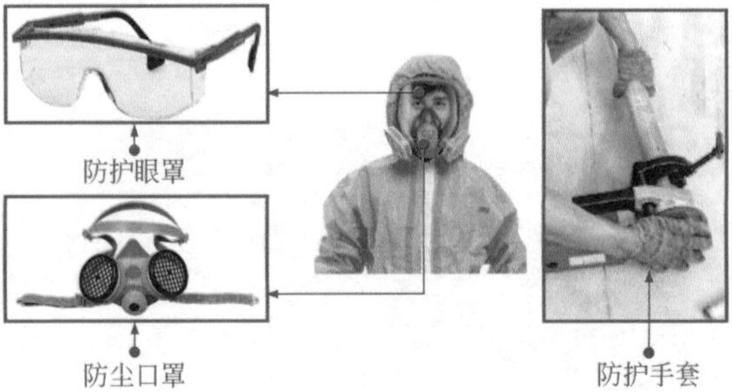

防护眼罩
防尘口罩
防护手套

图 9-10　家装水电工作业中的外伤隐患

如图 9-10 所示，外伤是由家装水电工操作中的意外伤害事故造成的，一些电工作业人员在实际施工操作中，不严格按照规范要求佩戴防护工具，可能会造成不同程度的伤害。

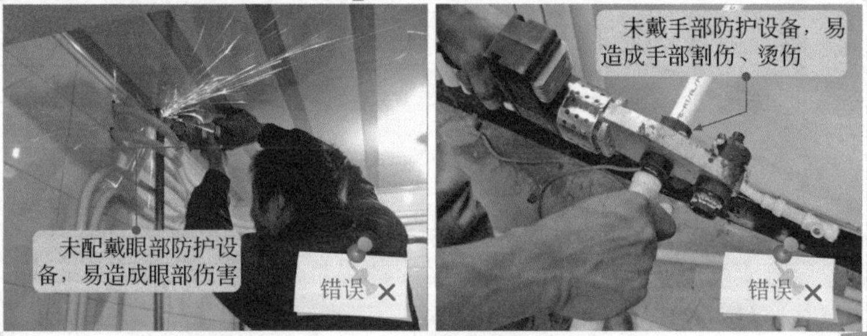
未配戴眼部防护设备，易造成眼部伤害
错误 ×
未戴手部防护设备，易造成手部割伤、烫伤
错误 ×

9.2 家装水电工的急救处理

9.2.1 家装水电工的触电急救

家装水电工操作不当极易引发触电。一旦发生触电应先及时脱离触电环境，然后再采取正确的急救措施。且不可慌张或违规操作，否则会引发更大的事故。

家装电工触电后的急救措施包括脱离电源和现场医学救护两个方面。

1 脱离电源

图 9-11　摆脱触电环境

如图 9-11 所示，触电事故发生后，救援者要保持冷静，首先观察现场，推断触电原因；然后再采取最直接、最有效的方法实施救援，让触电者尽快摆脱触电环境。

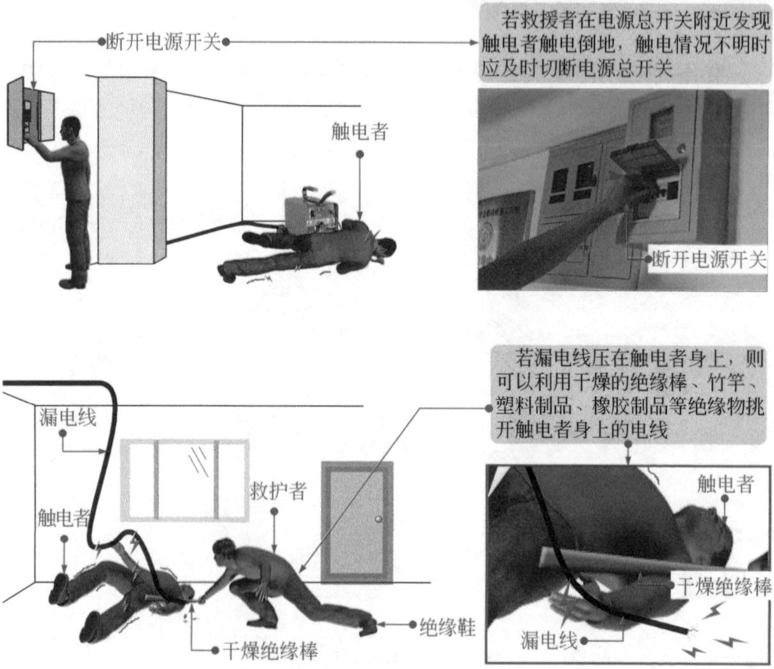
断开电源开关
若救援者在电源总开关附近发现触电者触电倒地，触电情况不明时应及时切断电源总开关
触电者
断开电源开关
若漏电线压在触电者身上，则可以利用干燥的绝缘棒、竹竿、塑料制品、橡胶制品等绝缘物挑开触电者身上的电线
漏电线
救护者
触电者
绝缘鞋
干燥绝缘棒
触电者
干燥绝缘棒
漏电线

图 9-12 摆脱触电环境的其他方法

如图 9–12 所示为摆脱触电环境的其他方法。特别注意，整个施救过程要迅速、果断。尽可能利用现场现有资源实施救援，以争取宝贵的救护时间。绝对不可直接拉拽触电者，否则极易造成连带触电。

若救护者离开关较远，无法及时关掉电源，可使用带绝缘手柄的钢丝钳、绝缘斧等将电源线切断，断开电源。

若现场没有可操作的绝缘物，可以站在干燥的木板、木桌椅或橡胶垫等绝缘物品上，用一只手拉拽触电者，使其脱离电源。

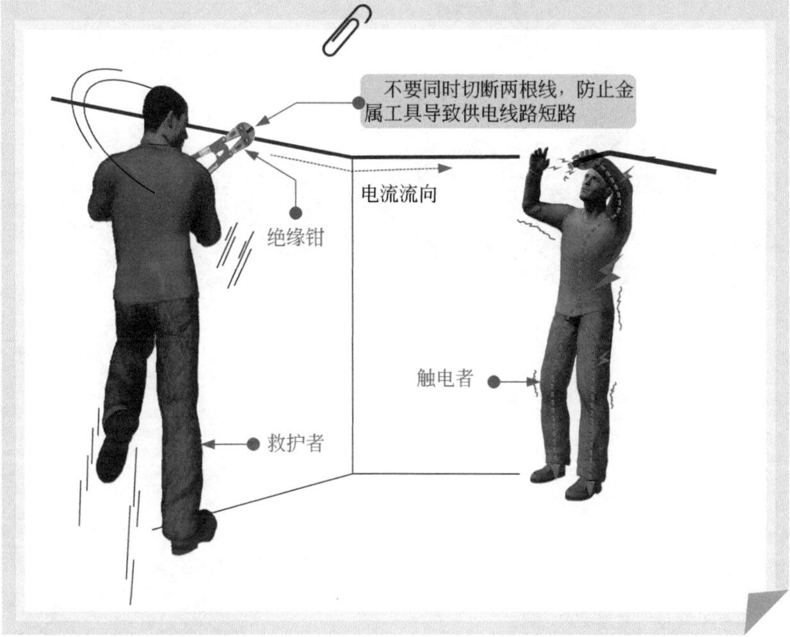
不要同时切断两根线，防止金属工具导致供电线路短路
电流流向
绝缘钳
触电者
救护者

❷ 现场医学救护措施

当触电者脱离触电环境后，不要将其随便移动，应将触电者仰卧，并迅速解开触电者的衣服、腰带等，保证其正常呼吸，疏散围观者，保证周围空气畅通，同时拨打 120 急救电话。做好以上准备工作后，就可以根据触电者的情况做相应的救护。

图 9-13　了解触电者当前的基本情况

如图 9-13 所示，对触电者的呼吸、心跳情况进行判断。当触电者意识丧失时，应在 10s 内观察并判断伤者呼吸及心跳情况。首先查看伤者的腹部、胸部等有无起伏动作，接着用耳朵贴近伤者的口鼻处，听伤者是否有呼吸声音，最后是测嘴和鼻孔是否有呼气的气流。

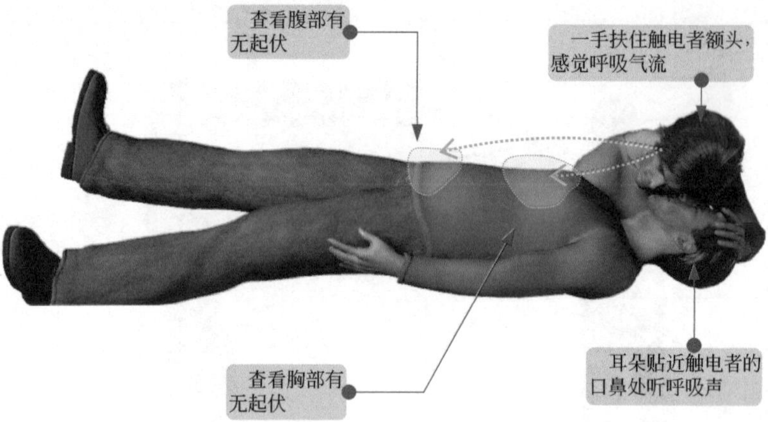
查看腹部有无起伏
一手扶住触电者额头，感觉呼吸气流
耳朵贴近触电者的口鼻处听呼吸声
查看胸部有无起伏

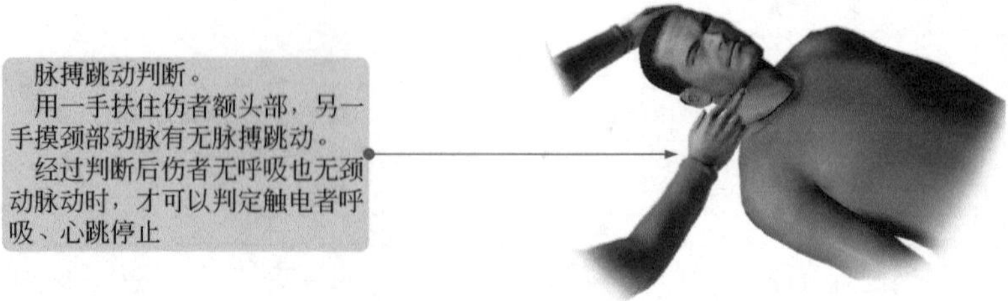
脉搏跳动判断。
用一手扶住伤者额头部，另一手摸颈部动脉有无脉搏跳动。
经过判断后伤者无呼吸也无颈动脉动时，才可以判定触电者呼吸、心跳停止

若触电者神志清醒，但有心慌、恶心、头痛、头昏、出冷汗、四肢发麻、全身无力等症状，则应让触电者平躺在地，并仔细观察触电者，最好不要让触电者站立或行走。当触电者已经失去知觉，但仍有轻微的呼吸和心跳，则应让触电者就地仰卧平躺，要让气道通畅，应把触电者衣服及有碍于其呼吸的腰带等物解开帮助其呼吸，并且在5s内呼叫触电者或轻拍触电者肩部，以判断触电者意识是否丧失。在触电者神志不清时，不要摇动触电者的头部或呼叫触电者。

图 9-14 触电者的正确躺卧姿势

图 9-14 为触电者的正确躺卧姿势。当天气炎热时，应使触电者在阴凉的环境下休息。天气寒冷时，应帮触电者保温并等待医生到来。

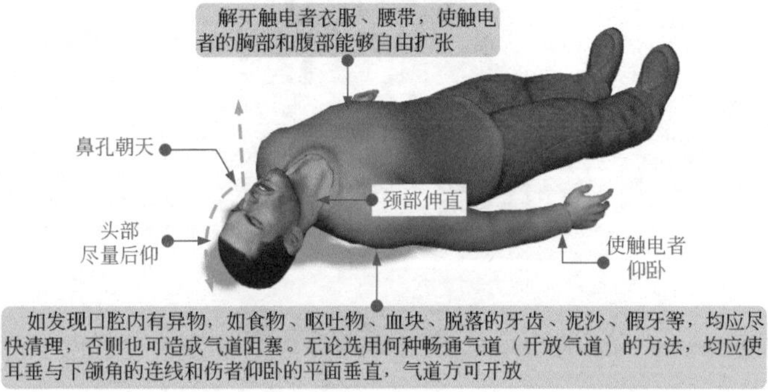
解开触电者衣服、腰带，使触电者的胸部和腹部能够自由扩张
鼻孔朝天
颈部伸直
头部尽量后仰
使触电者仰卧
如发现口腔内有异物，如食物、呕吐物、血块、脱落的牙齿、泥沙、假牙等，均应尽快清理，否则也可造成气道阻塞。无论选用何种畅通气道（开放气道）的方法，均应使耳垂与下颌角的连线和伤者仰卧的平面垂直，气道方可开放

图 9-15 人工呼吸救助

如图 9-15 所示，通常情况下，若正规医疗救援不能及时到位，而触电者已无呼吸，但是仍然有心跳时，应及时采用人工呼吸法进行救治。

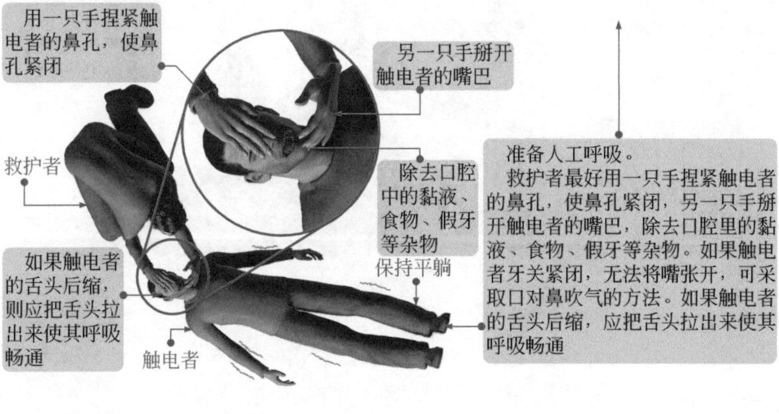
用一只手捏紧触电者的鼻孔，使鼻孔紧闭
另一只手掰开触电者的嘴巴
救护者
除去口腔中的黏液、食物、假牙等杂物
准备人工呼吸。
救护者最好用一只手捏紧触电者的鼻孔，使鼻孔紧闭，另一只手掰开触电者的嘴巴，除去口腔里的黏液、食物、假牙等杂物。如果触电者牙关紧闭，无法将嘴张开，可采取口对鼻吹气的方法。如果触电者的舌头后缩，应把舌头拉出来使其呼吸畅通
如果触电者的舌头后缩，则应把舌头拉出来使其呼吸畅通
保持平躺
触电者

开始人工呼吸救助。

首先救护者深吸一口气之后，紧贴着触电者的嘴巴大口吹气，使其胸部膨胀，然后救护者换气，放开触电者的嘴鼻，使触电者自动呼气，如此反复进行上述操作，吹气时间为2~3s，放松时间为2~3s，5s左右为一个循环。重复操作，中间不可间断，直到触电者苏醒为止

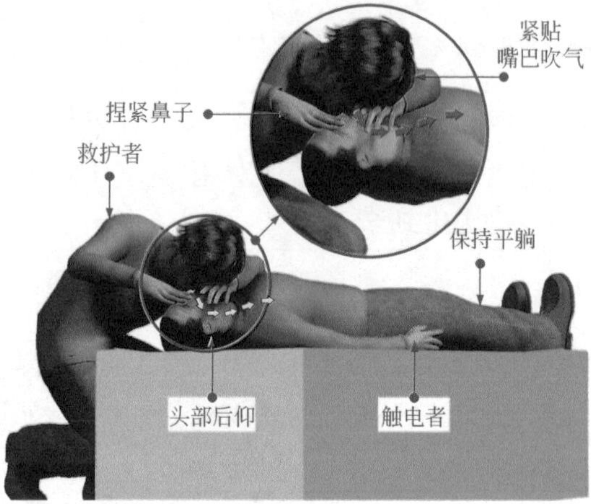

图 9-16 胸外心脏按压救治

如图 9-16 所示，当触电者心音微弱、心跳停止或脉搏短而不规则的情况下，可采用胸外心脏按压救治的方法来帮助触电者恢复正常心跳。

救护者左手掌放在触电者心脏上方(胸骨处)，中指对准其颈部凹陷的下端，救护者将右手掌压在左手掌上，用力垂直向下挤压。成人胸外按压频率为100次/min，一般在实际救治时，每按压30次后实施两次人工呼吸

将触电者仰卧，并松开衣服和腰带，使触电者头部稍后仰，然后救护者需跪在触电者腰部两侧或跪在触电者一侧

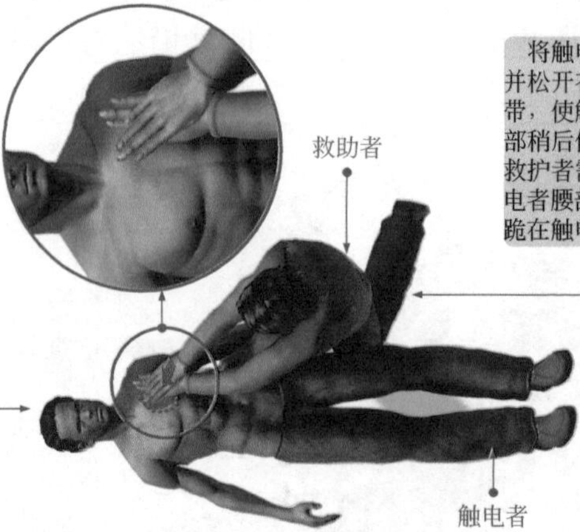

在抢救过程中要不断观察触电者面部动作，若嘴唇稍有开合，眼皮微微活动，喉部有吞咽动作，则说明触电者已有呼吸，可停止救助。如果触电者仍没有呼吸，需要同时利用人工呼吸和胸外心脏按压法进行治疗。

在抢救的过程中，如果触电者身体僵冷，医生也证明无法救治时，才可以放弃治疗。反之，如果触电者瞳孔变小，皮肤变红，则说明抢救收到了效果，应继续救治。

图 9-17　胸外心脏按压救治的按压点

如图 9–17 所示，胸外心脏按压救治时，寻找正确的按压点位时，可将右手食指和中指沿着触电伤者的右侧肋骨下缘向上，找到肋骨和胸骨结合处的中点。将两根手指并齐，中指放置在胸骨与肋骨结合处的中点位置，食指平放在胸骨下部（按压区），将左手的手掌根紧挨着食指上缘，置于胸骨上；然后将定位的右手移开，并将掌根重叠放于左手背上，有规律按压即可。

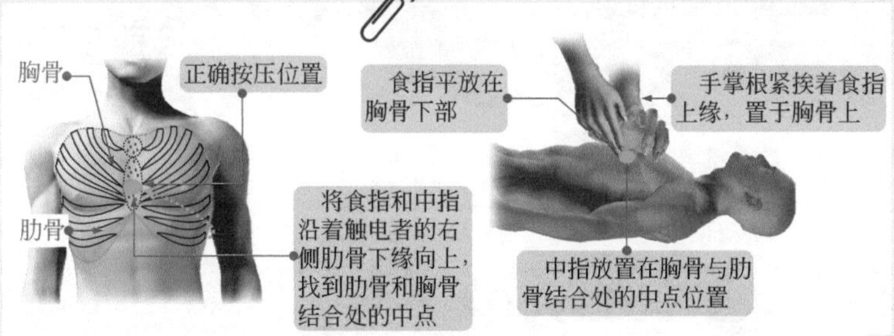

图 9-18　牵手呼吸法救治

如图 9–18 所示，若触电者嘴或鼻被电伤，无法进行口对口人工呼吸或口对鼻人工呼吸时，也可以采用牵手呼吸法进行救治。牵手呼吸法最好在救助者多时进行，因为这种救助法比较消耗体力，需要几名救助者轮流对触电者进行救治，以免救助者反复操作导致疲劳，耽误给触电者的救治时间。

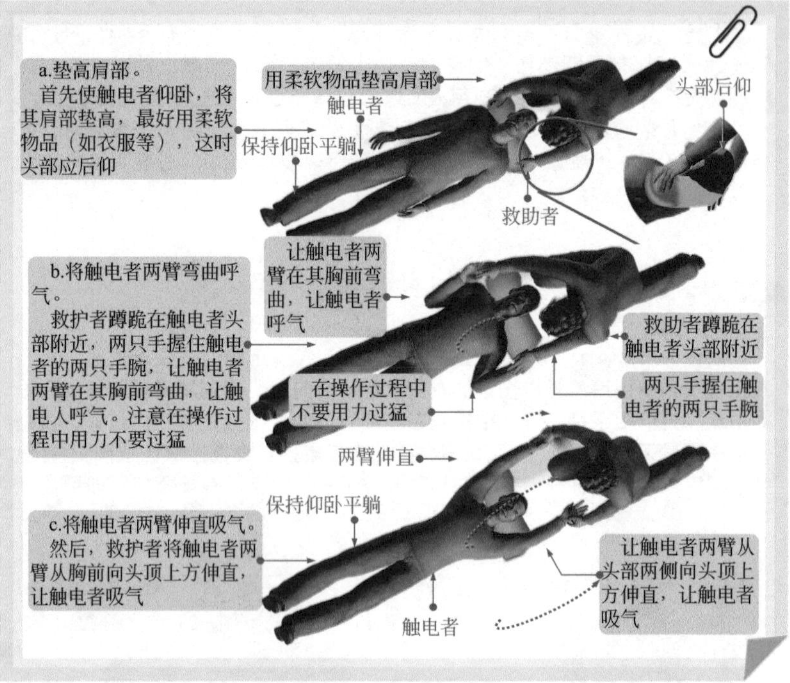
a.垫高肩部。
首先使触电者仰卧，将其肩部垫高，最好用柔软物品（如衣服等），这时头部应后仰
用柔软物品垫高肩部
触电者
保持仰卧平躺
头部后仰
救助者
b.将触电者两臂弯曲呼气。
救护者蹲跪在触电者头部附近，两只手握住触电者的两只手腕，让触电者两臂在其胸前弯曲，让触电人呼气。注意在操作过程中用力不要过猛
让触电者两臂在其胸前弯曲，让触电者呼气
救助者蹲跪在触电者头部附近
在操作过程中不要用力过猛
两只手握住触电者的两只手腕
两臂伸直
保持仰卧平躺
c.将触电者两臂伸直吸气。
然后，救护者将触电者两臂从胸前向头顶上方伸直，让触电者吸气
让触电者两臂从头部两侧向头顶上方伸直，让触电者吸气
触电者

9.2.2 家装水电工的外伤急救

在家装水电工作业时，易发生的外伤主要有割伤、摔伤和烧伤三种。对不同的外伤要采用正确的急救措施。

1 割伤急救

图 9-19 割伤的紧急救助

如图 9-19 所示，割伤主要是人体被尖锐物体划伤、扎伤或碰伤。例如在使用电工刀、钳子等尖锐利器进行拆卸或安装时发生的划伤。

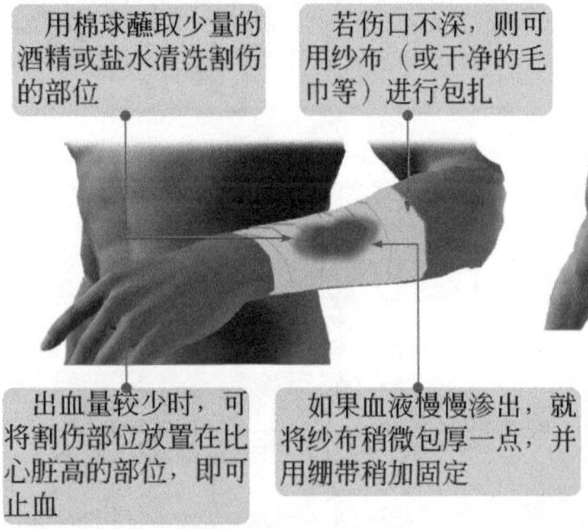

用棉球蘸取少量的酒精或盐水清洗割伤的部位
若伤口不深，则可用纱布（或干净的毛巾等）进行包扎
出血量较少时，可将割伤部位放置在比心脏高的部位，即可止血
如果血液慢慢渗出，就将纱布稍微包厚一点，并用绷带稍加固定

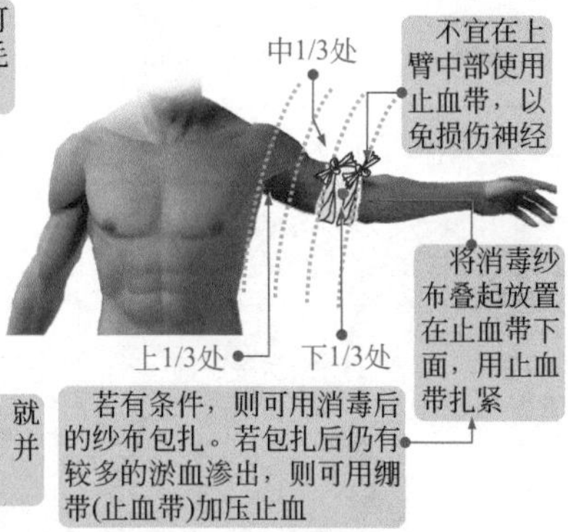

中1/3处
不宜在上臂中部使用止血带，以免损伤神经
将消毒纱布叠起放置在止血带下面，用止血带扎紧
上1/3处
下1/3处
若有条件，则可用消毒后的纱布包扎。若包扎后仍有较多的淤血渗出，则可用绷带(止血带)加压止血

注意：若受伤者出现外部出血，则应立即采取止血措施，防止受伤者因失血过多而导致休克。若医疗条件不足，则可用干净的布包扎伤口，包扎完后，迅速送往医院进行治疗。

2 摔伤急救

图 9-20　摔伤后的状态检查

如图 9-20 所示，在工作过程中，摔伤主要发生在一些登高作业中。摔伤应急处理的原则是先抢救、后固定。即首先快速准确查看受伤者的状态，应根据不同受伤程度和部位进行相应的应急救护措施。

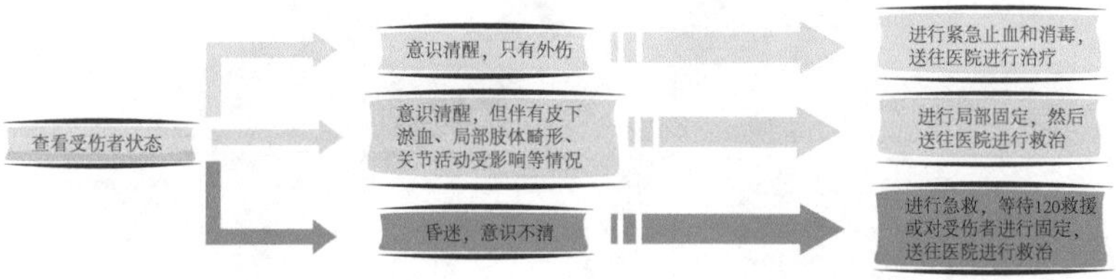

查看受伤者状态
意识清醒，只有外伤
进行紧急止血和消毒，送往医院进行治疗
意识清醒，但伴有皮下淤血、局部肢体畸形、关节活动受影响等情况
进行局部固定，然后送往医院进行救治
昏迷，意识不清
进行急救，等待120救援或对受伤者进行固定，送往医院进行救治

图 9-21 摔伤的急救措施

图 9-21 为摔伤的急救措施。

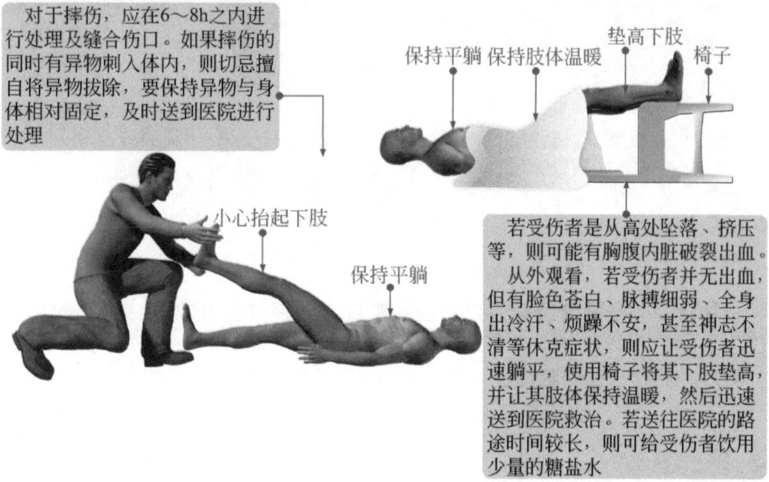
对于摔伤，应在6～8h之内进行处理及缝合伤口。如果摔伤的同时有异物刺入体内，则切忌擅自将异物拔除，要保持异物与身体相对固定，及时送到医院进行处理
保持平躺
保持肢体温暖
垫高下肢
椅子
小心抬起下肢
保持平躺
若受伤者是从高处坠落、挤压等，则可能有胸腹内脏破裂出血。
从外观看，若受伤者并无出血，但有脸色苍白、脉搏细弱、全身出冷汗、烦躁不安，甚至神志不清等休克症状，则应让受伤者迅速躺平，使用椅子将其下肢垫高，并让其肢体保持温暖，然后迅速送到医院救治。若送往医院的路途时间较长，则可给受伤者饮用少量的糖盐水

图 9-22 肢体骨折的急救方法

如图 9-22 所示，肢体骨折时，一般使用夹板、木棍、竹竿等将断骨上、下两个关节固定，也可用受伤者的身体进行固定，以免骨折部位移动，减少受伤者疼痛，防止受伤者的伤势恶化。

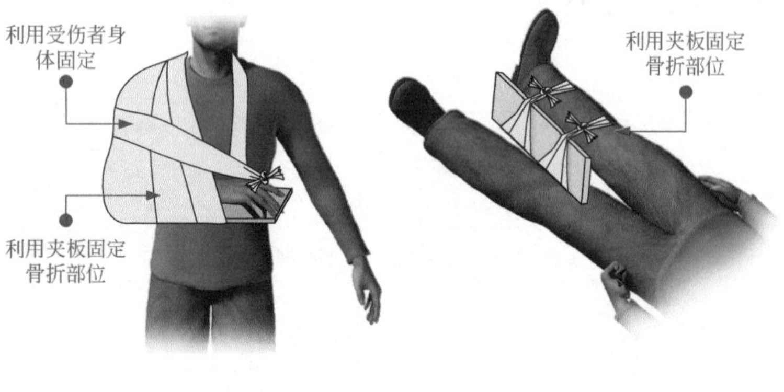
利用受伤者身体固定
利用夹板固定骨折部位
利用夹板固定骨折部位

图 9-23 颈椎或腰椎骨折的急救措施

图 9-23 为颈椎或腰椎骨折的急救措施。

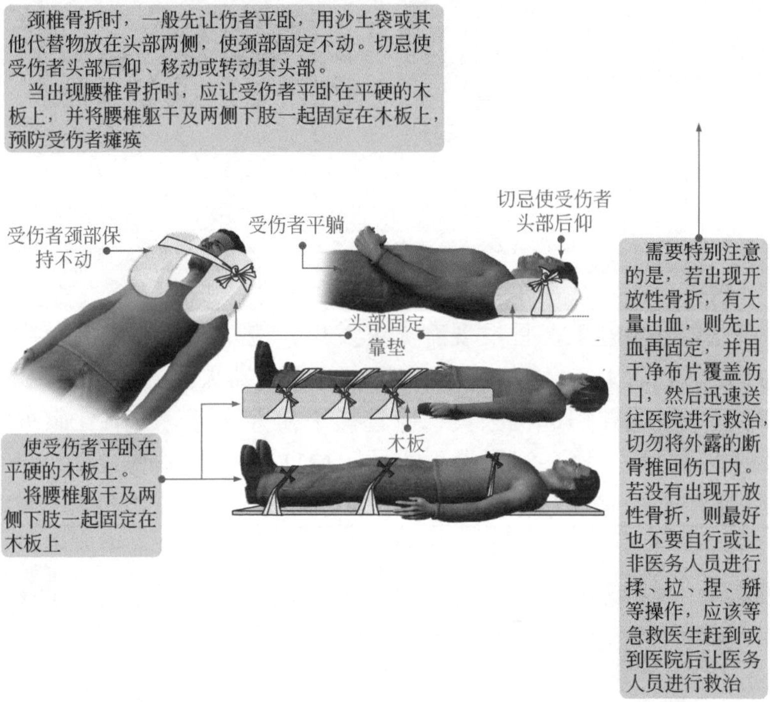
颈椎骨折时，一般先让伤者平卧，用沙土袋或其他代替物放在头部两侧，使颈部固定不动。切忌使受伤者头部后仰、移动或转动其头部。
当出现腰椎骨折时，应让受伤者平卧在平硬的木板上，并将腰椎躯干及两侧下肢一起固定在木板上，预防受伤者瘫痪
受伤者颈部保持不动
受伤者平躺
切忌使受伤者头部后仰
头部固定靠垫
木板
使受伤者平卧在平硬的木板上。
将腰椎躯干及两侧下肢一起固定在木板上
需要特别注意的是，若出现开放性骨折，有大量出血，则先止血再固定，并用干净布片覆盖伤口，然后迅速送往医院进行救治，切勿将外露的断骨推回伤口内。若没有出现开放性骨折，则最好也不要自行或让非医务人员进行揉、拉、捏、掰等操作，应该等急救医生赶到或到医院后让医务人员进行救治

3 烧伤急救

图 9-24 烧伤的急救方法

如图 9-24 所示，烧伤多由于触电及火灾事故引起。一旦出现烧伤，应及时对烧伤部位进行降温处理，并在降温过程中小心除去衣物，以尽可能降低伤害，然后等待就医。

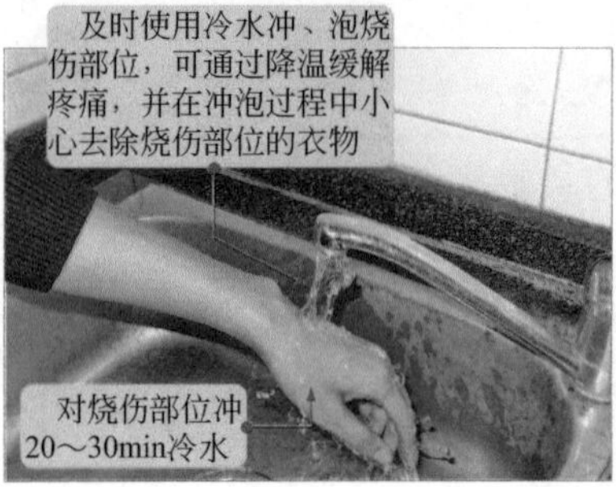
及时使用冷水冲、泡烧伤部位，可通过降温缓解疼痛，并在冲泡过程中小心去除烧伤部位的衣物
对烧伤部位冲20～30min冷水

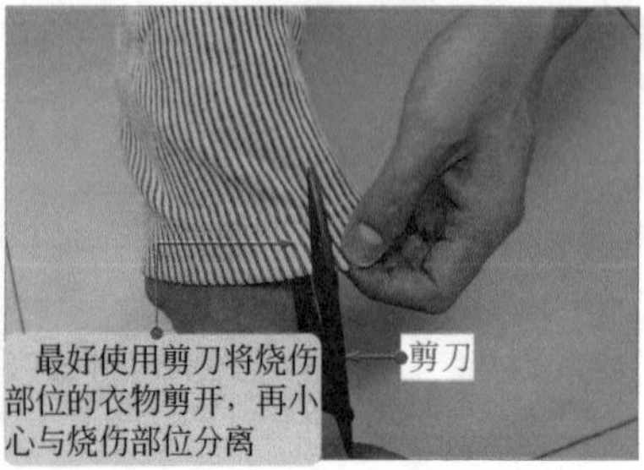
最好使用剪刀将烧伤部位的衣物剪开，再小心与烧伤部位分离
剪刀

9.2.3 家装水电工的火灾急救

家装水电工一旦发现有火灾发生，应及时切断电源，拨打火警电话119报警，并使用身边的灭火器灭火。一般来说，对于电气线路引起的火灾，应选择干粉灭火器、二氧化碳灭火器、二氟一氯一溴甲烷灭火器（1211灭火器）或二氟二溴甲烷灭火器，因为这些灭火器中的灭火剂不具有导电性。

图 9-25 常见灭火器的类型

图9-25为常见灭火器的类型。

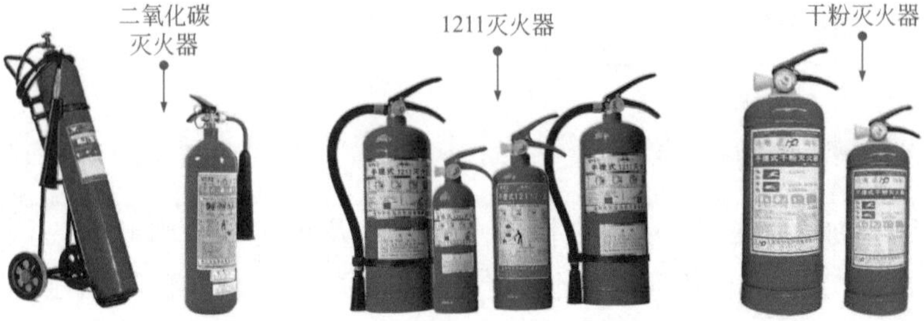
二氧化碳灭火器
1211灭火器
干粉灭火器

对于电气类火灾，不能使用泡沫灭火器、清水灭火器或直接用水灭火，因为泡沫灭火器和清水灭火器都属于水基类灭火器。这类灭火器由于其内部灭火剂有导电性，因此，适用于扑救油类或其他易燃液体火灾，不能用于扑救其带电体火灾及其他导电物体火灾。

图 9-26　灭火器的使用方法

如图 9-26 所示，使用灭火器灭火，要先除掉灭火器的铅封，拔出位于灭火器顶部的保险销，然后压下压把，将喷管（头），对准火焰根部进行灭火。

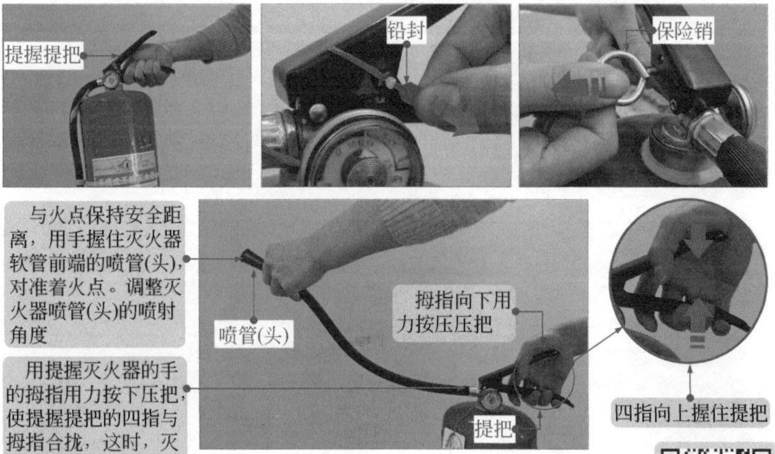
提握提把
铅封
保险销
与火点保持安全距离，用手握住灭火器软管前端的喷管(头)，对准着火点。调整灭火器喷管(头)的喷射角度
喷管(头)
拇指向下用力按压压把
用提握灭火器的手的拇指用力按下压把，使提握提把的四指与拇指合拢，这时，灭火剂便会从喷管(头)中喷出
提把
四指向上握住提把

图 9-27　灭火的规范操作

如图 9-27 所示，灭火时，灭火人员需具备良好的心理素质，遇事不要惊慌，保持安全距离和安全角度，严格按照操作规程进行灭火操作。

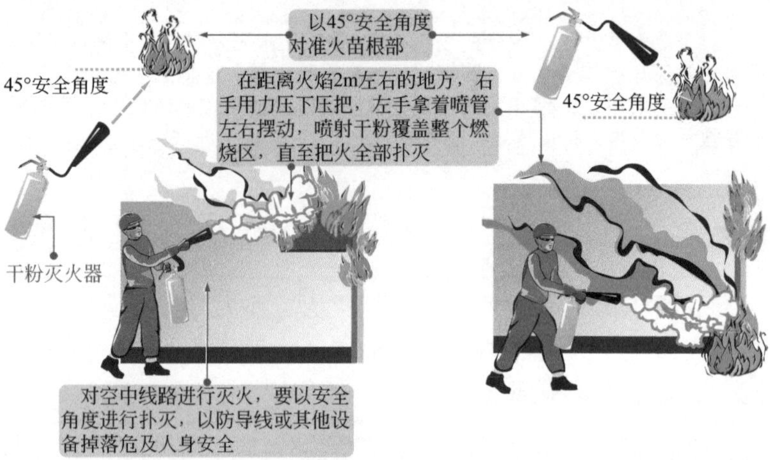
以45°安全角度对准火苗根部
45°安全角度
在距离火焰2m左右的地方，右手用力压下压把，左手拿着喷管左右摆动，喷射干粉覆盖整个燃烧区，直至把火全部扑灭
45°安全角度
干粉灭火器
对空中线路进行灭火，要以安全角度进行扑灭，以防导线或其他设备掉落危及人身安全

附录
家装水电工常用数据资料速查表

在敷设导线时，室内导线间最小距离要符合附表 1 中的要求，绝缘导线至建筑物间的最小距离要符合附表 2 中的要求。

附表1　室内绝缘导线间最小距离

固定点距离	导线最小间距 /mm
≤ 1.5m	35
1.5 ～ 3m	50
3 ～ 6m	70
＞ 6m	100

附表2　绝缘导线至建筑物间的最小距离

布线位置	最小距离 /mm
水平敷设时垂直距离 在阳台、平台上和跨越屋顶	2500
窗户上	300
在窗户下	800
垂直敷设时至阳台、窗户的水平距离	600
导线至墙壁和构件的距离	35

使用明线进行敷设时也应符合设计规范，具体要求可参见附表 3。

附表3　明线敷设的距离要求

固定方式	导线截面积 /mm²	固定点最大距离 /m	线间最小距离 /mm	与地面最小距离 /m	
				水平布线	垂直布线
槽板	≤ 4	0.05	—	2	1.3
卡钉	≤ 10	0.20	—	2	1.3
夹板	≤ 10	0.80	25	2	1.3
绝缘子（瓷柱）	≤ 16	3.0	50	2	1.3（2.7）
绝缘子（瓷瓶）	16 ～ 25	3.0	100	2.5	1.8（2.7）

注：括号内数值为室外敷设要求。

室内导线与线缆选择完成后，需要选择穿导线使用的线管，保证导线的横截面积不超过线管的横截面积40%，保证线路的正常的散热。

如选择截面积为2.5mm^{2}的导线，则应选择线管管径为16mm的线管；如选择截面积为4mm^{2}的导线，则应选择线管管径为19mm的线管。这些都是按照需要穿入3根导线进行计算的，相关数据参考附表4。

附表4　横截面积、数量不同的导线选择线管的管径　　单位：mm

导线的横截面积/mm^2	导线的根数								
	2	3	4	5	6	7	8	9	10
1.0	13	16	16	19	19	25	25	25	25
1.5	13	16	19	19	25	25	25	25	25
2.0	16	16	19	19	25	25	25	25	25
2.5	16	16	19	25	25	25	25	25	32
3.0	16	16	19	25	25	25	25	25	32
4.0	16	19	25	25	25	25	32	32	32
5.0	16	19	25	25	25	25	32	32	32
6.0	16	19	25	25	25	32	32	32	32
8.0	19	25	25	32	32	32	38	38	38
10	25	25	32	32	38	38	38	51	51
16	25	32	32	38	38	51	51	51	64
20	25	32	38	38	51	51	51	64	64
25	32	38	38	51	51	64	64	64	64
35	32	38	51	51	64	64	64	64	76
50	38	51	64	64	64	64	76	76	76
70	38	51	64	64	76	76	76		
95	51	64	64	76	76				

在电工中常用的导线为铜芯线。其横截面积不同的导线，其允许长期工作的电流见附表5。

附表5　导线横截面积不同温度下允许的最大载流量　　单位：A

线径（大约值）/mm²	铜线温度/℃			
	60	75	85	90
2.5	20	20	25	25
4	25	25	30	30
6	30	35	40	40
8	40	50	55	55
14	55	65	70	75
22	70	85	95	95
30	85	100	100	110
38	95	115	125	130
50	110	130	145	150
60	125	150	165	170
70	145	175	190	195
80	165	200	215	225
100	195	230	250	260

设施场所及配线方法见附表6。

附表6　设施场所及配线方法

配线方法		设施场所										
		露出场所			隐蔽场所						房墙外	
					可查场所			不可查场所				
		干燥场所	潮湿场所	有水场所	干燥场所	潮湿场所	有水场所	干燥场所	潮湿场所	有水场所	雨线内	雨线外
绝缘子牵引配线		◎	◎	◎	◎	◎	◎				※	※
金属管配线		◎	◎	◎	◎	◎	◎	◎	◎	◎	◎	◎
合成树脂管配线	除外CD管	◎	◎	◎	◎	◎	◎	◎	◎	◎	◎	◎
	CD管	●	●	●	●	●	●	●	●	●	●	●

续表

配线方法		设施场所										
		露出场所			隐蔽场所						房墙外	
					可查场所			不可查场所				
		干燥场所	潮湿场所	有水场所	干燥场所	潮湿场所	有水场所	干燥场所	潮湿场所	有水场所	雨线内	雨线外
金属线管配线		○			○							
合成树脂线管配线		○			○							
金属软管配线	一种	△			△							
	两种	◎	◎	◎	◎	◎	◎	◎	◎	◎	◎	◎
金属线渠配线		◎			◎							
母线渠配线		◎			◎							
地面线渠配线								☆				
单元线渠配线					○			☆				
照明线渠配线		○			○							
平面形保护层配线					◇							
电缆配线		◎	◎	◎	◎	◎	◎	◎	◎	◎	◎	◎

◎：可使用。使用电压加在 300V 以下可施工。

※：限于露出场所，可施工。

●：除去直接埋入混凝土施工，如果容纳电线的是不燃火有自消、难燃性的管，或线渠时，可施工。

△：使用电压超过 300V 时，只要是连到电动机的短小部分，或必须是绕性部分时，可施工。

☆：只要是使用电压在 300V 以下，在混凝土等的地面内，可施工。

◇：如果对地电压是 150V 以下，可施工。

常见塑料绝缘硬线的型号、参数及应用见附表 7。

附表7　常见塑料绝缘硬线的型号、参数及应用

型号	名称	截面面积 /mm^2	应用
BV	铜芯塑料绝缘导线	0.8 ～ 95	常用于家装电工中的明敷和暗敷用导线，最低敷设温度不低于 −15℃
BLV	铝芯塑料绝缘导线	0.8 ～ 95	
BVR	铜芯塑料绝缘软导线	1 ～ 10	固定敷设，用于安装时要求柔软的场合，最低敷设温度不低于 −15℃

续表

型号	名称	截面面积 /mm²	应用
BVV	铜线塑料绝缘护套圆形导线	1 ～ 10	固定敷设于潮湿的室内和机械防护要求高的场合（卫生间），可用于明敷和暗敷。
BLVV	铝芯塑料绝缘护套圆形导线	1 ～ 10	
BV—105	铜芯耐热 105℃塑料绝缘导线	0.8 ～ 95	固定敷设于高温环境的场所（厨房），可明敷和暗敷，最低敷设温度不低于 -15℃
BVVB	铜芯塑料绝缘护套平行线	1 ～ 10	适用于照明线路敷设用
BLVVB	铝芯塑料绝缘护套平行线		

常见塑料绝缘软线的型号、参数及应用见附表 8。

附表8　常见塑料绝缘软线的型号、参数及应用

型号	名称	截面面积 /mm²	应用
RV	铜芯塑料绝缘软线	0.2 ～ 2.5	可供各种交流、直流移动电器、仪表等设备接线用，也可用于照明设置的连接，安装环境温度不低于 -15℃
RVB	铜芯塑料绝缘平行软线		
RVS	铜芯塑料绝缘绞形软线		
RV-105	铜芯耐热 105℃塑料绝缘软线		该导线用途与 RV 等导线相同，不过该导线可应用与 45℃以上的高温环境
RVV	铜芯塑料绝缘护套圆形软线		该导线用途与 RV 等导线相同，还可以用于潮湿和机械防护要求较高，以及经常移动和弯曲的场合
RVVB	铜芯塑料绝缘护套平行软线		可供各种交流、直流移动电器、仪表等设备接线用，也可用于照明设置的连接，安装环境温度不低于 -15℃

常见橡胶绝缘导线的型号、参数及应用见附表 9。

附表9　常见橡胶绝缘导线的型号、参数及应用

型号	名称	截面面积 / mm^2	应用
BX	铜芯橡胶绝缘导线	2.5 ～ 10	适用于交流、照明装置的固定敷设
BLX	铝芯橡胶绝缘导线		
BXR	铜芯橡胶绝缘软导线		适用于室内安装及要求柔软的场合
BXF	铜芯氯丁橡胶导线		适用于交流电气设备及照明装置用
BLXF	铝芯氯丁橡胶导线		
BXHF	铜芯橡胶绝缘护套导线		适用于敷设在较潮湿的场合，可用于明敷和暗敷
BLXHF	铝芯橡胶绝缘护套导线		

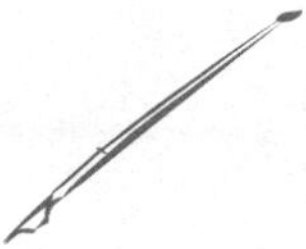

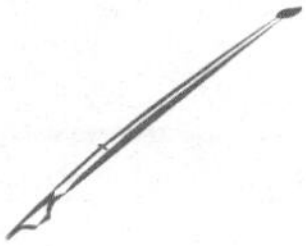